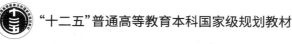

"十二五"普通高等教育本科国家级规划教材

住房和城乡建设部土建类学科专业"十三五"规划教材

高等教育土木类专业系列教材

建筑结构抗震设计

JIANZHU JIEGOU KANGZHEN SHEJI

第3版

主编 李英民 杨 溥 主审 黄世敏

参编 刘立平 夏洪流 郑妮娜 董银峰 韩 军 贾传果

U0240461

重庆大学出版社

内 容 提 要

建筑结构抗震设计是土木工程专业的一门重要课程。本教材是根据《建筑抗震设计规范》(GB 50011—2010,2016 版)以及国家教育部大学本科新专业目录规定的土木工程专业培养要求编写的。全书共 9 章,分别为地震与抗震设防,地震动及其特性,结构地震作用及响应,建筑抗震设计与抗震计算,地基基础抗震设计,钢筋混凝土结构房屋抗震设计,砌体房屋抗震设计,多层和高层钢结构房屋抗震设计原则和步骤,以及结构控制的初步知识。

本书可作为土木工程专业本科生及研究生的专业课教材,也可以作为研究人员、设计和施工人员的学习参考书。

图书在版编目(CIP)数据

建筑结构抗震设计/李英民,杨溥主编.--3 版
.--重庆:重庆大学出版社,2021.1(2023.1 重印)
高等教育土建类专业系列教材
ISBN 978-7-5689-2539-6

Ⅰ.①建… Ⅱ.①李…②杨… Ⅲ.①建筑结构—防
震设计—高等学校—教材 Ⅳ.①TU352.104

中国版本图书馆 CIP 数据核字(2020)第 259610 号

建筑结构抗震设计
(第 3 版)
主 编 李英民 杨 溥
主 审 黄世敏
责任编辑:王 婷 蒋曜州 版式设计:王 婷
责任校对:万清菊 责任印制:赵 晟

*

重庆大学出版社出版发行
出版人:饶帮华
社址:重庆市沙坪坝区大学城西路 21 号
邮编:401331
电话:(023)88617190 88617185(中小学)
传真:(023)88617186 88617166
网址:http://www.cqup.com.cn
邮箱:fxk@ cqup.com.cn(营销中心)
全国新华书店经销
重庆华林天美印务有限公司印刷

*

开本:787mm×1092mm 1/16 印张:14.75 字数:370 千
2021 年 1 月第 3 版 2023 年 1 月第 8 次印刷
印数:20 001—23 000
ISBN 978-7-5689-2539-6 定价:39.00 元

前　言

（第3版）

本教材第1版是"十一五"普通高等教育本科国家级规划教材,于2011年出版。第2版于2017年出版,为"十二五"普通高等教育本科国家级规划教材。两版教材在国内多所高校使用,获得了同行及学生的肯定。

近几年来,全国推行的工程教育专业认证强调结果导向、学生中心和持续改进的理念;教学方法从传统课堂讲授向翻转课堂等混合式教学转变;学生获取知识的方式也从纸质向互联网电子媒介延伸,这就要求教材的表达力更加丰富并适应学生学习方式的转变。教材编制组基于信息技术与教学深度融合的需求,分析了在翻转课堂实践中发现的问题,考虑到学生自学的需求,并结合同行及学生对第2版教材的意见建议,对教材进行了修订。第3版的主要修订有:(1)调整了教材章节的安排,进一步优化了教学内容,使得本教材更符合初学者的认知规律;(2)根据土木工程专业指导委员会规定的知识点给出对应的教学要求,方便学生了解各知识点的教学目标;(3)大部分章节提供了电子资源二维码,包括课程团队建设的《结构抗震设计》的在线课程资源(学堂在线、中国大学慕课)、教学动画、视频和图片等,方便读者及时获取关于知识点的更多辅助资源;(4)各章节均基于最新的设计规范进行修编,如第8章根据《钢结构设计标准》(GB 50017—2017)更新了钢结构抗震性能化设计内容,第9章根据《建筑抗震设计规范》(GB 50011—2010,2016年版)完善了基础隔震设计的步骤和内容,并更新、扩充了消能减震技术的有关内容。

第3版教材由重庆大学李英民、杨溥担任主编,由中国建筑科学研究院有限公司工程抗震研究所所长黄世敏担任主审,章节安排和编写分工为:第1章地震与抗震设防(韩军、李英民),第2章地震动及其特性(杨溥、董银峰),第3章结构地震作用及响应(杨溥),第4章建筑抗震设计与抗震计算(刘立平、韩军),第 5 章地基基础抗震设计(贾传果、郑妮娜),第 6 章钢筋混凝土结构房屋抗震设计(杨溥、夏洪流),第 7 章砌体房屋抗震设计(刘立平),第 8 章多层和高层钢结构房屋抗震设计(郑妮娜),第 9 章结构控制初步(董银峰、贾传果),附录(杨溥、夏洪流)。为便于理解与学习,各章配有习题,教材由董银峰、杨溥统稿。

　　教材中尚有不足,请读者批评指正。

李英民　杨　溥

2020 年 8 月

前　言
（第 1 版）

　　建筑结构抗震设计是土木工程专业的重要课程之一,其内容不可避免地涉及复杂的动力问题和非线性问题,具有强烈的综合性。本书作者在多年的科研和教学工作中深切体会到,由浅入深、注重内容的系统性和逻辑连贯性、体现概念为主的建筑抗震设计教材,对于适应土木工程专业本科教学中面临的课程内容多、学习难度大、课时少的客观事实,是极其重要的。本书即是作者基于上述出发点而写成的。

　　本书从内容组织结构上对以往教材进行了适当调整:首先介绍地震基础知识、抗震防灾的重要意义和建筑抗震设计的基本原则和要求(第 1、2 章),然后讲述地震作用及其效应的特点和计算方法(第 3 章)和现行的建筑抗震设计方法(第 4 章),之后是地基基础抗震设计(第 5 章),并重点讲述钢筋混凝土结构、砌体结构和钢结构等典型而常用的建筑结构的抗震设计原则和步骤(第 6 章),最后介绍已经成为抗震设计重要内容之一的结构隔震与消能减震技术的基本概念(第 7 章)。书末给出了必要的几个附录。为便于理解与学习,各章配有习题。

　　本书编写过程中,适逢《建筑抗震设计规范》(GB 50011—2010)颁布实施,为此及时调整了本书的内容以与新规范相协调。

　　本书第 1、2 章由李英民执笔,第 3 章及附录 A—附录 D 由杨溥执笔,第 4 章及第 6.2 节由刘立平执笔,第 6.1 节及附录 E 由夏洪流执笔,第 5 章及第 6.3 节由郑妮娜执笔,第 7 章由董银峰执笔。全书由杨溥和郑妮娜统稿。

　　本书作为"十一五"国家级规划教材,得到了教育部高等教育司和重庆大学出版社的大力支持,在此表示诚挚的感谢。研究生王丽萍、叶志龙、陈娜、郑良平帮助整理了部分文稿及插图,一并致谢。

　　因经验和水平有限,书中难免存在缺点或错误,敬请批评指正,以便及时改进。

李英民　杨　溥

2010 年 10 月

目 录

1

地震与抗震设防

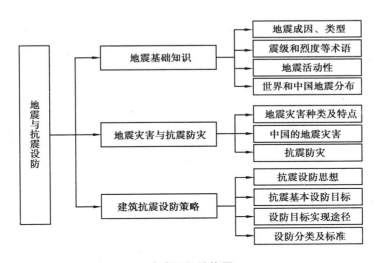

本章知识结构图

　　地震,作为人们所熟知的一个名词,给人们的印象是山摇地动、房倒屋塌、人畜伤亡! 例如,2008 年发生的"5·12"汶川地震,造成了 69 227 人死亡,374 643 人受伤,17 923 人失踪,直接经济损失达到 8 452.15 亿元人民币。

　　纵观历次大地震,以建筑结构为主的工程设施在地震中所扮演的角色是显而易见的。正是由于大地震中建筑结构的损坏甚至倒塌,不仅会直接导致大规模的财产损失,而且也会造成难以承受的人员伤亡。我们常说"地震不伤人,伤人的是建筑",因此,建筑结构的抗震能力直接决定了震害的损失程度,合理的结构抗震设计是防震减灾的根本途径。对于发生时间、地点、强度和频度等都高度不确定的地震,建筑结构设计时应该采取什么样的抗震策略和措施,使其在可能遇到的不同的地震中表现出可接受的、预期的抗震行为,是摆在土木工程师面前的一个重大问题,更是一项责任和使命。

1.1　地震基础知识

　　所谓地震,一般指地球断层发生突然破裂,破裂过程中释放出的能量以波的形式在地球内部传播,并传到地表及其附近,造成其剧烈振动。地震是一种自然现象。地震与地球并存,地球上每天都在发生着地震,一年约发生 500 万次地震,能造成破坏的地震约 1 000 次,7 级以上的大地震平均一年有 20 次左右。

▶　1.1.1　地震的成因

　　由于板块构造运动引起的这种断层破裂而产生的地震称为构造地震,地球上绝大部分(超过 90%)地震属于此类地震。理解地震的成因,应把握两个层面:一是地球内部存在断层,二是断层破裂存在动力或诱因。

　　首先了解地球的内部构造。如图 1.1 所示,地球是一个椭球体,长轴半径约 6 370 km,短轴半径约 6 340 km,二者相差约 5‰。地球内部被距地表约 60 km 的莫霍面(又称 M 面)和距地表约 2 900 km 的古登堡面(又称 G 面)分为三大圈层:①地壳:地表至 M 面之间的圈层,厚约几十千米,主要由岩石构成(表层土和水所占比重很小)。②地幔:M 面至 G 面之间的圈层,厚约 2 900 km,又分为上地幔(M 面至 1 000 km 深处)和下地幔。上地幔中接近地壳的部分仍为岩石,这部分和地壳称为地球岩石圈。之下是厚度几十至几百千米的软流层,岩石以黏塑、软流状存在。③地核:G 面以下的圈层。就物理性质而言,距地表越深,构成物质的比重越大,压力越大,温度越高。

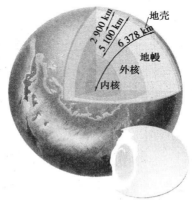

图 1.1　地球内部构造示例

　　板块构造运动学说是目前被广泛认可的学说,有许多证据可印证该学说。该学说认为,地球岩石圈可以分为六大板块(图 1.2),即亚欧板块、太平洋板块、美洲板块、非洲板块、印澳板块、南极洲板块。这些板块位于地球的软流层之上,软流层内的物质在大洋中脊涌出至洋底,在大洋板块和大陆板块边缘的海沟处插入软流层,形成"对流"并构成海底的扩张从而产生板块运动。这是大多数地震形成的宏观背景。

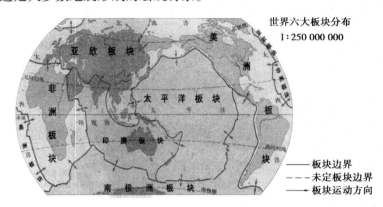

图 1.2　地球板块分布

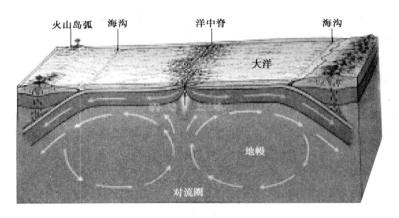

图 1.3　海底扩张示意图

事实上,岩石圈中不是只有六大板块,在板块内部也并非均匀,而是存在很多大小不同的断裂面,大的断裂面即是断层。目前已经探明了不少断层,但还有很多是没有认识到的断层。断层主要分为正断层、逆断层和平移走滑断层,如图 1.4 所示。断层的破裂是板块构造运动造成的结果,板块构造运动可以理解为地震发生的宏观背景,断层破裂是地震发生的局部机制。

就大多数地震而言,地球本身的运动特点、内部构造和物理性质(如温度、压力等),形成了地幔软流层物质的对流,从而构成板块的构造运动,导致不同板块间的冲撞挤压摩擦或是板块内部不均匀变形积累的应变能。当能量达到或超过断层岩体的承载能力时,岩体发生突然间的破裂,短时间内释放出大量的能量。这些能量以地震波的形式向四周传播,其中大部分以热能的形式在地球介质内部耗散,而一部分形成动能,造成地表的剧烈震动。

当然,不仅板块构造运动可以诱发地震,一些人类的活动(如大规模的地下开采和水库建设等)也可能导致断层岩体应力的变化,从而诱发地震。

(a)断层照片

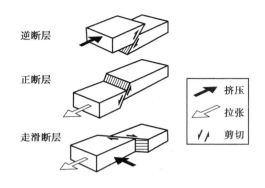

(b)断层分类

图 1.4　断层及分类示意图

► 1.1.2　地震的类型

对于非常复杂的地震,从不同的角度可以有多种分类方法。

按照成因,地震可以分为构造地震、火山地震、陷落地震和诱发地震等,见表 1.1。由于地球构造运动引起的地震,称为构造地震。这类地震发生次数最多,占全球地震总数的 90% 以上,是地震工程的主要研究对象。由于火山爆发,岩浆猛烈冲出地表或气体爆炸而引起的地震称为火山地震。这类地震约占全球地震总数的 7%,在我国很少见。由于地表或地下岩层较大的溶洞或古旧矿坑等的突然大规模陷落和崩塌而导致的地面震动,称为陷落地震。这种地震级别不大,很少造成破坏。由于地下核爆炸、水库蓄水、油田抽水、深井注水、矿山开采等活动引起的地震称为诱发地震,这类地震一般不强烈,仅个别情况会造成灾害。

表 1.1　地震分类(按地震成因划分)

成因分类	成因	特点	比例/%
构造地震	地壳构造运动; 岩石应变超过容许值; 岩层发生断裂或错动	破坏性地震; 破坏力大; 影响范围广	>90
火山地震	火山作用,如岩浆活动、气体爆炸等	震级小,但 1914 年日本樱岛火山爆发,震动相当于 6.7 级地震	<7
陷落地震	地下水溶解可溶性岩石,或地下采矿形成的巨大空洞,造成地层崩塌陷落而引发的地震	震级小	<3
诱发地震	工业爆破 地下核爆炸 陨石撞击 深井高压注水 水库蓄水等	震级较小,如 1961 年印度柯依纳水库诱发 6.5 级地震;1962 年广东新丰江水库诱发 6.1 级地震	<1

　　按照震源深度,地震可分为浅源地震(震源深度≤70 km)、中源地震(70 km<震源深度<300 km)和深源地震(震源深度≥300 km)。震源越深,对地表造成的影响越小,灾害也越小。多数地震属于浅源地震。

　　按照发震位置,地震可分为板边地震和板内地震。板边地震发生在板块边缘附近,地点集中、发生频率高,占全球地震总数的97%以上。板内地震则发生地点零散,频度低,但可能会发生在人口稠密的地区,故危害性通常较大。

　　按强度大小,地震又可分为弱震、有感地震、中强震和强震等。弱震指震级小于3级的地震,如果震源不是很浅,这种地震人们一般不易觉察。有感地震的震级在3到4.5级,这种地震人们能够感觉到,但一般不会造成破坏。中强震指震级大于4.5级而小于6级的地震,属于可造成破坏的地震,但破坏轻重还与震源深度、震中距等多种因素有关。强震是指震级大于等于6级的地震,其中震级大于等于8级的又称为巨大地震。

　　按照地震序列,地震可分为主震型地震、震群型地震和孤立性地震。在一定时间内(一般是几十天至数月)相继发生在同一震源区的一系列大小不同的地震,且其发震机制具有某种内在联系或有共同的发震构造的一组地震总称为地震序列。在某一地震序列中,最大的一次地震称为主震。主震之前发生的地震称为前震,主震之后发生的地震称为余震。主震型地震是主震震级突出又有很多余震的地震序列,主震能量大于等于90%的地震,是一种最常见的地震序列类型,约占比60%;震群型地震是地震序列的主要能量通过多次震级相近的地震释放,没有突出的主震,主震能量小于90%,约占比30%;孤立性地震也称为单发性地震,其特点是前震和余震少而小,且与主震震级相差极大。

► 1.1.3　几个名词

　　关于地震的几个常用名词如图1.5所示。地壳岩层因受力达到一定强度而发生破裂,并沿破裂面有明显的相对移动的构造称为断层。地球内部断层发生破裂的位置称为震源。震源到地面的垂直距离称为震源深度。震源在地表面的垂直投影称为震中。有时人们也称破坏最严重的区域的几何中心为震中。由仪器测定的震中称为仪器震中或微观震中,根据现场破坏情况确定的震中称为宏观震中或现场震中,二者常有一定差别。地面上某点至震中的地表距离称为震中距。

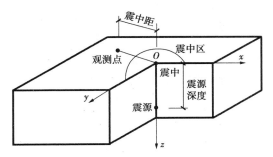

图1.5　地震名词示意图

地面破坏程度相似的点连接起来的曲线称为等震线。

► **1.1.4 震级和烈度**

地震的大小通常用震级表示。震级就是一次地震释放能量多少的度量。震级有多种定义,通常用规定仪器(标准地震仪:周期为 0.8 s,放大倍数为 2 800,阻尼系数为 0.8)所测定的、地震所造成的规定震中距(100 km)地表上的最大水平位移来标定,当测定仪器和震中距不是规定值时,需要换算成规定值。震级常采用里氏震级来标示,记为 M。根据我国现用仪器,近震(震中距小于 1 000 km)震级 M 按下式计算:

$$M = \lg A + f(R) \tag{1.1}$$

式中:A——用距离震中 100 km 处的 Wood-Anderson 地震仪记录得到的最大水平地表位移,以 μm 为单位;

$f(R)$——根据震中距 R 而变化的起算函数。

震级 M 与震源释放能量 E(单位为 erg,1 erg = 10^{-7} J)之间的关系为:

$$\lg E = 1.5M + 11.8 \tag{1.2}$$

上式表示的震级通常采用里氏震级。由于震级与地震能量的对数呈线性关系,可得 $E_2/E_1 = 10^{1.5(M_2-M_1)}$,震级每提高一级,能量增加 $10^{1.5}$ 倍,约 32 倍;震级相差两级,能量相差约 1 000 倍。一次 6 级地震释放的能量相当于一个两万吨级的原子弹。

显然,一次地震客观上只有一个能量释放水平,那么只可能有一个震级。至于一次地震不同部门可能给出不同的震级水平,则反映出了观测误差、人们对地震认识水平的不足等。

地震烈度是指某一区域的地表和各类工程结构遭受一次地震影响的平均强弱程度。由于同一次地震对不同地点的影响不一样,随着距离震中的远近变化,会出现多种不同的地震烈度。一般来说,距离震中越近,地震烈度就越高;距离震中越远,地震烈度也越低。由于一个地区遭受地震影响的强弱程度是一个宏观的概念,没有一个专门的物理量来度量这种程度,所以烈度是一个综合指标,对烈度进行非常细致的划分是没有实质意义的。鉴于烈度的综合性、宏观性等特点,烈度只能是分等级的,不存在小数。为评定地震烈度而建立起来的标准称为地震烈度表。不同国家所规定的地震烈度表往往是不同的,多数国家采用 12 个等级(MMI 烈度表)。我国规定的地震烈度表见附录 A。

对于一次地震,在受到影响的区域内,可以按照地震烈度表中的标准对一些有代表性的地点评定出地震烈度。具有相同烈度的各个地点的外包络线,称为等烈度线(图 1.6)。等烈度线(或称等震线)的形状与发震断裂取向、地形、土质等条件有关,多数近似呈椭圆形。一般情况下,等烈度线的度数随震中距的增大而递减,但有时由于局部地形或地质的影响,也会在某一烈度区内出现小范围高一度或低一度的异常区,称为烈度异常。

震中区的地震烈度称为震中烈度,用 I_0 表示,其与震级 M 具有一定的统计关系,可粗略地用下式表示:

$$M = 1 + \frac{2}{3}I_0 \tag{1.3}$$

震级和烈度在一定程度上都表明了一次地震的强弱程度,但二者有着本质的区别,其关系类似于一个灯泡的瓦数与照度、炸药的 TNT 与冲击程度的关系。一次地震的震级是固定的,随着距离和场地条件等的不同,不同地区的烈度是不一样的。

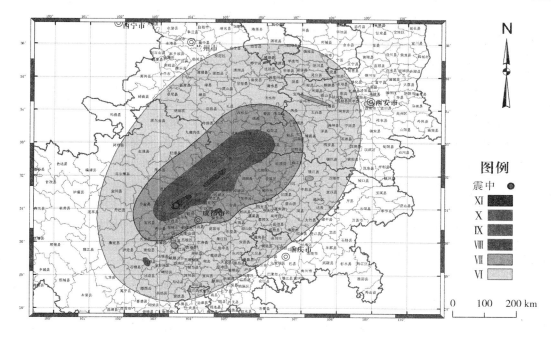

图 1.6 汶川地震等烈度线分布图

▶ 1.1.5 地震活动性

所谓地震活动性,是指地震发生的时间、空间、强度和频度的规律。研究地震活动性,主要是根据地震观测系统测定的(或历史资料中记载的)地震发生的时间、空间位置(震中和震源深度)和强度(震级或震中烈度)等基本参数,研究其规律以及这些参数之间的相互关系。

由于地震的发生是一个能量的积累、释放、再积累、再释放的过程,所以同一个地区的地震发生存在时间上的疏密交替现象,一段时间活跃,之后的一段时间相对平静。称地震活跃期和地震平静期的时间跨度为地震活动期。地震活动的活跃期和平静期常交替出现。

统计表明,全球平均每年发生的地震数量约为:3 级地震 100 000 次;4 级地震 12 000 次;5 级地震 2 000 次;6 级地震 200 次;7 级地震 20 次;8 级及以上地震 3 次。

全球目前正处于地震活跃期,建筑结构的抗震工作不容忽视。

▶ 1.1.6 世界地震分布

在空间上,地震发生的地点是很不均匀的。世界范围内的地震呈现出条带分布的特征,称为地震带。全球有三大地震带,即环太平洋地震带、欧亚地震带和海岭地震带(也有称两大地震带,海岭地震带通常由于和人类工程建设活动关系不大而被忽略)。

环太平洋地震带:该地震带分布在东太平洋的美洲大陆西海岸、北太平洋和西太平洋的岛屿外侧,绵延长达 40 000 km,带宽只有约 200 km,是地球上地震活动最强烈的地带,全世界约 80%的浅源地震、90%的中源地震和几乎所有的深源地震都集中在该带上。该地震带所释放的地震能量约占全球地震能量的 80%。

地震带

欧亚地震带:该地震带横贯欧亚大陆,大致呈东西向分布,全带总长约 15 000 km,宽度在各地不同(北纬 20°~50°)。它西起大西洋亚速尔群岛,穿地中海、经伊朗高原,进入喜马拉雅山东端向南拐弯经缅甸西部、安达曼群岛、苏门答腊岛、爪哇岛至班达海附近与环太平洋地震带相连。该带的地震活动仅次于环太平洋地震带,约占全球大陆地震的 90%,地震释放的能量约占全球地震能量的 15%。

海岭地震带:此地震活动带蜿蜒于各大洋中间,几乎彼此相连。它总长约 65 000 km,宽1 000~7 000 km。该地震带的地震活动性较之前两个带要弱得多,均为浅源地震。

▶ 1.1.7 中国的地震环境

我国地处欧亚大陆东南部,位于环太平洋地震带和欧亚地震带之间,有些地区本身就是这两个地震带的组成部分。受太平洋板块、印度洋板块和菲律宾板块的挤压作用,我国地质构造复杂,地震断裂带十分发育,地震活动的范围广、强度大、频率高。我国发生的地震占全球大陆地震的 1/4~1/3。

中国的地震在空间上也大致呈条带型分布。东部主要有郯城—庐江地震带、河北平原地震带、汾渭地震带、燕山—渤海地震带、东南沿海地震带、台湾地震带等;西部主要有北天山地震带、南天山地震带、祁连山地震带、昆仑山地震带和喜马拉雅地震带;中部为南北地震带,贯穿中国的宁夏、甘肃、青海、四川、云南等地。

按照区域,我国的地震分布又划分为 10 个地震区和 23 个地震亚区,这些亚区又分为 30个地震带。东部的 5 个地震区是台湾、南海、华南、华北和东北;西部的 5 个地震区是青藏高原南部、青藏高原中部、青藏高原北部、新疆中部和新疆北部。

据统计,近一个世纪以来,我国 6 级以上地震约 500 次,7 级以上的地震约 100 次,8 级以上的地震 10 次。除贵州、浙江外,其余省份都发生过 6 级以上地震。

近期我国正处于新的地震活跃期。

1.2 地震灾害与抗震防灾

作为地壳运动的一种形式,地震的发生是不能阻止的。但地震本身并不是灾害,当它达到一定强度,发生在人类生存的空间范围,且人们尚没有足够的抵御能力时,便可造成灾害。地震越强,人口越密,抗御能力越低,灾害越重。

不幸的是,地震已经成为最严重的自然灾害之一。有记载以来,地震给人类所造成的灾难不胜枚举。人类的生存和发展,必须面对地震的灾害问题。

▶ 1.2.1 地震灾害

所谓灾害,是指任何引起人员伤亡、财产损失且超出承受能力而必须向外界求援的恶性事件。一次地震发生后,随地震强度、区域防灾减灾能力等复杂自然和社会因素的不同,可能导致不同的结果。对于震级小、防灾抗灾能力强的情形,可能没有造成灾害,而当震级大、防灾抗灾能力差时,则会形成程度不同的灾害。

地震所造成的灾害可以分为直接灾害和次生灾害两类。地震直接灾害是指由地震的原生现象(如地震断层错动、大范围地面倾斜、升降和变形以及地震波引起的地面震动等)所造成的直接后果。地震直接灾害主要包括:①建筑物和构筑物的破坏或倒塌,地面破坏,如地裂缝、地基沉陷、喷水冒砂等;②山体等自然物的破坏,如山崩、滑坡、泥石流等;③水体的震荡,如海啸、湖震等;④其他直接事件,如地光烧伤人畜等。它是造成震后人员伤亡、工程设施毁坏、社会经济受损等灾害后果的最直接、最重要的原因。

次生灾害

地震次生灾害是指因地震打破了自然界原有的平衡状态或社会正常秩序从而导致的灾害,如地震引起的火灾、水灾,以及有毒容器破坏后毒气、毒液或放射性物质等泄漏造成的灾害等。

地震后还会引发种种社会性灾害,如瘟疫与饥荒,随着社会经济技术的发展,还可能带来新的继发性灾害,如通信事故、计算机事故等。

大地震动画

地震灾害的突出特点主要表现为:①突发性,巨大的地震灾害发生在短暂的瞬间;②空间不均匀性,灾害发生在非常局限的空间;③不确定性,人们无法准确预知其时间、空间和程度;④严重性,一些大地震造成的灾害甚至是毁灭性的。

▶ **1.2.2 地球与地震灾害并存**

地球伴随着地震的发生,同时也经历着一次又一次的地震灾害。以下是1900年以来世界各地发生的较为严重的地震灾害:

1908年12月28日,意大利最南端和西西里岛东部M7.2级地震,死亡12.3万人;

1915年1月13日,意大利阿维扎诺地区M7.5级地震,死亡近3万人;

1920年12月16日,中国宁夏海原M8.5级地震,死亡超过27万人;

1923年9月1日,日本关东M8.3级地震,死亡超过14万人;

1927年5月22日,中国西宁M7.9级地震,死亡约20万人;

1932年12月25日,中国甘肃M7.6级地震,死亡约7万人;

1935年5月30日,巴基斯坦奎达M7.5级地震,死亡3万多人;

1939年1月24日,智利M8.3级地震,死亡约2.8万人;

1939年12月27日,土耳其埃尔津詹M7.9级地震,死亡3.2万多人;

1948年10月5日,土库曼斯坦M7.3级地震,死亡超过11万人;

1950年8月15日,印度阿萨姆邦M8.6级地震,死亡3万多人;

1970年5月31日,秘鲁M7.9级地震,死亡6万多人;

1976年2月4日,危地马拉系列地震,最高震级M7.5级,死亡2.3万多人;

1976年7月28日,中国唐山M7.8级地震,死亡24万多人;

1978年9月16日,伊朗塔巴斯M7.7级地震,死亡2.5万人;

1988年12月7日,亚美尼亚M6.9级地震,死亡近2.5万人;

1990年6月21日,伊朗西北地区M7.7级地震,死亡5万多人;

1993年9月30日,印度马哈拉邦M6级地震,死亡1万人;

1999年8月17日,土耳其西部地区M7.4级地震,死亡1.7万多人;

2001 年 1 月 26 日,印度古吉拉特邦 M6.7 级地震,死亡 2.5 万人;

2003 年 12 月 26 日,伊朗巴姆古城 M6.5 级地震,死亡 1.7 万多人;

2004 年 12 月 26 日,印尼苏门答腊岛 M9 级地震,引发海啸,死亡 12 万多人;

2005 年 10 月 8 日,巴基斯坦克什米尔地区 M7.6 级地震,死亡 7.3 万人;

2008 年 5 月 12 日,中国四川汶川 M8.0 级地震,死亡 6.9 万人;

2010 年 1 月 12 日,海地 M7.3 级大地震,死亡 27 万人;

2011 年 3 月 11 日,日本东北 M9.0 级大地震,死亡 1.1 万人。

▶ 1.2.3 中国的地震灾害

我国是地震灾害最为严重的国家之一。据统计,20 世纪以来,我国因地震造成的死亡人数占世界同期地震死亡人数的一半以上。

据史料记载,我国历史上多次遭受地震灾害,如(地震震级均为估计值):

138 年 2 月 28 日,甘肃金城、陇西地震,是人类历史上第一次用仪器(候风地动仪)记录到的破坏性地震;

1303 年 9 月 17 日,山西洪洞、赵城 M8 级地震,"村堡移徙,地裂成渠,人民压死不可胜计";

1556 年 12 月 12 日,陕西华县 M8 级地震,死亡人数高达 83 万人,是死亡人数最多的地震;

1605 年 7 月 13 日,广东琼山地震,是海南的最大地震,死亡人数不详;

1668 年 7 月 25 日,山东莒县、郯城 M8.5 级地震,破坏区面积 50 万 km² 以上;

1679 年 9 月 2 日,河北三河、平谷 M8 级地震,是北京附近最大的地震,死亡人数不详;

1695 年 5 月 18 日,山西临汾 M8 级地震,破坏区域纵长 500 km;

1733 年 8 月 2 日,云南东川 M7.5 级地震,是详细记述地面断裂的地震;

1739 年 1 月 3 日,宁夏平罗、银川 M8 级地震,引起水灾、火灾;

1833 年 9 月 6 日,云南嵩明 M8 级地震,破坏范围半径达 260 km;

1867 年 12 月 18 日,台湾基隆近海 M6 级地震,引起海啸。

1900 年以来,中国同样遭受了严重的地震灾害,如:

1920 年 12 月 16 日,宁夏海原 M8.5 级地震,死亡超过 27 万人,毁城 4 座,数十座县城遭受破坏;

1927 年 5 月 23 日,甘肃古浪 M8 级地震,死亡 4 万余人;

1932 年 12 月 25 日,甘肃昌马堡 M7.6 级地震,死亡 7 万人;

1933 年 8 月 25 日,四川茂县 M7.5 级地震,巨大山崩使岷江断流,壅坝成湖;

1950 年 8 月 15 日,西藏察隅 M8.6 级地震,雅鲁藏布江被截成四段;

1966 年 3 月 8 日和 3 月 22 日,河北邢台 M6.8 级和 M7.2 级地震,死亡 8 000 余人;

1970 年 1 月 5 日,云南通海 M7.7 级地震,死亡 1.5 万余人;

1975 年 2 月 4 日,辽宁海城 M7.3 级地震,因成功预报得以避免重大损失;

1976 年 7 月 28 日,河北唐山 M7.8 级地震,死亡 24.2 万人;

1988 年 11 月 6 日,云南澜沧 M7.6 级、耿马 7.2 级地震(相距 120 km),两座县城被夷为平地,死亡 700 余人；

1999 年 9 月 21 日,台湾集集 M7.3 级地震,是台湾最大的地震,死亡 5 000 余人；

2008 年 5 月 12 日,四川汶川 M8.0 级地震,严重受灾地区达 10 万 km²,死亡 6.9 万余人,伤 37.5 万人,失踪 1.79 万人；

2010 年 4 月 14 日,青海玉树 M7.1 地震,死亡 2 698 人；

2013 年 4 月 20 日,四川雅安芦山 M7.0 地震,死亡 196 人；

2014 年 8 月 3 日,云南昭通鲁甸 M6.5 级地震,死亡 617 人；

2015 年 7 月 3 日,新疆皮县 M6.5 级地震,死亡 6 人；

2017 年 8 月 8 日,四川九寨沟 M7.0 地震,死亡 25 人。

2020 年 1 月 19 日,新疆喀什地区伽师县 M6.4 地震,无死亡报道。

影响地震灾害大小的因素有自然因素和社会因素两个大的方面,涉及震级、震中距、震源深度、发震时间、发震地点、地震类型、地质条件、建筑物抗震性能、地区人口密度、经济发展程度和社会文明程度等。造成中国地震灾害极其严重的原因是多方面的,主要包括：

①地震多发、强度大。我国处于欧亚地震带和环太平洋地震带上,构造复杂,地震活动频繁,是世界上大陆地震最多的国家。绝大多数地震是发生在大陆地区的浅源地震,具有震源浅、频度高、强度大、分布广的特征。

②经济欠发达、抗震能力低。相对于多地震的发达国家,我国(尤其是广大农村和相当一部分城镇)建筑物的抗震性能较差,同等震级的地震成灾率较高。

③国土面积大、人口众多。相对于多地震的发展中国家,我国地震区面积大,许多人口稠密地区(如台湾、福建、四川、云南等)都处于地震的多发地区,约有一半城市处于地震多发区或强震波及区,地震造成的人员伤亡十分惨重。

▶ 1.2.4 抗震防灾

从上节所描述的地震灾害不难得出结论,人类要生存和发展,必须与自然抗争,抗震防灾正是人类与自然抗争的必然方式之一,也是社会赖以发展的基础之一,更是社会可持续发展的必由之路。抗震防灾能力已经成为衡量社会文明进步的重要指标之一。

不能因为地震是不可避免的自然现象就怀疑抗震防灾的可行性和有效性。人类在与地震灾害的斗争中已经总结出不少行之有效的防灾、抗灾、减灾和救灾经验,并成功应用于工程实践。不少成功的范例表明,只要充分运用科学技术并加以实施,人类是能够主动、有效地减轻地震灾害的。随着科技水平的发展、社会的进步和财力的积累,人类在抗震防灾中的主观能动性将越来越大。

应该注意的是,相当程度的地震灾害与工程结构直接相关。土木工程防灾减灾的基本措施通常有四类,即灾害预测、评估及预警,工程防灾减灾规划,抗灾救灾决策与措施,提高工程结构的抗灾能力。比较而言,提高工程结构的抗灾能力是最根本有效的措施。

不能简单地从字面上来理解抗震防灾的含义。除了预防、抵抗地震灾害以外,现代科技的发展已经把抗震防灾的概念拓展到减震、救灾、隔震、消能、避震、控制、监测与加固等更为广泛的抗震策略和技术措施。

对建筑结构进行合理的抗震设计和构造措施,可有效地减轻地震灾害。我国古代就有一些构造合理的建筑历经数次强震仍保持完整。如山西应县木塔(图 1.7),元大德九年四月,大同路发生 6.5 级强烈地震,波及木塔。元顺帝时,应州大地震七日,塔旁舍宇皆倒塌,唯木塔屹然不动。到了近代,邢台、唐山、大同、阳高一带的几次大地震均波及应县,木塔大幅度摆动,风铃全部震响,持续一分多钟,过后木塔仍巍然屹立无恙。另外,福建省泉州的开元寺的镇国塔(图 1.8)和仁寿塔分别建于 1238—1250 年(南宋)、1228—1236 年(南宋),是我国最大的仿木楼阁式结构石塔,均为五层八棱,高近 50 m,为举世罕见的杰作。其石作梁柱、斗栱均严格按照宋代营造法式建造,是中国古代建筑体系发展演变史中弥足珍贵的年代标尺。双塔历史悠久,能保存至今着实不易,尤其是在建成 300 多年后经历了 1604 年泉州 8 级大地震,当时在"山石海水皆动""城内外庐舍圮"的情况下,双塔仅仅受到了较轻的损坏,依然屹立不倒,足以见得其抗震性能的优越。

图 1.7　山西应县木塔

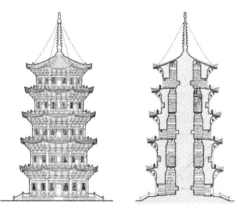

图 1.8　福建泉州镇国塔北立面和剖面图

应县木塔

经历过大地震
考验的古石塔

泉州镇国塔

1.3　建筑抗震设防策略

抗震设防是指在工程建设时对建筑物进行抗震设计并采取抗震措施,以达到预期的抗震能力。我国规范规定,对于抗震设防烈度在 6 度及以上地区的建筑,必须进行抗震设防。由于地震的不确定性、偶然性和地震灾害的毁灭性,建筑结构的抗震设防是一个复杂的科学决策问题。

▶ 1.3.1　地震中的建筑行为与抗震设防思想

了解地震中建筑的行为,有助于理解建筑抗震的设防策略。

地震中,地震动输入能量给建筑物,建筑物则通过运动、阻尼、变形等来耗散地震的能量。地震过程中,建筑物类似于一个滤波器,对地震动进行滤波和放大,与结构频率相近的频率成分被放大,与结构频率相差较大的频率成分则被抑制。一般情况下,建筑物的地震响应比地表的地震动输入大。

大量震害表明,地震中建筑物表现出不同程度的行为。如图1.9所示,当地震较小时,结构地震效应没有达到承载能力,建筑物不产生损坏,结构本身处于弹性工作状态(图中OA段)。随着地震强度的增大,建筑物将产生损伤和破坏,首先是非结构构件,之后是结构构件(图中AB段)。由于结构构件的破坏,导致结构刚度降低,自振周期增长,此时结构产生的变形一部分呈现塑性特点,是不可恢复的。如果地震强度进一步增强,则结构产生破坏的部位进一步增多,损伤程度进一步增强甚至构件逐步退出工作,结构产生比较大的塑性变形(图中BC段)。在重力二阶效应的作用下,当变形增大到一定程度而令结构不能承担时,结构则发生倒塌(图中CD段)。同时,震害也表明,在相同强度的地震下,不同设防水平的建筑结构有不同的行为状态,设防水平高的建筑物损伤较轻。

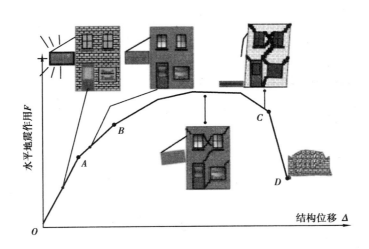

图1.9 结构变形与破坏示意图

一个值得思考的问题是,能不能把结构设计得足以抵抗任何未来可能遇到的地震呢?经验和分析表明,这是不必要的,也是不现实的。首先,人们不能确知未来的地震强度和频度;其次,高的结构承载力水平意味着高的经济投入,却不意味着高的投资效益,因为建筑使用寿命期内遭遇地震的可能性也是很难估计的。但是,如果建筑物不进行抗震设防,一旦遭遇地震,后果则是令人难以接受的。抗震设防类似于投保,需要综合考虑地震环境、建设工程的重要程度、允许的风险水平及要达到的安全目标和国家经济承受能力等因素,做出合理的决策。

目前国际上被普遍接受的建筑抗震设防思想是:建筑物在使用寿命期内对于不同强度和频度的地震,具有不同的抵抗能力。这种思想同样适用于其他工程结构。强烈地震中结构不损坏是不可能的,人们可以接受也只能接受结构被强震破坏的事实。抗震设防以建筑物不倒塌为最低要求,只要不倒塌就可以最大限度地减少生命财产损失和人员伤亡,减轻灾害。

与其他作用相比,强烈地震作用下允许结构发生损伤或破坏。

▶ 1.3.2 建筑抗震基本设防目标——"三水准"要求

抗震设防
类别及标准

基于上述抗震设防思想,我国对于绝大部分建筑应遵循的抗震设防目标可以概括为"三水准"要求,即:

第一水准:当遭受低于本地区抗震设防烈度的多遇地震影响(或称小震)时,建筑物一般不受损坏或不需修理仍可继续使用;

第二水准:当遭受相当于本地区抗震设防烈度的地震影响(或称中震)时,建筑物可能损坏,但经一般修理即可恢复正常使用;

第三水准:当遭受高于本地区抗震设防烈度的罕遇地震影响(或称大震)时,建筑物不致倒塌或发生危及生命安全的严重破坏。

上述抗震设防目标简称为"小震不坏,中震可修,大震不倒",实质上规定了用于建筑抗震设计的三个地震作用水准,以及在相应地震水准下结构所应该满足的目标形态。三个地震作用水准需要根据国家规定的抗震设防依据来确定。

1)抗震设防依据

简言之,抗震设防依据就是一个地区进行抗震设防所遵守的地震动指标,用以反映该地区所可能遭受到的地震影响的水平。显然,震级是不适合用作抗震设防依据的。应予明确的是,抗震设防依据是在综合考虑地震影响水平、经济承受能力和社会发展水平等因素的基础上给出的,并不单纯是该地区的地震影响水平。

我国目前的抗震设防依据采取双轨制,即可以采用抗震设防烈度或者设计地震动参数作为抗震设防依据。多数情况下,可以采用抗震设防烈度;对于已经编制抗震设防区划并经主管部门批准的城市,可以采用批准的设计地震动参数(包括地震动 PGA、加速度反应谱、时程曲线等)。

所谓抗震设防烈度,是指按国家规定的权限批准作为一个地区抗震设防依据的地震烈度。一般情况下,采用中国地震动参数区划图的地震基本烈度;对已经编制抗震设防区划并经主管部门批准的城市,也可采取批准后的烈度值(如上海市)。

为了衡量一个地区遭受的地震影响程度,我国规定了一个统一的尺度,即地震基本烈度。它是指该地区在一般场地条件下 50 年内超越概率为 10% 的地震烈度值,由地震危险性分析得到。根据统计分析,依据我国多数地区地震烈度的概率,结构基本符合极值Ⅲ型分布,其概率密度曲线(即烈度和烈度发生概率的关系曲线)如图 1.10 所示。图中的阴影部分面积表示该地区发生超过该烈度值的概率,简称超越概率。烈度越高,超越概率越小。根据极值Ⅲ型分布的特点可以计算出,50 年超越概率 10% 的烈度值相当于重现期为 475 年的地震影响水平。即是说,我国按照重现期为 475 年的烈度值来标定全国各地的地震影响水平,并以此作为抗震设防的依据。

《建筑抗震设计规范》(GB 50011—2010,以下简称《抗震规范》)对我国主要城镇中心地区的抗震设防烈度、设计地震加速度值给出了具体规定(见附录 B)。另外,最新颁布的《中国地震动参数区划图》(GB 18306—2015)给出了较为详尽的全国各省(自治区、直辖市)乡镇人民政府所在地、县级以上城市的基本地震动峰值加速度和基本地震动加速度的反应谱特征周期,作为各地的抗震设防依据。抗震规范规定,6度及以上地区必须进行抗震设防。

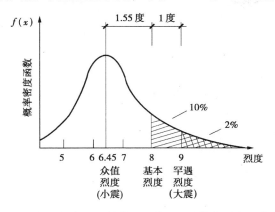

图 1.10　三种烈度含义及其关系示意图(以基本烈度 8 度为例)

2)三个地震水准

上述的三个地震水准(即小震、中震、大震)用以反映同一个地区可能遭受的地震影响的强度和频度水平。规范规定:多遇地震(小震)为 50 年超越概率为 63.2%的地震影响水平,相当于重现期为 50 年,多遇地震对应于概率密度最大的峰值点,又称为众值烈度;设防烈度地震(中震)为 50 年超越概率为 10%的地震影响水平,相当于重现期为 475 年;罕遇地震(大震)为 50 年超越概率为 2%~3%的地震影响水平,相当于重现期为 1 642~2 475 年。统计表明,就平均意义而言,按照烈度对应关系,设防烈度比多遇地震烈度高约 1.55 度,罕遇地震烈度比设防烈度高约 1 度;按照加速度对应关系,多遇地震约为设防烈度地震的 1/3,罕遇地震约为多遇地震的 4~6 倍。

需要指出的是,罕遇地震作用仅是指可以预估的超越概率为 2%~3%的地震影响水平,并不意味着该地区所可能遭受的所有地震影响都比设防烈度高。

3)结构性态与要求

结构在三个地震水准作用下所表现出的性态在抗震设计时应该按照如下原则把握:

第一水准,结构基本处于弹性工作状态,不仅结构构件不发生损坏,非结构构件也不能产生需要修复的破坏,如填充墙等具有明显脆性特征且只能承受有限变形,当变形超过一定限制即会产生开裂。因此,这个水准要求限制结构的弹性变形。

第二水准,结构进入一定程度的弹塑性工作状态(此时力和变形的关系不再是线性关系),部分结构构件产生塑性变形而发生损坏,但损坏的程度应该处于一般可修理的范畴,即是说结构仍然具有足够的强度。这一水准允许根据第一水准计算弹性地震效应,而按照极限状态设计方法进行结构承载力设计。

第三水准,结构进入强烈的塑性工作阶段,许多结构构件丧失承载能力而退出工作,结构主要通过良好的塑性变形能力来耗散地震能量而不致倒塌。这一水准要求限制结构的弹塑性变形。

► **1.3.3　建筑抗震设防目标的实现途径——两阶段设计**

我国采取两阶段设计方法实现建筑抗震设防的"三水准"要求,即:

第一阶段设计,基于多遇地震作用进行的强度和变形验算以及抗震措施。设计内容主要有:

①按多遇地震作用计算结构的弹性地震效应,包括内力及变形;

②采用地震作用效应与其他荷载效应的基本组合验算结构构件承载能力并采取抗震措施;

③进行多遇地震作用下的结构弹性变形验算;

④概念设计和抗震构造措施。

其中,第①~③项工作旨在实现第一水准和第二水准的设防目标,第④项则用于实现第二水准及第三水准的设防目标。

第二阶段设计,基于罕遇地震作用进行的结构弹塑性变形验算。设计内容为:

①进行罕遇地震作用下的结构弹塑性变形计算;

②进行薄弱部位的弹塑性层间变形验算并采取相应的构造措施。

其目的在于实现第三水准的设防目标。

鉴于工程经验和第二阶段设计的复杂性等因素,大多数结构可只进行第一阶段设计。而对于有特殊要求的建筑、地震时易倒塌的结构和有明显薄弱层的不规则结构,除第一阶段设计外尚需要进行第二阶段设计。

► **1.3.4　抗震设防类别及标准**

建筑抗震设防目标是一个总体原则。在这个总体原则下,基于既能合理使用建设投资又能达到抗震安全的要求,根据建筑物重要程度和所处地震环境的不同,其抗震设计所依照的设防标准可以有所区别。

建筑抗震设防标准是衡量一个建筑结构抗震设防要求的尺度,根据抗震设防烈度(或设计地震动参数)和建筑抗震设防类别来确定。

1)建筑抗震设防类别

抗震设防分类是根据建筑遭遇地震破坏后,可能造成人员伤亡、直接和间接经济损失、社会影响的程度及其在抗震救灾中的作用等因素,对各类建筑所做的设防类别划分。根据《建筑工程抗震设防分类标准》(GB 50223—2008),将建筑工程分为以下 4 个抗震设防类别:

①特殊设防类:指使用上有特殊设施,涉及国家公共安全的重大建筑工程和地震时可能发生严重次生灾害等特别重大灾害后果,需要进行特殊设防的建筑,简称甲类。

②重点设防类:指地震时使用功能不能中断或需尽快恢复的生命线相关建筑,以及地震时可能导致大量人员伤亡等重大灾害后果,需要提高设防标准的建筑,简称乙类。应特别指出的是,幼儿园、小学和中学的教学用房(如教室、实验室、图书室、体育馆、礼堂等)的设防类别为乙类。

③标准设防类:指大量的除①、②、④条以外,按标准要求进行设防的建筑,简称丙类。

④适度设防类:指使用上人员稀少且震损不致产生次生灾害,允许在一定条件下适度降低要求的建筑,简称丁类。

2)建筑抗震设防标准

按照《抗震规范》,各抗震设防类别建筑的抗震设防标准应符合表1.2的要求。

表1.2　建筑抗震设防标准

抗震设防类别	地震作用	抗震措施
特殊设防类（甲类）	应高于本地区抗震设防烈度的要求,其值应按批准的地震安全性评价结果确定	(1)抗震设防烈度为6~8度时,应符合提高1度的要求; (2)抗震设防烈度为9度时,应符合比9度抗震设防更高的要求
重点设防类（乙类）	应符合本地区抗震设防烈度的要求	(1)一般情况下,抗震设防烈度为6~8度时,应符合提高1度的要求;抗震设防烈度为9度时,应符合比9度抗震设防更高的要求; (2)较小的乙类建筑,当其结构使用抗震性能较好的结构类型时,允许仍按本地区抗震设防烈度的要求采取抗震措施
标准设防类（丙类）	应符合本地区抗震设防烈度的要求	应符合本地区抗震设防烈度的要求
适度设防类（丁类）	一般情况下,仍应符合本地区抗震设防烈度的要求	允许比本地区抗震设防烈度的要求适当降低,但抗震设防烈度为6度时不应降低

注:抗震措施是指除地震作用计算和抗力计算以外的抗震设计内容,包括抗震构造措施;抗震构造措施是指根据抗震概念设计原则,一般不需计算而对结构和非结构各部分必须采取的各种细部要求。

当抗震设防烈度为6度时,除甲类建筑及抗震规范另有规定要求进行计算外,乙、丙、丁类建筑可不进行地震作用计算,但仍须采取相应的抗震措施。

按照上述抗震设防标准,不同建筑物的实际抗震性能是不一样的,如甲类建筑可能达到或接近达到"中震不坏,大震可修"的水平,丁类建筑则会侧重于"中震可修,大震不倒"。

习　题

1.1　什么是地震?地震主要有哪些类型?

1.2　简述中国的地震分布特点。

1.3　地震会造成哪些灾害?

1.4　为什么要抗震防灾?

1.5　简述地震波的主要构成和主要运动特点。

1.6　与结构所受到的其他作用相比,地震作用有哪些特点?

1.7　合理的抗震设防思想是什么?建筑结构的抗震设防目标是什么?

1.8　什么是抗震设防烈度?多遇地震和罕遇地震又如何划分?

1.9　震级和烈度有什么区别和联系？

1.10　什么是两阶段设计方法？其与建筑结构的设防目标之间的关系是什么？

1.11　什么是抗震设防标准？根据什么来确定抗震设防标准？

1.12　目前我国的建筑结构分为哪些抗震设防类别？

1.13　抗震设防类别为乙类的建筑,其抗震计算中所采用的地震作用和抗震措施都有哪些要求？

2

地震动及其特性

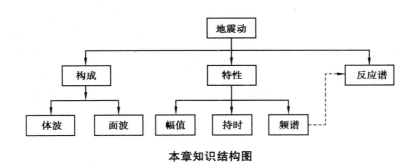

本章知识结构图

掌握地震对结构造成的影响(输入)和结构受此影响所表现出的实际反应(输出),是理解建筑抗震设防策略的两个前提。

地震所造成的地表及其附近的剧烈振动称为地震动,它是造成结构破坏的主要原因。资料表明,我国90%的建筑物的破坏是由地震动的动力破坏作用所引起。

2.1　地震波及其构成

断层破裂产生的能量以波的形式从震源向地球介质的各个方向传播,这就是地震波。一般认为地震波是一种弹性波,它包含体波和面波。

体波,即是在介质内部传播的波。体波又包含纵波和横波两种形式。纵波的特点是介质质点的振动方向与波的传播方向一致[图2.1(a)],致使介

地震动的时空变化

质受拉压,因此也称为压缩波或 P 波,纵波可以在任何介质中传播。纵波一般周期短、振幅小、传播速度快,通常引起地表的上下振动。横波的特点是介质质点的振动方向与波的传播方向垂直[图 2.1(b)],致使介质受剪切,因此也称为剪切波或 S 波,横波只能在固体介质中传播。横波一般周期较长、振幅较大、传播速度较慢,主要引起地面水平方向的振动。

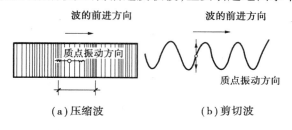

图 2.1　体波质点振动形式

　　面波,是指在介质表面及其附近传播的波,是一种次生波。面波主要有瑞雷波和乐夫波两种形式。瑞雷波传播时,介质质点在波的传播方向与地表法向组成的平面内作逆向的椭圆运动[图 2.2(a)],这种运动形式被认为是形成地面晃动的主要原因。乐夫波传播时,质点在与波的前进方向相垂直的水平方向运动[图 2.2(b)],在地面上表现为蛇形运动。面波一般周期长、振幅大。由于面波比体波衰减慢,故能传播到比较远的地方。

　　地震波的传播速度,以纵波最快、横波次之,面波最慢。所以地震后纵波首先到达观测点并引起地表的上下振动,横波之后到达并引起地表的水平晃动。横波携带了地震产生的大部分能量,对地表建筑物的破坏更为严重。面波的产生和传播加剧了地面的振动。在离震中较远的地方,由于地震波在传播过程中能量逐渐衰减,地面振动减弱,破坏作用也逐渐减轻。

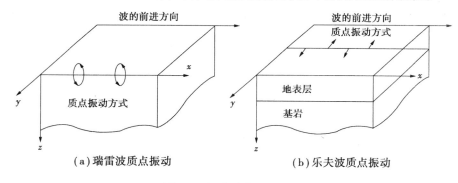

图 2.2　面波质点振动方式

2.2　地震动特性

　　地震动既是地震过程中地震波经地球介质的传播而在地表形成的输出,同时又是引起地表工程结构产生振动的输入或激励。

作为地球介质的输出,地震动本身是非常复杂的空间振动过程,受震源、传播途径和场地条件的影响,包含了地震和地球介质的多种信息。地震学通过对地震波的研究来反演震源机制、了解地球介质构造等。人们很早就认识到,要完全描述地震动,需包含三个平动分量和三个转动分量。对于三个转动分量,目前观测资料较少、缺乏系统研究,同时人们也认为可以忽略其对结构的影响,因此现在结构抗震中考虑的地震动大多只限于三个相互垂直的平动分量,即两个水平分量和一个竖向分量。描述三个分量的物理量有加速度、速度和位移。图2.3给出的是汶川卧龙台站记录到的地震波。通常将地震动或结构响应的时间历程简称为时程。可以看出,地震动是一个非常不规则的时间过程,具有强烈的非平稳特性。

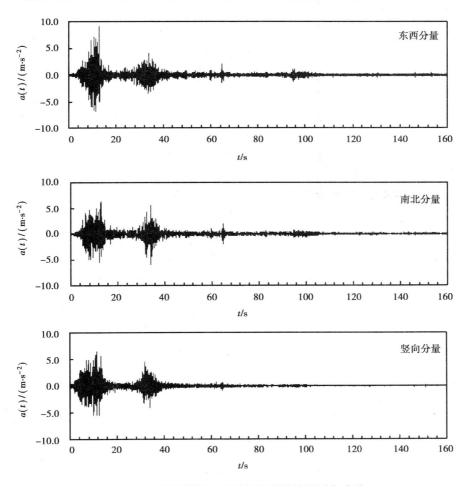

图2.3 汶川地震卧龙台站记录到的地震时程曲线

作为工程结构的输入,地震动会导致结构产生惯性力。工程中通常把这种惯性力称为地震作用,有别于建筑结构所受到的其他作用,地震作用有以下基本特点:

①不确定性。虽然其他作用如楼面荷载、风荷载等也具有一定的不确定性,但远不及地震动的不确定性,同一个场地上从来没有获得过相同的地震动记录,人们也无法确知建设场地可能遇到的未来地震动的细节,建筑结构在使用寿命期内遭遇地震的可能性和地震作用的

水平都只能采用概率方法进行粗略估计。

②偶然性。建筑结构可能遭遇地震的时间与其使用寿命相比而言极其短暂,结构设计中地震作用仅可作为一种偶然作用或者可变作用,如《建筑结构可靠性设计统一标准》中将多遇地震作用归类为可变作用,将罕遇地震作用归类为偶然作用。

③动力特性。地震动通过地表的运动对结构施加影响,因此,地震作用是一种动力作用。其鲜明的特点在于:结构所受到的地震作用的大小不仅与地震动相关,还与结构自身的动力特性相关。相同场地上不同结构所受到的地震作用水平是不同的。

与数学上用振幅、频率和相位等3个物理量来描述简谐波相类似,工程上将复杂的地震动过程看成若干个简谐波的叠加。从对结构响应有重要影响的角度,常通过地震动的幅值、频谱和持时来描述地震动的特性,这3个特性称为地震动的三要素。

①幅值,是指振动强度的最大值,有时也可以是某种等代意义下的幅值(如一段时间的最大值的平均),用以反映振动的强弱程度。比较常用的是峰值,即地震动过程中各时刻的最大值,根据物理量的不同,可以有峰值加速度、峰值速度和峰值位移等,分别记为 PGA、PGV 和 PGD。显然,幅值越大,结构的地震响应也越大。

地震动三要素

②频谱,是指构成地震动的频率成分的排列,用以反映地震动过程中各种频率成分的贡献。常用的频谱表示方法有傅里叶谱、功率谱和反应谱等,抗震设计中最常用的是反应谱(具体见本章 2.4 节)。从地震动反应谱的特性可以了解结构受到的地震作用水平。根据结构动力学原理,结构的自振频率与地震动主要频谱成分的频率接近时,结构将由于类似共振效应而受到更大的地震作用。这就不难理解为什么一次地震中相同场地上的不同建筑物的损伤差别会很大,即震害具有选择性。

③持时,是指地震动的持续时间,通常指地表强烈振动所持续的时间。显然,持时越长,输入结构的地震能量越大,对于结构的累积损伤有比较重要的影响。现有地震动持时的定义大多数是通过对地震动记录进行直接处理而得到的,它只与地震动记录本身有关,一般称为记录持时,常用的记录持时有括号持时、能量持时等;还有少数持时根据地震动输入下结构的反应推算而得到,它不但和地面运动有关,而且还和结构物有关,称为反应持时。常用的反应持时有工程持时、有效持时等。

影响地震动特性的因素很多,一般情况下,概括起来主要有:

①震级的影响。震级越大,地震动的幅值越大。

②震中距的影响。震中距越大,地震动的幅值越小,长周期的频率成分相对丰富。

③场地的影响。场地越软,地震动的幅值一般越大,长周期的频率成分更丰富。

这些基本规律要在抗震设计中得到体现。

2.3　单自由度弹性体系的地震反应分析

单自由度体系是多自由度体系分析的基础,因此本节首先建立单自由度体系的运动方程并进行其自由振动和强迫振动下的运动方程求解。

▶　2.3.1　单自由度弹性体系的运动方程

动力计算的基本未知量是质点的位移,它是时间 t 的函数。为了求出动力反应,应先列出描述体系振动时质点动位移的数学表达式,称为动力体系的运动方程。它将具体的振动问题归结为求解微分方程的数学问题。运动方程的建立是整个动力分析过程中最重要的部分。

图 2.4 为凉亭示意图,由于其质量大部分集中在屋盖处,因此可将结构参与振动的所有质量折算到屋面,而将柱子看作一个无质量的弹性杆,这样就将结构等效为单自由度弹性体系。其他单层建筑(如单层厂房和单层建筑)都可类似等效为单自由度弹性体系。

根据图 2.4,单自由度弹性体系在动力荷载 $P(t)$ 作用下将发生振动,产生相对地面的位移 $x(t)$、速度 $\dot{x}(t)$ 和加速度 $\ddot{x}(t)$。取质点为隔离体,由结构动力学可知,该质点上的作用力有惯性力、阻尼力、弹性恢复力及动力荷载。

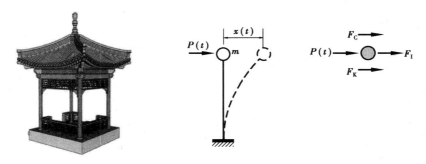

图 2.4　单自由度弹性体系计算简图

(1)惯性力 $F_{\mathrm{I}}(t)$

根据牛顿定律,惯性力大小等于质点的质量 m 与绝对加速度 $\ddot{x}(t)$ 的乘积,其方向与质点绝对运动加速度的方向相反,即

$$F_{\mathrm{I}}(t) = -m\ddot{x}(t) \tag{2.1}$$

(2)阻尼力 $F_{\mathrm{C}}(t)$

阻尼力是由结构内摩擦、结构构件连接处的摩擦、结构周围介质(如空气、水等)的阻力以及地基变形对结构运动的阻碍造成的。通常采用黏滞阻尼理论,即假定阻尼力的大小一般与结构运动速度成正比,其方向与质点相对运动速度相反,即

$$F_{\mathrm{C}}(t) = -c\dot{x}(t) \tag{2.2}$$

式中:c——阻尼系数。

(3)弹性恢复力 $F_{\mathrm{K}}(t)$

弹性恢复力是使质点从振动位置恢复到平衡位置的力,由结构的弹性变形产生。根据虎克(Hooke)定理,该力的大小与质点偏离平衡位置的位移和体系的抗侧刚度成正比,但方向与质点相对地面的位移相反,即

$$F_{\mathrm{K}}(t) = -kx(t) \tag{2.3}$$

式中:k——体系抗侧刚度,即质点产生水平单位位移,需在质点上施加的力。

根据达朗贝尔(D' Alembert)原理,质点在上述4个力作用下处于平衡,即单自由度弹性体系的运动方程可表示为:

$$F_I(t) + F_C(t) + F_K(t) + P(t) = 0 \tag{2.4}$$

将式(2.1)、式(2.2)、式(2.3)代入式(2.4),整理得:

$$m\ddot{x}(t) + c\dot{x}(t) + kx(t) = P(t) \tag{2.5}$$

▶ 2.3.2 单自由度弹性体系的自由振动

体系自由振动是指没有外界激励的情况下体系的运动。即当 $P(t) = 0$,则得到体系自由振动时的运动方程为:

$$m\ddot{x}(t) + c\dot{x}(t) + kx(t) = 0 \tag{2.6}$$

令

$$\omega^2 = k/m, \zeta = \frac{c}{2\sqrt{km}} = \frac{c}{2\omega m} \tag{2.7}$$

式中:ω——无阻尼单自由度弹性体系的圆频率;

ζ——体系的阻尼比。

则体系自由振动运动方程为:

$$\ddot{x}(t) + 2\zeta\omega\dot{x}(t) + \omega^2 x(t) = 0 \tag{2.8}$$

设方程(2.8)的解为

$$x(t) = Ce^{\lambda t} \tag{2.9}$$

则 λ 可由下列特征方程所确定

$$\lambda^2 + 2\zeta\omega\lambda + \omega^2 = 0 \tag{2.10}$$

其特征根为

$$\lambda = \omega\left(-\zeta \pm \sqrt{\zeta^2 - 1}\right) \tag{2.11}$$

根据阻尼比 ζ 值可得出三种运动状态(图2.5),具体如下:

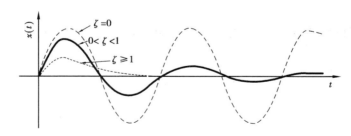

图2.5 不同阻尼下单自由度体系的自由振动

(1)$\zeta < 1$ 的情况(即低阻尼或欠阻尼情况)

设有阻尼结构体系的自振频率 ω' 为:

$$\omega' = \omega\sqrt{1 - \zeta^2} \tag{2.12}$$

则方程特征根为两个共轭虚根

$$\lambda_{1,2} = -\zeta\omega \pm i\omega' \tag{2.13}$$

此时,微分方程(2.8)的解为

$$x(t) = e^{-\zeta\omega t}(C_1\cos\omega' t + C_2\sin\omega' t) \tag{2.14}$$

代入体系初始条件,则有:

$$x(t) = e^{-\zeta\omega t}\left[x(0)\cos\omega' t + \frac{\dot{x}(0) + \zeta\omega x(0)}{\omega'}\sin\omega' t\right] \tag{2.15}$$

式中:$x(0)$——体系初始位移,即 $t=0$ 时刻的位移;

$\dot{x}(0)$——体系的初始速度。

另外,由式(2.12)可见,假设体系为钢筋混凝土结构,其阻尼比 $\zeta = 0.05$,则 $\omega' = 0.998\ 7\omega \approx \omega$,因此,由于普通建筑结构的阻尼比一般小于 0.2,在计算其自振频率时可不考虑阻尼的影响,从而简化了计算过程。

(2)$\zeta = 1$ 的情况(即临界阻尼情况)

由式(2.11)可知:

$$\lambda_{1,2} = -\omega \tag{2.16}$$

因此,微分方程(2.8)的解为

$$y = (C_1 + C_2 t)e^{-\omega t} \tag{2.17}$$

再引入初始条件,得

$$x(t) = [x(0)(1 + \omega' t) + \dot{x}(0)t]e^{-\omega t} \tag{2.18}$$

由此可见,这种情况下体系将不发生振动。

(3)$\zeta > 1$ 的情况(即过阻尼情况)

这种情况下体系也不发生振动,由于在实际问题中很少遇到这种情况,故不作进一步的讨论。

综上所述,当 $\zeta > 1$ 时,$\omega' < 0$,即体系不发生振动;$\zeta < 1$ 时,$\omega' > 0$,即体系发生振动;而 $\zeta = 1$ 时,$\omega' = 0$,即体系介于上述两种状态之间,处于临界阻尼状态,此时体系也不发生振动。结构的阻尼比可以通过结构振动试验确定,最常用的试验方法见附录 D。

▶ 2.3.3　单自由度弹性体系的简谐强迫振动

当动力荷载为简谐荷载时,体系将产生简谐强迫振动,可通过解析方法求解如下:

设

$$P(t) = P_0\sin\theta t \tag{2.19}$$

式中:P_0——简谐荷载的幅值;

θ——简谐荷载的圆频率。

将式(2.19)、式(2.7)代入体系运动方程(2.5),整理得

$$\ddot{x}(t) + 2\zeta\omega\dot{x}(t) + \omega^2 x(t) = \frac{P_0}{m}\sin\theta t \tag{2.20}$$

对于平稳振动(即不考虑初始条件引起的自由振动和伴生自由振动),设质点的位移为

$$x(t) = A \sin \theta t + B \cos \theta t \tag{2.21}$$

则质点的速度、加速度可表示为

$$\dot{x}(t) = A\theta \cos \theta t - B\theta \sin \theta t$$

$$\ddot{x}(t) = -A\theta^2 \sin \theta t - B\theta^2 \cos \theta t \tag{2.22}$$

将式(2.21)和式(2.22)代入方程(2.20)中,由于要使方程在任意时刻都得到满足,分别令等式两侧 $\sin \theta t$ 和 $\cos \theta t$ 的相应系数相等,即可求解得到:

$$A = \frac{P_0}{m} \times \frac{\omega^2 - \theta^2}{(\omega^2 - \theta^2)^2 + 4\zeta^2 \omega^2 \theta^2}$$

$$B = \frac{P_0}{m} \times \frac{-2\zeta\omega\theta}{(\omega^2 - \theta^2)^2 + 4\zeta^2 \omega^2 \theta^2} \tag{2.23}$$

由此可见,单自由度体系在简谐荷载作用下的强迫振动是圆频率为 θ 的简谐周期运动,可将式(2.21)简化表达为

$$x(t) = X_{\max} \sin(\theta t + \varphi) \tag{2.24}$$

式中:$X_{\max}$——体系质点的振幅;

φ——体系振动与简谐荷载振动的相位差。

这里仅考察振幅放大系数 β_Δ,以此来反映体系在简谐荷载作用下的反应特征。

$$\beta_\Delta = \frac{X_{\max}}{X_{st}} = \frac{1}{\sqrt{(1 - \theta^2/\omega^2)^2 + (2\zeta\theta/\omega)^2}} \tag{2.25}$$

式中:X_{st}——体系质点在静力 P_0 下的振幅,其值等于 P_0/k。

由此可见:动力系数 β_Δ 不仅与频率比值 θ/ω 有关,而且与阻尼比 ζ 有关。当 θ/ω 接近 1 时,结构发生强烈振动,其动力系数 β_Δ 到达最大值,即为共振现象。由于结构阻尼一般较小($\zeta<0.1$),因此动力系数 β_Δ 可达 5~50。

▶ 2.3.4 单自由度弹性体系的地震反应分析

单自由度弹性体系在地震作用下的计算简图如图 2.6 所示。

在地面运动 $\ddot{x}_g(t)$ 作用下,结构发生振动,质点的绝对加速度即为 $\ddot{x}_g(t) + \ddot{x}(t)$。同样取质点为隔离体,该质点上的作用力有惯性力、阻尼力和弹性恢复力。于是,单自由度弹性体系在地震作用下的运动方程为

$$m[\ddot{x}_g(t) + \ddot{x}(t)] + c\dot{x}(t) + kx(t) = 0 \tag{2.26}$$

整理得

$$\ddot{x}(t) + 2\zeta\omega\dot{x}(t) + \omega^2 x(t) = -\ddot{x}_g(t) \tag{2.27}$$

式(2.27)为常系数二阶非齐次线性微分方程,其通解为齐次通解与非齐次特解之和,实质上即分别对应了体系的自由振动反应与强迫振动

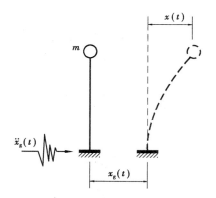

图 2.6 单自由度弹性体系计算简图

反应。

其中,齐次方程即自由振动方程的通解,见式(2.15)。而非齐次方程的特解即杜哈梅(Duhamel)积分,表达式为:

$$x(t) = -\frac{1}{\omega'}\int_0^t \ddot{x}_g(\tau) e^{-\zeta\omega(t-\tau)} \sin \omega'(t-\tau) d\tau \tag{2.28}$$

于是,单自由度弹性体系的运动方程的通解为齐次通解与非齐次特解之和,即:

$$x(t) = e^{-\zeta\omega t}\left[x(0)\cos \omega't + \frac{\dot{x}(0) + \zeta\omega x(0)}{\omega'}\sin \omega't\right] -$$

$$\frac{1}{\omega'}\int_0^t \ddot{x}_g(\tau) e^{-\zeta\omega(t-\tau)} \sin \omega'(t-\tau) d\tau \tag{2.29}$$

一般假定地震发生前体系处于静止状态,即体系的初位移 $x(0)$ 和初速度 $\dot{x}(0)$ 均为零,也就是式(2.29)的第一项等于零,则在地震作用下,体系的齐次方程的通解为零。于是有:

$$x(t) = -\frac{1}{\omega'}\int_0^t \ddot{x}_g(\tau) e^{-\zeta\omega(t-\tau)} \sin \omega'(t-\tau) d\tau \tag{2.30}$$

将式(2.30)对时间求导,可求得单自由度弹性体系在水平地震作用下相对于地面的速度反应为:

$$\dot{x}(t) = \frac{dx(t)}{dt} = -\int_0^t \ddot{x}_g(\tau) e^{-\zeta\omega(t-\tau)} \cos \omega'(t-\tau) d\tau +$$

$$\frac{\zeta\omega}{\omega'}\int_0^t \ddot{x}_g(\tau) e^{-\zeta\omega(t-\tau)} \sin \omega'(t-\tau) d\tau \tag{2.31}$$

将式(2.30)和式(2.31)代入体系的运动方程式(2.27)中,可求得单自由度弹性体系在水平地震作用下的绝对加速度为:

$$\ddot{x}(t) + \ddot{x}_g(t) = -2\zeta\omega\dot{x}(t) - \omega^2 x(t)$$

$$= 2\zeta\omega\int_0^t \ddot{x}_g(\tau) e^{-\zeta\omega(t-\tau)} \cos \omega'(t-\tau) d\tau -$$

$$\frac{2\zeta^2\omega^2}{\omega'}\int_0^t \ddot{x}_g(\tau) e^{-\zeta\omega(t-\tau)} \sin \omega'(t-\tau) d\tau +$$

$$\frac{\omega^2}{\omega'}\int_0^t \ddot{x}_g(\tau) e^{-\zeta\omega(t-\tau)} \sin \omega'(t-\tau) d\tau \tag{2.32}$$

2.4 地震反应谱

▶ 2.4.1 地震反应谱定义

对于结构抗震设计来说,设计者感兴趣的是结构的最大地震反应。为此,将单自由度弹性体系的最大绝对加速度、最大相对速度和最大相对位移反应定义为 S_a、S_v 和 S_d,且做以下简化处理:

①由于一般结构的阻尼比 ζ 很小,范围为 $0.01\sim0.1$,因此忽略上述公式中带有的 ζ 和 ζ^2 项;

②取 $\omega'=\omega$;

③用 $\sin\omega(t-\tau)$ 取代 $\cos\omega(t-\tau)$,做这样的处理并不影响公式的最大值,只是在相位上相差 $\pi/2$。

于是有:

$$S_a = |\ddot{x}(t) + \ddot{x}_g(t)|_{\max} = \omega\left|\int_0^t \ddot{x}_g(\tau)e^{-\zeta\omega(t-\tau)}\sin\omega'(t-\tau)d\tau\right|_{\max} \tag{2.33}$$

$$S_v = |\dot{x}(t)|_{\max} = \left|\int_0^t \ddot{x}_g(\tau)e^{-\zeta\omega(t-\tau)}\sin\omega'(t-\tau)d\tau\right|_{\max} \tag{2.34}$$

$$S_d = |x(t)|_{\max} = \frac{1}{\omega}\left|\int_0^t \ddot{x}_g(\tau)e^{-\zeta\omega(t-\tau)}\sin\omega'(t-\tau)d\tau\right|_{\max} \tag{2.35}$$

由式(2.33)—式(2.35)可以得到以下近似关系:

$$S_a = \omega S_v = \omega^2 S_d \tag{2.36}$$

可以看出:当地震地面运动加速度时程曲线 $\ddot{x}_g(t)$ 和阻尼比 ζ^2 为已知时,体系的最大地震反应 S_a、S_v 和 S_d 仅仅是体系自振周期 T(或圆频率 w)的函数。

由此,可引入地震反应谱的概念,其定义为:**单自由度弹性体系在给定的地震作用下,某个最大的反应量(如 S_a、S_v、S_d 等)与结构自振周期的关系曲线。**目前地震反应谱通常采用数值积分来确定,计算思路如图2.7所示。

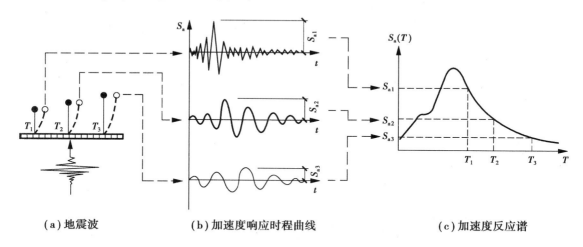

(a)地震波   (b)加速度响应时程曲线   (c)加速度反应谱

图2.7 地震加速度反应谱的确定

地震动反应谱建立了地震动特性与结构动力反应之间的桥梁。从本质上来讲,地震动反应谱反映的是地震动的频谱特性,同时,它又描述了一般结构地震反应的某些基本特征,它是通过理想简化的单质点体系的反应来描述地震动特性的。

2.4.2 地震反应谱的特点

（1）阻尼比的影响

阻尼比对反应谱的影响很大，它不仅能降低结构反应的幅值，而且可以削平不少峰点，使反应谱曲线变得平缓，如图2.8（a）、（b）、（c）所示。

（2）输入地震动峰值的影响

对于弹性反应谱，其输入（地震动）与输出（反应谱）呈线性关系，因此，输入地震动峰值不同，地震动的反应谱也按比例变化，如图2.8（d）所示。

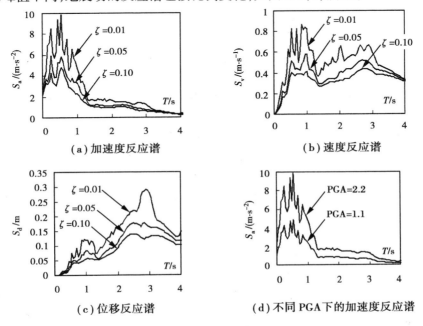

图 2.8　地震反应谱的特征（El Centro）

（3）震中距和场地条件的影响

震中距和场地条件对反应谱形状有很大的影响，震中距越大、土质越松软，加速度反应谱峰值对应的结构周期也越长（图2.9），因此在结构抗震设计时需考虑震中距和场地条件的影响。

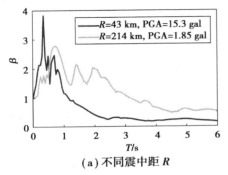
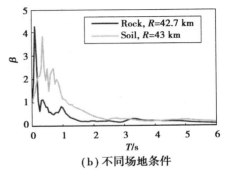

图 2.9　地震波加速度反应谱

习 题

2.1 简述地震波的主要构成和主要运动特点。

2.2 从输入—系统（结构）—输出的角度来看,结构地震反应与哪些因素有关?

2.3 什么是地震动的反应谱? 其影响因素有哪些?

2.4 建立地震动反应谱的目的和作用是什么?

3

结构地震作用及响应

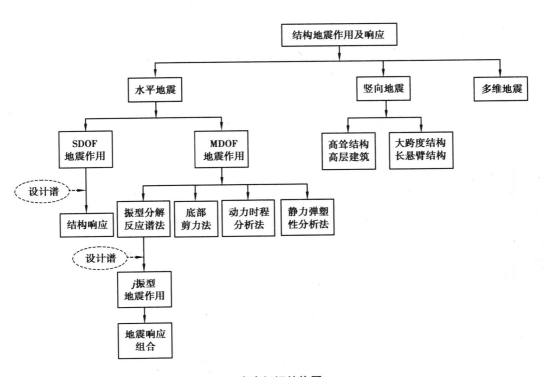

本章知识结构图

3.1 概　述

使结构产生内力或变形的原因称为"作用",分为直接作用和间接作用两种。各种荷载(如自重、风载等)属于直接作用,而各种非荷载作用(如混凝土收缩、温度变化、基础沉降等)为间接作用。结构地震反应由地震动导致的结构惯性力引起,因此地震作用属于间接作用。地震作用与一般荷载的区别在于:地震作用不仅与地震动本身有关,而且与结构的动力特性(如自振周期、阻尼等)也有关。

由地震动引起的结构内力、变形及结构运动加速度与速度等统称为结构地震反应。结构抗震设计理论主要包括地震作用的确定和结构抗震计算方法等。地震反应分析和结构抗震理论是近一百年来发展形成的一门新兴学科。由于结构地震反应决定于地震动和结构动力特性,因此,地震反应分析也随着人们对两方面的认识而发展。根据计算理论的不同,地震反应分析理论可划分为静力理论、反应谱理论和动力理论三个阶段。

1)静力理论阶段

日本是世界上最早形成抗震理论并用于抗震设计的国家。由于日本地处环太平洋地震带上,其国土均属于强震区,地震活动频繁,导致日本的抗震研究和理论发展也较早。早在19世纪末期,日本就已开始震害预防研究。20世纪20年代,在吸取了日本关东地震和其他地震经验的基础上,大森房吉、佐野利器等即提出静力计算法来近似分析地震反应。

静力理论的基本假设为:①将结构视为刚体;②假设各质点的振动加速度均等于地面运动加速度。结构所受到的地震作用为其质量与地面运动加速度的积,即将结构的自重乘以水平烈度系数来确定水平方向地震作用的最大值,按静力均匀施加于结构的各个部位,进行静力分析。由于该方法考虑质点振动加速度仅与地面运动加速度即烈度相关,所以又称为烈度法。静力法忽略了地震作用与结构动力特性的相关性、结构为非刚性等关键特性,所求出的结构地震作用有较大的误差,仅适用于固有周期极短($T<0.2$ s)的结构。但静力法的产生在工程结构抗震领域具有划时代意义,解决了结构抗震理论从无到有的问题。

2)反应谱理论阶段

1932年,美国学者比奥特(Biot)首先提出了反应谱的构想,并同冯·卡曼(Theodore von Kármán)一起历时10年左右对其进行了完善和发展。1953年,美国学者豪斯纳(Housner)等人在地震动观测记录积累的基础上提出了有阻尼单自由度体系反应谱曲线的分析实例,接着克劳夫(Clough)在高层建筑地震反应中具体地查明并解决了高次振型的影响。1954年,美国加州抗震规范首先采用了反应谱理论,从此抗震分析理论进入了一个崭新阶段,即反应谱阶段。

反应谱法取消了静力法中刚体平移振动的假设,各质点间具有相对振动,且考虑了地震作用与结构动力特性的关系,即地震作用随结构的自振周期、振型和阻尼的改变而改变,从而更真实地模拟了结构振动,同时保留了原有的静力理论形式,使计算大为简化。反应谱同结构振型分解法结合,可以直接计算多自由度结构体系的最大地震响应。对大部分建筑物而言,抗震分析结果可满足工程设计所要求的精度且使用方便,所以至今为各国抗震规范所采用的主要方法。反应谱理论较静力理论虽然有了长足的进步,但由于反应谱理论是求出最大地震作用,然后按静力分析法计算地震最大弹性反应,所以仍属于等效静力法。

3)动力分析阶段

时程(时间历程的简称)分析法的产生是一种飞跃,使抗震计算理论由等效静力分析进入到直接动力分析。时程分析法是对结构物的运动微分方程直接进行逐步积分求解的一种动力分析方法。由时程分析可得到各质点随时间变化的位移、速度和加速度动力反应,并进而计算出构件内力的时程变化关系。

由于核电站、海洋平台以及高层建筑结构在地震作用下的变形验算与控制越来越受重视,且随着地震记录的积累及和实验技术的发展,20世纪60年代以来国内外地震工程学者一直致力于时程分析法的研究,所取得的一系列成果被许多国家的抗震设计规范所采纳,包括我国的抗震规范。

3.2 设计反应谱

由于地震动的随机性,一条地震波的反应谱不能反映该地区地震的普遍特性,因此需要考虑该地区可能发生地震动的共性,即应综合考虑多条地震波的特性;另一方面,由于单条地震波的反应谱不够光滑、且对结构周期较敏感,在设计时难以被直接应用,因此在结构抗震设计时,必须首先确定设计反应谱。

▶ 3.2.1 设计反应谱的定义

同一类场地上的地震动分别计算其反应谱,然后对这些谱曲线进行统计分析,求出其中最有代表性的平滑的平均反应谱,称之为设计反应谱。

▶ 3.2.2 影响因素

美国规范
ASCE设计谱

设计反应谱的主要影响因素有设防烈度、场地类别、设计地震分组和阻尼比。

设防烈度越高,地震动峰值加速度PGA通常会越大,设计反应谱的谱值通常会越大;场地类别(其划分见下节内容)反映场地的地质条件的影响,设计地震分组反映震中距的影响,阻尼比则会对共振放大效应产生影响。

▶ 3.2.3 场地类别划分

场地是指工程群体所在地,具有相似的反应谱特征,其范围大体相当于厂区、居民点和自然村的范围。历史震害资料表明,不同场地上建筑物的震害差异很大,房屋倒塌率随土层厚度的增加而加大;比较而言,软弱场地上的建筑物震害一般重于坚硬场地。

为了研究场地的影响因素,这里首先讨论场地的固有周期(场地的基本周期,其动力特性之一)。在地震波通过覆盖土层传向地表的过程中,与土层固有周期相一致的一些频率波群将被放大(共振效应),而另一些频率波群将被衰减甚至完全过滤掉(滤波效应)。这样,地震波通过土层后,由于土层的过滤特性和选择放大作用,地表地震动的卓越周期(将地震动视为由不同谐波叠加构成时最显著的谐波分量对应的周期)很大程度上取决于场地的固有周期。当建筑物的固有周期与地震动的卓越周期相接近时,建筑物的振动会加大,相应的震害也会加重。进一步的理论分析证明,多层土的地震效应主要取决于场地覆盖层厚度和土层等效剪切波速。

对于场地覆盖层厚度,《抗震规范》采用土层的绝对刚度定义:一般情况下,地面至剪切波速大于 500 m/s 且其下卧各岩土的剪切波速均不小于 500 m/s 的土层顶面的距离,称为覆盖层厚度。

对于土层等效剪切波速 V_{se},按下式计算:

$$V_{se} = \frac{d_0}{t}, t = \sum_{i=1}^{n}\left(\frac{d_i}{v_{si}}\right) \tag{3.1}$$

式中:d_0——计算深度,取覆盖层厚度和 20 m 两者的较小者,m;

n——计算深度范围内土层的分层数;

v_{si}——计算深度范围内第 i 层土的剪切波速,m/s;

d_i——第 i 层土的厚度,m。

对于丁类建筑及丙类建筑中层数不超过 10 层、高度不超过 24 m 的多层建筑,当无实测的剪切波速时,可根据岩土名称和性状按表 3.1 划分土的类型,并利用当地经验在该表所示的波速范围内估计各土层的剪切波速。

表 3.1　土的类型划分和剪切波速范围

土的类型	岩土名称和性状	土层的剪切波速范围(m/s)
岩石	坚硬和较硬且完整的岩石	$v_s > 800$
坚硬土或软质岩石	破碎和较破碎的岩石或软和较软的岩石,密实的碎石土	$800 \geq v_s > 500$
中硬土	中密、稍密的碎石土,密实、中密的砾、粗、中砂,$f_{ak} > 150$ 的黏性土和粉土,坚硬黄土	$500 \geq v_s > 250$
中软土	稍密的砾、粗、中砂,除松散的细砂、粉砂外,$f_{ak} \leq 150$ 的黏性土和粉土,$f_{ak} > 130$ 的填土,可塑新黄土	$250 \geq v_s > 150$
软弱土	淤泥和淤泥质土,松散的砂,新近沉积的黏性土和粉土,$f_{ak} \leq 130$ 的填土,流塑黄土	$v_s \leq 150$

注:表中 f_{ak} 为由载荷试验等方法得到的地基承载力特征值,kPa;v_s 为岩土的剪切波速。

我国《抗震规范》根据场地覆盖层厚度和土层等效剪切波速这两个指标按表 3.2 划分为Ⅰ、Ⅱ、Ⅲ和Ⅳ四类场地类别,其中Ⅰ类分为Ⅰ₀和Ⅰ₁两个亚类。

表 3.2 各类建筑场地的覆盖层厚度 d 单位:m

岩石的剪切波速或 土的等效剪切波速(m/s)	场地类别				
	I_0	I_1	II	III	IV
$v_s > 800$	0				
$800 \geqslant v_s > 500$		0			
$500 \geqslant v_{se} > 250$		<5	≥5		
$250 \geqslant v_{se} > 150$		<3	3~50	>50	
$v_{se} \leqslant 150$		<3	3~15	>15~80	>80

注:表中 v_s 为岩石的剪切波速。

【例 3.1】 已知某建筑场地的钻孔地质资料如表 3.3 所示,试确定该场地的类别。

表 3.3 钻孔地质资料

土层底部深度(m)	土层厚度(m)	岩土名称	土层剪切波速 v_{si}(m/s)
1.5	1.5	杂填土	180
3.5	2.0	粉土	240
7.5	4.0	细砂	310
16.5	8.0	砾砂	520

【解】 (1)确定覆盖层厚度 d。

由于地表以下 7.5 m 土层的剪切波速 $v_s = 520$ m/s>500 m/s,所以有 $d_0 = 7.5$ m;

(2)计算土层等效剪切波速 v_{se}:

按式(3.1)有:

$$v_{se} = \frac{7.5}{\dfrac{1.5}{180} + \dfrac{2.0}{240} + \dfrac{4.0}{310}} = 253.6 \text{ m/s}$$

查表 3.2,v_{se} 为 250~500 m/s,且 $d>5.0$ m,故该场地属于 II 类。

3.2.4 抗震设计反应谱

为了便于计算,我国《抗震规范》采用地震影响系数 α 与体系自振周期 T 之间的关系作为设计反应谱。地震影响系数 α 即相对于重力加速度 g 的单质点的绝对最大加速度反应,按下式计算:

$$\alpha(T) = \frac{S_a(T)}{g} = \frac{S_a(T)}{|\ddot{x}_g(t)|_{max}} \cdot \frac{|\ddot{x}_g(t)|_{max}}{g} = \beta(T) \cdot k \quad (3.2)$$

式中:$S_a(T)$ —— 单质点最大绝对加速度;

$|\ddot{x}_g(t)|_{max}$—— 地面运动的峰值加速度；

k—— 地震系数；

$\beta(T)$—— 动力系数。

下面讨论地震系数和动力系数的确定。

1）地震系数 k

地震系数为地面运动的峰值加速度与重力加速度的比值，其定义为：

$$k = \frac{|\ddot{x}_g(t)|_{max}}{g} \tag{3.3}$$

通过地震系数可将地震动振幅对地震反应谱的影响分离出来。一般来说，地震烈度越大，地面运动加速度的峰值越大，即地震系数与地震烈度之间有一定的对应关系。根据统计分析，烈度每增加 1 度，地震系数大致增加 1 倍。表 3.4 反映了我国《抗震规范》采用的地震系数与基本烈度的对应关系。

表 3.4　地震系数 k 与基本烈度的关系

基本烈度	6 度	7 度	8 度	9 度
地震系数 k	0.05	0.10(0.15)	0.20(0.30)	0.40

注：括号中数值分别用于设计基本地震加速度为 0.15g 和 0.30g 的地区（g 为重力加速度）。

2）动力系数 $\beta(T)$

动力系数为单质点最大绝对加速度反应与地面运动最大加速度的比值，其定义为：

$$\beta(T) = \frac{S_a(T)}{|\ddot{x}_g(t)|_{max}} \tag{3.4}$$

由于我国《抗震规范》取动力系数的最大值 $\beta_{max} = 2.25$，而 $\beta(T=0) = 1.0$，于是有：

$$\alpha_{max} = k \cdot \beta_{max}, \quad \alpha(T=0) = 0.45\alpha_{max} \tag{3.5}$$

于是，我国《抗震规范》规定的设计反应谱如图 3.1 所示。

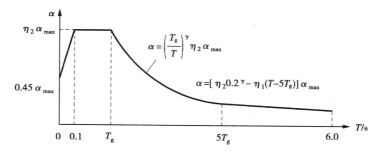

图 3.1　地震影响系数谱曲线

图 3.1 中：T—— 体系自振周期，s；

T_g—— 特征周期，按表 3.5 确定；

α—— 地震影响系数；

α_{max}—— 地震影响系数最大值，按表 3.6 确定；

ζ——结构体系的阻尼比；

γ——地震影响系数谱曲线下降段的衰减指数，按式(3.6)确定；

$$\gamma = 0.9 + \frac{0.05 - \zeta}{0.3 + 6\zeta} \qquad (3.6)$$

η_1——地震影响系数谱直线下降斜率调整系数，按式(3.7)确定，小于 0 时取 0；

$$\eta_1 = 0.02 + \frac{0.05 - \zeta}{4 + 32\zeta} \qquad (3.7)$$

η_2——阻尼调整系数，按式(3.8)确定，且当小于 0.55 时，应取 0.55。

$$\eta_2 = 1 + \frac{0.05 - \zeta}{0.08 + 1.6\zeta} \qquad (3.8)$$

表 3.5　特征周期值 T_g　　　　　单位:s

设计地震分组	场地类别				
	I_0	I_1	II	III	IV
第一组	0.20	0.25	0.35	0.45	0.65
第二组	0.25	0.30	0.40	0.55	0.75
第三组	0.30	0.35	0.45	0.65	0.90

表 3.6　水平地震影响系数最大值 α_{max}

地震影响	设防烈度			
	6 度	7 度	8 度	9 度
多遇地震	0.04	0.08(0.12)	0.16(0.24)	0.32
罕遇地震	0.28	0.50(0.72)	0.90(1.20)	1.40

注:括号中数值分别用于设计基本地震加速度取 $0.15g$ 和 $0.30g$ 的地区。

3.3　结构地震反应分析方法

在实际的建筑结构抗震设计中，除了少数结构(如单层厂房、水塔等)可以简化为单自由度体系外，大量的建筑结构都应简化为多自由度体系。在单向水平地震作用下，其地震反应分析方法有振型分解反应谱法、底部剪力法、动力时程分析方法以及非线性静力分析等。

▶ 3.3.1　单自由度弹性体系的地震作用

由地震设计反应谱可方便地计算单自由度弹性体系的地震作用如下:

$$F = mS_a(T) = G \cdot \alpha(T) \tag{3.9}$$

式中:G——集中于质点处的重力荷载代表值。

结构的重力荷载分恒载(自重)和活载(可变荷载)两种。活载的变异性较大,我国《建筑结构荷载规范》(GB 50009—2012)规定的活载标准值是按50年最大活载的平均值加0.5~1.5倍的均方差来确定。地震发生时,活载不一定达到标准值的水平,一般小于标准值,因此计算重力荷载代表值时可对活载进行折减。《抗震规范》规定:

$$G_E = G_k + \sum \psi_i Q_{ki} \tag{3.10}$$

式中:G_E——重力荷载代表值;

$\quad\quad G_k$——结构恒载标准值;

$\quad\quad Q_{ki}$——有关活载(可变荷载)标准值;

$\quad\quad \psi_i$——有关活载组合值系数,按表3.7采用。

表 3.7 组合值系数 ψ_i

可变荷载种类		组合值系数
雪荷载		0.5
屋顶积灰荷载		0.5
屋面活荷载		不计入
按实际情况考虑的楼面活荷载		1.0
按等效均布荷载考虑的楼面活荷载	藏书库、档案库	0.8
	其他民用建筑	0.5
吊车悬吊物重力	硬钩吊车	0.3
	软钩吊车	不计入

▶ 3.3.2 振型分解反应谱法

振型分解反应谱法基本概念是:假定结构为多自由度线弹性体系,利用振型的正交性原理,将 n 个自由度弹性体系分解为 n 个等效单自由弹性体系,利用设计反应谱计算每个振型对应的等效单自由弹性体系的效应(弯矩、剪力、轴力和变形等),再按一定的法则将每个振型的作用效应进行组合,作为地震作用效应用于截面抗震验算。

平面结构振型动画

1)多自由度弹性体系的运动方程

多自由度弹性体系在水平地震作用下的变形如图3.2所示,根据达朗贝尔原理,作用在 i 质点的惯性力、阻尼力和弹性恢复力应保持平衡,于是有:

$$m_i[\ddot{x}_i(t) + \ddot{x}_g(t)] + \sum_{k=1}^{n} C_{ik}\dot{x}_k(t) + \sum_{k=1}^{n} K_{ik}x_k(t) = 0 \tag{3.11}$$

式中:K_{ik}——质点 k 处产生单位位移,而其他质点保持不变,在质点 i 处产生的弹性恢复力;

C_{ik}——质点 k 处产生单位速度,而其他质点保持不变,在质点 i 处产生的阻尼力;

$\ddot{x}_i(t),\dot{x}(t),x(t)$——质点 i 在 t 时刻相对于基础的加速度、速度和位移;

m_i——集中在质点 i 上的集中质量;

$\ddot{x}_g(t)$——t 时刻地面运动加速度值。

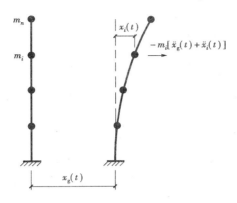

图3.2　多自由度弹性体系变形

对于一个 n 质点的弹性体系,可以写出 n 个类似于式(3.11)的方程,将组成一个由 n 个方程组成的微分方程组,其矩阵形式为:

$$[M]\{\ddot{x}(t)\}+[C]\{\dot{x}(t)\}+[K]\{x(t)\}=-[M]\{I\}\ddot{x}_g(t) \tag{3.12}$$

式中:$\{\ddot{x}(t)\}$、$\{\dot{x}(t)\}$、$\{x(t)\}$——体系各质点在 t 时刻相对于基础的加速度、速度、位移列向量;

$[M]$——体系质量矩阵;

$$[M]=\begin{bmatrix} m_1 & & & 0 \\ & m_2 & & \\ & & \ddots & \\ 0 & & & m_n \end{bmatrix} \tag{3.13}$$

$[K]$——体系刚度矩阵;

$$[M]=\begin{bmatrix} K_{11} & \cdots & K_{1i} & \cdots & K_{1n} \\ \vdots & & \vdots & & \vdots \\ K_{i1} & \cdots & K_{ii} & \cdots & K_{in} \\ \vdots & & \vdots & & \vdots \\ K_{n1} & \cdots & K_{ni} & \cdots & K_{nn} \end{bmatrix} \tag{3.14}$$

$[C]$——阻尼矩阵,一般采用瑞雷阻尼,即采取质量矩阵与刚度矩阵的线性组合。

$$[C]=\alpha[M]+\beta[K] \tag{3.15}$$

其中 α、β 为两个比例常数,按下式计算:

$$\alpha=\frac{2\omega_1\omega_2(\zeta_1\omega_2-\zeta_2\omega_1)}{\omega_2^2-\omega_1^2},\beta=\frac{2(\zeta_2\omega_2-\zeta_1\omega_1)}{\omega_2^2-\omega_1^2} \tag{3.16}$$

式中：ω_1、ω_2——多自由度弹性体系第 1、2 振型的自振圆频率；

ζ_1、ζ_2——体系第 1、2 振型的阻尼比。

2）多自由度弹性体系的自由振动

用振型分解反应谱法计算多自由度弹性体系的水平地震作用效应时，首先需要知道各个振型及其对应的自振周期，这需要求解体系的自由振动方程而得到。将式（3.12）中的阻尼项及右端地震动输入项略去，即得到无阻尼多自由度弹性体系的自由振动方程：

$$[M]\{\ddot{x}(t)\} + [K]\{x(t)\} = 0 \tag{3.17}$$

根据该方程的特点，设该方程的解为：

$$\{x(t)\} = \{X\}\sin(\omega t + \varphi) \tag{3.18}$$

于是有：

$$\{\ddot{x}(t)\} = -\omega^2\{X\}\sin(\omega t + \varphi) = -\omega^2\{x(t)\} \tag{3.19}$$

式中：$\{X\}$——体系的振动幅值向量，即体系的振型；

φ——初始相位角。

将式（3.18）和式（3.19）代入式（3.17），得：

$$([K] - \omega^2[M])\{X\} = 0 \tag{3.20}$$

式中：$\{X\}$ 为体系的振动幅值向量，其元素不可能全部为零，否则体系就不振动。因此，要得到 $\{X\}$ 的非零解，即体系发生振动的解，则必有：

$$|[K] - \omega^2[M]| = 0 \tag{3.21}$$

式（3.21）也称为多自由度弹性体系的动力特征值方程（或体系的频率方程）。方程展开后是一个以 ω^2 为未知量的一元 n 次方程，可以求出这个方程的 n 个根（特征值），即可得到体系的 n 个自振频率。将得到的自振频率依次回代到方程（3.20）即可求出体系的振型。

3）振型的正交性

多自由度弹性体系作自由振动时，各振型对应的频率各不相同，任意两个不同的振型之间存在正交性。利用振型的正交性原理可以大大简化多自由度弹性体系运动微分方程组的求解。

（1）振型关于质量矩阵的正交性

其矩阵表达式为：

$$\{X\}_j^T[M]\{X\}_k = 0,(j \neq k) \tag{3.22}$$

振型关于质量矩阵的正交性的物理意义是：某一振型在振动过程中引起的惯性力不在其他振型上做功，这说明某一振型的动能不会转移到振型上去，也就是体系按某一振型自由振动不会激起其他振型的振动。

（2）振型关于刚度矩阵的正交性

其矩阵表达式为：

$$\{X\}_j^T[K]\{X\}_k = 0,(j \neq k) \tag{3.23}$$

振型关于刚度矩阵的正交性的物理意义是：体系按某一振型振动引起的弹性恢复力不在其他振型上做功，也就是体系按某一振型振动时，它的位能（势能）不会转移到其他振型上去。

（3）振型关于阻尼矩阵的正交性

由于阻尼矩阵一般采用质量矩阵与刚度矩阵的线性组合，运用振型关于质量矩阵和刚度矩阵的正交性原理，振型关于阻尼矩阵也是正交的，即：

$$\{X\}_j^{\mathrm{T}}[C]\{X\}_k = 0,(j \neq k) \tag{3.24}$$

4）振型分解

一个有 n 个自由度的弹性体系具有 n 个独立的振型，将每个振型汇集在一起就形成振型矩阵为：

$$[A] = [\{X\}_1,\cdots,\{X\}_i,\cdots,\{X\}_n] = \begin{bmatrix} x_{11} & \cdots & x_{j1} & \cdots & x_{n1} \\ \vdots & & \vdots & & \vdots \\ x_{1i} & \cdots & x_{ji} & \cdots & x_{ni} \\ \vdots & & \vdots & & \vdots \\ x_{1n} & \cdots & x_{jn} & \cdots & x_{nn} \end{bmatrix} \tag{3.25}$$

式中：x_{ji}——对应于 j 振型的质点 i 的振型值。

由振型的正交性原理可知，振型 $\{X\}_1,\cdots,\{X\}_i,\cdots,\{X\}_n$ 相互独立，根据线性代数理论，n 维向量 $\{x(t)\}$ 可以表示为 n 个独立向量的线性组合，则体系地震位移反应向量 $\{x(t)\}$ 可表示为：

$$x_i(t) = \sum_{j=1}^n x_{ji} q_j(t) \tag{3.26}$$

式中：$q_j(t)$——j 振型的广义（正则）坐标，它是以振型作为坐标系的位移值，也是时间的函数。于是整个体系的位移、速度和加速度的列向量可分别表示为：

$$\{x\} = \begin{Bmatrix} x_1(t) \\ \vdots \\ x_i(t) \\ \vdots \\ x_n(t) \end{Bmatrix} = [\{X\}_1,\cdots,\{X\}_i,\cdots,\{X\}_n] \begin{Bmatrix} q_1(t) \\ \vdots \\ q_i(t) \\ \vdots \\ q_n(t) \end{Bmatrix} = [A]\{q\} \tag{3.27}$$

$$\{\dot{x}\} = [A]\{\dot{q}\}, \quad \{\ddot{x}\} = [A]\{\ddot{q}\} \tag{3.28}$$

将式（3.27）和式（3.28）代入式（3.12），并对方程式两端左乘 $[A]^{\mathrm{T}}$ 得广义坐标下运动方程为：

$$[A]^{\mathrm{T}}[M][A]\{\ddot{q}\} + [A]^{\mathrm{T}}[C][A]\{\dot{q}\} + [A]^{\mathrm{T}}[K][A]\{q\} = -[A]^{\mathrm{T}}[M][I]\ddot{x}_{\mathrm{g}}(t) \tag{3.29}$$

运用振型关于质量矩阵、刚度矩阵和阻尼矩阵的正交性原理，对式（3.29）进行简化，展开后可得到 n 个独立的二阶微分方程，对于第 j 振型可写为：

$$\{X\}_j^{\mathrm{T}}[M]\{X\}_j \ddot{q}_j(t) + \{X\}_j^{\mathrm{T}}[C]\{X\}_j \dot{q}_j(t) + \{X\}_j^{\mathrm{T}}[K]\{X\}_j q_j(t)$$
$$= -\{X\}_j^{\mathrm{T}}[M]\{I\}\ddot{x}_{\mathrm{g}}(t) \tag{3.30}$$

这里引入广义质量、广义刚度和广义阻尼：

$$M_j^* = \{X\}_j^{\mathrm{T}}[M]\{X\}_j \tag{3.31a}$$

$$K_j^* = \{X\}_j^{\mathrm{T}}[K]\{X\}_j = \omega_j^2 M_j^* \tag{3.31b}$$

$$C_j^* = \{X\}_j^{\mathrm{T}} [C] \{X\}_j = 2\zeta \omega_j M_j^* \tag{3.31c}$$

于是式(3.30)可写为：

$$M_j^* \ddot{q}_j(t) + C_j^* \dot{q}_j(t) + K_j^* q_j(t) = -\{X\}_j^{\mathrm{T}} [M] \{I\} \ddot{x}_g(t) \tag{3.32}$$

同时用 j 振型广义质量除以等式两端，得：

$$\ddot{q}_j(t) + 2\zeta \omega_j \dot{q}_j(t) + \omega_j^2 q_j(t) = -\gamma_j \ddot{x}_g(t) \quad (j = 1, 2, \cdots, n) \tag{3.33}$$

式中：γ_j —— j 振型的振型参与系数，按式(3.34)计算：

$$\gamma_j = \frac{\{X\}_j^{\mathrm{T}} [M] \{I\}}{\{X\}_j^{\mathrm{T}} [M] \{X\}_j} = \frac{\sum\limits_{i=1}^{n} m_i x_{ji}}{\sum\limits_{i=1}^{n} m_i x_{ji}^2} \tag{3.34}$$

由此可见，式(3.33)完全相当于一个单自由度弹性体系的运动方程，求解得

$$q_j(t) = -\gamma_j \cdot \frac{1}{\omega_j} \int_0^t \ddot{x}_g(\tau) e^{-\zeta_j \omega_j(t-\tau)} \sin \omega_j(t-\tau) d\tau = \gamma_j \Delta_j(t) \tag{3.35}$$

式中：$\Delta_j(t)$ —— 等效单自由度体系 (ω_j, ζ_j) 的位移，按下式计算：

$$\Delta_j(t) = -\frac{1}{\omega_j} \int_0^t \ddot{x}_g(\tau) e^{-\zeta_j \omega_j(t-\tau)} \sin \omega_j(t-\tau) d\tau \tag{3.36}$$

于是根据式(3.26)有：

$$x_i(t) = \sum_{j=1}^{n} x_{ji} q_j(t) = \sum_{j=1}^{n} x_{ji} \gamma_j \Delta_j(t) \tag{3.37a}$$

$$\ddot{x}_i(t) = \sum_{j=1}^{n} x_{ji} \ddot{q}_j(t) = \sum_{j=1}^{n} x_{ji} \gamma_j \ddot{\Delta}_j(t) \tag{3.37b}$$

5)多自由度弹性体系的地震作用及效应组合

由结构动力学可知：

$$\sum_{j=1}^{n} \gamma_j x_{ji} = 1 \tag{3.38}$$

由式(3.37b)可知，t 时刻 i 质点的水平地震作用为：

$$F_i(t) = m_i \ddot{x}_i(t) + m_i \ddot{x}_g(t) = m_i \sum_{j=1}^{n} \gamma_j \ddot{\Delta}_j(t) x_{ji} + m_i \ddot{x}_g(t) \sum_{j=1}^{n} \gamma_j x_{ji} = m_i \sum_{j=1}^{n} \gamma_j x_{ji} [\ddot{\Delta}_j(t) + \ddot{x}_g(t)]$$

$$\tag{3.39}$$

对应于 j 振型 t 时刻 i 质点的水平地震作用可以表示为：

$$F_{ji}(t) = m_i \gamma_j x_{ji} [\ddot{\Delta}_j(t) + \ddot{x}_g(t)] \tag{3.40}$$

对应于 j 振型 i 质点的水平地震作用 F_{ji} 最大值为：

$$F_{ji} = m_i \gamma_j x_{ji} [\ddot{\Delta}_j(t) + \ddot{x}_g(t)]_{\max} \tag{3.41}$$

式中：$[\ddot{\Delta}_j(t) + \ddot{x}_g(t)]_{\max}$ —— 阻尼比、自振频率分别为 ζ_j、ω_j 的单自由度弹性体系的最大绝对加速度，可通过反应谱确定。于是式(3.41)可写为：

$$F_{ji} = m_i \gamma_j x_{ji} S_a(\zeta_j, \omega_j) = G_i \gamma_j x_{ji} \alpha_j \tag{3.42}$$

式中：G_i —— 质点 i 的重力荷载代表值；

x_{ji} —— j 振型 i 质点的水平相对位移，即振型位移；

γ_j——j 振型的振型参与系数,按式(3.34)计算;

α_j——对应于第 j 振型自振周期 T_j 的地震影响系数,按图 3.1 采用。

式(3.42)即为我国《抗震规范》给出的振型分解反应谱法的水平地震作用标准值的计算公式。

由振型 j 各质点的水平地震作用,采用结构力学计算方法,可得体系振型 j 的最大地震反应(如构件内力、楼层位移等)。将体系振型 j 水平地震作用下的结构最大地震反应(即振型地震作用效应)记为 S_j,而该体系考虑所有振型贡献的地震反应为 S,则可通过各振型反应 S_j 估计为 S,此称为振型组合。

由于各振型作用效应的最大值并不出现在同一时刻,因此直接由各振型最大反应叠加估计体系的最大反应,其结果显然偏大,这会过于保守。通过随机振动理论分析,得出采用平方和开方的方法(SRSS 法)估计结构体系最大反应可获得较好的结果,即

$$S = \sqrt{\sum_{j=1}^{k} S_j^2} \tag{3.43}$$

式中:k——振型反应的组合数。一般情况下,可取结构的前 2~3 阶振型(即 $k=2\sim3$),但不多于结构的自由度数(即 $k \leqslant n$);当结构基本周期大于 1.5 s 或建筑高宽比大于 5 时,应适当增加振型的组合数。

【例 3.2】 结构计算简图如图 3.3 所示,结构处于 8 度区(地震加速度为 0.20g),I_1 类场地,设计地震分组为第一组,阻尼比为 0.05。已知结构自振周期 T_1、T_2 和 T_3 分别为 0.429、0.182 和 0.123。振型如下:

$$\begin{Bmatrix} x_{11} \\ x_{12} \\ x_{13} \end{Bmatrix} = \begin{Bmatrix} 0.421 \\ 0.742 \\ 1.0 \end{Bmatrix},$$

$$\begin{Bmatrix} x_{21} \\ x_{22} \\ x_{23} \end{Bmatrix} = \begin{Bmatrix} -0.654 \\ -0.437 \\ 1.0 \end{Bmatrix},$$

$$\begin{Bmatrix} x_{31} \\ x_{32} \\ x_{33} \end{Bmatrix} = \begin{Bmatrix} 2.353 \\ -2.145 \\ 1.0 \end{Bmatrix}$$

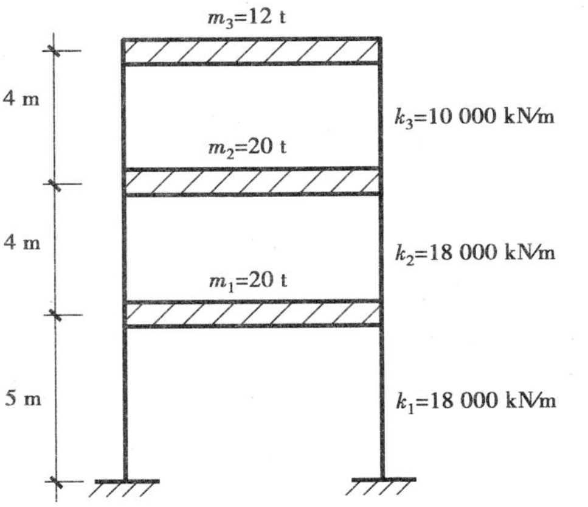

试采用振型分解反应谱法,求结构在多遇地震下的最大底部剪力和最大顶点位移。

图 3.3 结构计算简图

【解】 由 $\gamma_j = \dfrac{\sum\limits_{i=1}^{n} m_i x_{ji}}{\sum\limits_{i=1}^{n} m_i x_{ji}^2}$,得:

$$\gamma_1 = \frac{20 \times 0.421 + 20 \times 0.742 + 12 \times 1.0}{20 \times 0.421^2 + 20 \times 0.742^2 + 12 \times 1.0^2} = 1.328$$

$$\gamma_2 = \frac{20 \times (-0.654) + 20 \times (-0.437) + 12 \times 1.0}{20 \times (-0.654)^2 + 20 \times (-0.437)^2 + 12 \times 1.0^2} = -0.403$$

$$\gamma_3 = \frac{20 \times 2.353 + 20 \times (-2.145) + 12 \times 1.0}{20 \times 2.353^2 + 20 \times (-2.145)^2 + 12 \times 1.0^2} = 0.075$$

查表得 $T_g = 0.25 \text{ s}, \alpha_{\max} = 0.16$，则

$$\alpha_1 = \left(\frac{T_g}{T_1}\right)^{0.9} \alpha_{\max} = \left(\frac{0.25}{0.429}\right)^{0.9} \times 0.16 = 0.098\,4, \alpha_2 = \alpha_3 = \alpha_{\max} = 0.16$$

由 $F_{ji} = G_i \gamma_j x_{ji} \alpha_j$ 得第一振型各质点（或各楼面）水平地震作用为：

$$F_{11} = 20 \times 10 \times 1.328 \times 0.421 \times 0.098\,4 = 11.003 \text{ kN}$$

$$F_{12} = 20 \times 10 \times 1.328 \times 0.742 \times 0.098\,4 = 19.392 \text{ kN}$$

$$F_{13} = 12 \times 10 \times 1.328 \times 1.0 \times 0.098\,4 = 15.681 \text{ kN}$$

同理，第 2、3 振型各质点水平地震作用分别为：

$$F_{21} = 8.433 \text{ kN}, F_{22} = 5.636 \text{ kN}, F_{23} = -7.738 \text{ kN}$$

$$F_{31} = 5.647 \text{ kN}, F_{32} = -5.148 \text{ kN}, F_{33} = 1.440 \text{ kN}$$

则由各振型水平地震作用产生的底部剪力为：

$$S_1 = V_{11} = F_{11} + F_{12} + F_{13} = 46.076 \text{ kN}$$

$$S_2 = V_{21} = F_{21} + F_{22} + F_{23} = 6.331 \text{ kN}$$

$$S_3 = V_{31} = F_{31} + F_{32} + F_{33} = 1.939 \text{ kN}$$

通过振型组合求得结构的最大底部剪力为：

$$V_1 = \sqrt{\sum V_{j1}^2} = \sqrt{46.076^2 + 6.331^2 + 1.939^2} = 46.549 \text{ kN}$$

若仅取前两阶振型反应进行组合时，结构的最大底部剪力为：

$$V_1 = \sqrt{46.076^2 + 6.331^2} = 46.509 \text{ kN}$$

由各振型水平地震作用产生的结构顶点位移为：

$$U_{13} = \frac{F_{11} + F_{12} + F_{13}}{k_1} + \frac{F_{12} + F_{13}}{k_2} + \frac{F_{13}}{k_3}$$

$$= \left(\frac{46.076}{18\,000} + \frac{19.392 + 15.681}{18\,000} + \frac{15.681}{10\,000}\right) \times 10^3 = 6.076 \text{ mm}$$

$$U_{23} = \frac{F_{21} + F_{22} + F_{23}}{k_1} + \frac{F_{22} + F_{23}}{k_2} + \frac{F_{23}}{k_3}$$

$$= \left[\frac{6.331}{18\,000} + \frac{5.636 + (-7.738)}{18\,000} + \frac{(-7.738)}{10\,000}\right] \times 10^3 = -0.539 \text{ mm}$$

$$U_{33} = \frac{F_{31} + F_{32} + F_{33}}{k_1} + \frac{F_{32} + F_{33}}{k_2} + \frac{F_{33}}{k_3}$$

$$= \left[\frac{1.939}{18\,000} + \frac{(-5.148) + 1.440}{18\,000} + \frac{1.440}{10\,000}\right] \times 10^3 = 0.046 \text{ mm}$$

通过振型组合求得结构的最大顶点位移为：

$$U_3 = \sqrt{\sum U_{j3}^2} = \sqrt{6.076^2 + (-0.539)^2 + 0.046^2} = 6.100 \text{ mm}$$

若仅取前两阶振型反应进行组合时,结构的最大顶点位移为:

$$U_3 = \sqrt{6.076^2 + (-0.539)^2} = 6.100 \text{ mm}$$

▶ 3.3.3 底部剪力法

用振型分解反应谱法计算多自由度结构体系的地震反应时,需要计算体系的前几阶振型和自振频率。当建筑层数较多时,用手算就显得较烦琐。理论分析表明:当建筑物高度不超过40 m、以剪切变形为主且质量和刚度沿高度分布比较均匀、结构振动以第一振型为主且第一振型接近直线(图3.4)时,该类结构的地震反应可采用底部剪力法。

1)底部剪力的计算

由振型分解反应谱法可知,结构 j 振型底部剪力为:

$$
\begin{aligned}
V_{j0} &= \sum_{i=1}^{n} F_{ji} = \sum_{i=1}^{n} G_i \gamma_j x_{ji} \alpha_j \\
&= \sum_{i=1}^{n} \frac{G_i}{G} G \gamma_j x_{ji} \frac{\alpha_j}{\alpha_1} \alpha_1 \\
&= \alpha_1 G \sum_{i=1}^{n} \frac{G_i}{G} \gamma_j x_{ji} \frac{\alpha_j}{\alpha_1}
\end{aligned}
\tag{3.44}
$$

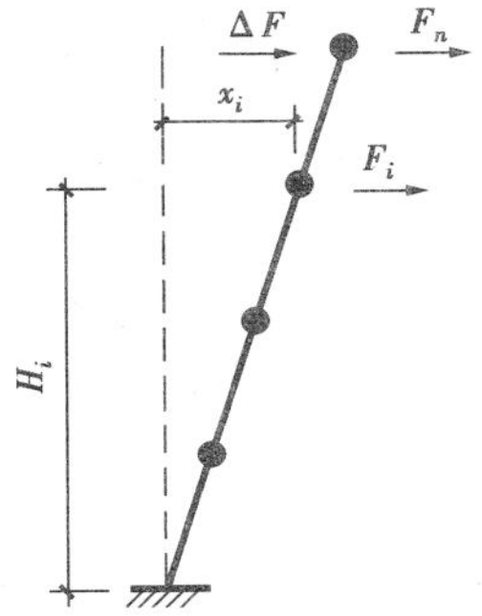

式中:G——结构的总重力总荷载代表值,$G = \sum_{i=1}^{n} G_i$;

α_1——对应于结构基本自振周期的水平地震影响系数。

图 3.4 简化的第一振型

根据振型分解反应谱法的效应组合原则可知,结构总的底部剪力 F_{Ek} 可由 n 个振型平方和开方方法得到,即:

$$F_{Ek} = \sqrt{\sum_{j=1}^{n} V_{j0}^2} = \alpha_1 G \sqrt{\sum_{j=1}^{n} \left(\sum \frac{\alpha_j}{\alpha_1} \gamma_j x_{ji} \frac{G_i}{G} \right)^2} = \alpha_1 G q \tag{3.45}$$

式中:q——高振型影响系数。经过大量的计算结果统计分析表明,当结构体系各质点质量和层高大致相同时,有:

$$q = \frac{3(n+1)}{2(2n+1)} \tag{3.46}$$

对于单自由度弹性体系,$q = 1$;对于多自由度弹性体系,$q = 0.75 \sim 0.90$,《抗震规范》取0.85。于是《抗震规范》计算底部剪力的公式表示为:

$$F_{Ek} = \alpha_1 G_{eq} \tag{3.47}$$

式中:G_{eq}——结构等效总重力总荷载代表值,单自由度弹性体系取总重力总荷载代表值,多自由度弹性体系取总重力荷载代表值的85%。

2)水平地震作用分布

根据底部剪力法的适用条件可知,结构振动以第一振型为主且第一振型接近直线时,任意质点的第一振型位移与其所处的高度成正比,即有:

$$x_{1i} = CH_i \tag{3.48}$$

则作用于各质点的水平地震作用为:

$$F_i \approx F_{1i} = G_i \gamma_1 x_{1i} \alpha_1 = \alpha_1 \gamma_1 C G_i H_i \tag{3.49}$$

结构底部剪力可表示为:

$$F_{Ek} = \sum_{k=1}^{n} F_k = \sum_{k=1}^{n} \alpha_1 \gamma_1 C G_k H_k = \alpha_1 \gamma_1 C \sum_{k=1}^{n} G_k H_k \tag{3.50}$$

用式(3.49)除以式(3.50),整理得各质点的水平地震作用为:

$$F_i = \frac{G_i H_i}{\sum\limits_{k=1}^{n} G_k H_k} F_{Ek} \tag{3.51}$$

3)顶部附加地震作用计算

通过大量的计算分析发现,当结构层数较多时,用底部剪力法公式(3.51)计算的结构上部质点的地震作用,其值往往小于振型分解反应谱法的计算结果。其原因在于底部剪力法仅考虑了第一振型的影响。当结构基本周期较长时,结构的高阶振型地震作用影响将不能忽略,而且高阶振型反应对结构上部地震作用的影响较大。为此,我国《抗震规范》采用在结构顶部附加集中水平地震作用的方法来考虑高阶振型的影响。

表 3.8　顶部附加地震作用系数 δ_n

$T_g(s)$	$T_1 > 1.4T_g$	$T_1 \leq 1.4T_g$
$T_g \leq 0.35$	$0.08T_1 + 0.07$	
$0.35 < T_g \leq 0.55$	$0.08T_1 + 0.01$	0.0
$T_g > 0.55$	$0.08T_1 - 0.02$	

《抗震规范》规定,当结构基本周期 $T_1 > 1.4T_g$ 时,需在结构顶部附加如下的集中水平地震作用:

$$\Delta F_n = \delta_n F_{Ek} \tag{3.52}$$

式中:δ_n——结构顶部附加地震作用系数,对于多层钢筋混凝土房屋和钢结构房屋按表3.8采用,对于多层内框架砖房取 $\delta_n = 0.2$,其他房屋可不考虑。

于是各质点的地震作用计算公式改为:

$$F_i = \frac{G_i H_i}{\sum\limits_{k=1}^{n} G_k H_k} (1 - \delta_n) F_{Ek} \tag{3.53}$$

4)鞭梢效应

当建筑物有局部突出屋面的小建筑(如屋顶间、女儿墙、烟囱等)时,由于该部分结构的重量和刚度突然变小,将产生鞭梢效应,即局部突出小建筑的地震反应有加剧的现象。因此,《抗震规范》规定:局部突出屋面处的小建筑的地震作用效应按计算结果放大 3 倍,但增大的 2 倍不往结构下部传递。

另外,顶部附加地震作用应置于主体结构的顶部,而不应置于局部突出部分屋面处。

【例 3.3】 钢筋混凝土结构设计条件与例 3.2 均相同,试采用底部剪力法求结构在多遇地震下的最大底部剪力和最大顶点位移。

【解】 由例 3.2 已求得 $\alpha_1 = 0.098\,4$。

结构的底部剪力为 $F_{\text{Ek}} = G_{\text{eq}}\alpha_1 = 0.85\alpha_1\sum G_i = 0.85 \times 0.098\,4 \times (20 + 20 + 12) \times 10.0 = 43.493$ kN

已知 $T_g = 0.25$ s,$T_1 = 0.429 > 1.4T_g = 0.35$ s。需考虑结构顶部附加集中作用。查表 3.8 得:

$$\delta_n = 0.08T_1 + 0.07 = 0.08 \times 0.429 + 0.07 = 0.104$$

于是,结构顶部附加集中水平地震作用为:

$$\Delta F_n = \delta_n F_{\text{Ek}} = 0.104 \times 43.493 = 4.523 \text{ kN}$$

又已知 $H_1 = 5$ m,$H_2 = 9$ m,$H_3 = 13$ m,于是有:

$$\sum_{j=1}^n G_j H_j = (20 \times 5 + 20 \times 9 + 12 \times 13) \times 10.0 = 4\,360 \text{ kN} \cdot \text{m}$$

则作用在结构各楼层上的水平地震作用为:

$$F_1 = \frac{G_1 H_1}{\sum\limits_{j=1}^n G_j H_j}(1 - \delta_n)F_{\text{Ek}} = \frac{20 \times 5 \times 10.0}{4\,360} \times (1 - 0.104) \times 43.493 = 8.938 \text{ kN}$$

$$F_2 = \frac{20 \times 9 \times 10.0}{4\,360} \times (1 - 0.104) \times 43.493 = 16.088 \text{ kN}$$

$$F_3 = \frac{12 \times 13 \times 10.0}{4\,360} \times (1 - 0.104) \times 43.493 = 13.943 \text{ kN}$$

由此得结构的顶点位移为:

$$U_3 = \frac{F_{\text{Ek}}}{k_1} + \frac{F_2 + F_3 + \Delta F_n}{k_2} + \frac{F_3 + \Delta F_n}{k_3}$$

$$= \left(\frac{43.493}{18\,000} + \frac{16.088 + 13.943 + 4.523}{18\,000} + \frac{13.943 + 4.523}{10\,000}\right) \times 10^3 = 6.183 \text{ mm}$$

【例 3.4】 已知 RC 框架结构如图 3.5 所示,楼层重力荷载代表值 $G_1 = G_2 = G_3 = 1\,200$ kN,$G_4 = 80$ kN,楼层层高 $h_1 = h_2 = h_3 = 4$ m,$h_4 = 3$ m,结构基本周期 $T_1 = 0.487$ s,$\alpha_{\max} = 0.08$,$T_g = 0.25$ s,阻尼比为 0.05。试采用底部剪力法,求结构在多遇地震下的第 3 和 4 层的楼层剪力。

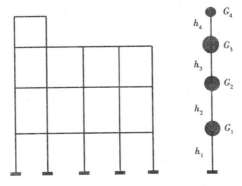

图 3.5 结构示意图

【解】 （1）求底部剪力 F_{Ek}。

由 T_1 查规范设计反应谱得

$$\alpha_1 = \left(\frac{T_g}{T}\right)^\gamma \eta_2 \alpha_{max} = \left(\frac{0.25}{0.487}\right)^{0.9} \times 1.0 \times 0.08 = 0.043\ 9$$

$$F_{Ek} = G_{eq}\alpha_1 = 0.85 \sum_{i=1}^n G_j\alpha_1 = 0.85 \times (1\ 200 \times 3 + 80) \times 0.043\ 9 = 137.319\ \text{kN}$$

（2）求顶部附加地震作用。

由于 $T_1 = 0.487 > 1.4T_g = 0.35$，需要考虑顶部附加地震作用 ΔF_n

$$\delta_n = 0.08T_1 + 0.07 = 0.08 \times 0.487 + 0.07 = 0.11$$

$$\Delta F_n = \delta_n F_{Ek} = 0.11 \times 137.319 = 15.105\ \text{kN}$$

（3）求各质点地震作用。

$$H_1 = 4\ \text{m}, H_2 = 8\ \text{m}, H_3 = 12\ \text{m}, H_4 = 15\ \text{m}$$

$$\sum_{j=1}^4 G_j H_j = (1\ 200 \times 4 + 1\ 200 \times 8 + 1\ 200 \times 12 + 80 \times 15) = 30\ 000\ \text{kN} \cdot \text{m}$$

$$F_1 = \frac{G_1 H_1}{\sum\limits_{j=1}^n G_j H_j}(1 - \delta_n)F_{EK} = \frac{1\ 200 \times 4}{30\ 000} \times (1 - 0.11) \times 137.319 = 19.554\ \text{kN}$$

同理得：$F_2 = 39.108\ \text{kN}, F_3 = 58.663\ \text{kN}, F_4 = 4.889\ \text{kN}$。

地震作用分布如图 3.6 所示，其中 $\Delta F_n = 15.105\ \text{kN}$，施加于结构主屋面标高处。

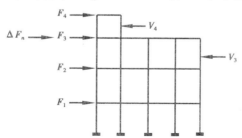

图 3.6　地震作用分布及剪力示意图

（4）求楼层剪力。

$$V_3 = F_3 + \Delta F_n + F_4 = 58.663 + 15.105 + 4.889 = 78.657\ \text{kN}$$

$$V_4 = 4.889 \times 3 = 14.667\ \text{kN}（考虑鞭梢效应）$$

3.3.4　动力时程分析方法

动力时程（时间历程的简称）分析方法，是将结构作为弹性或弹塑性振动系统，建立振动系统的运动微分方程，直接输入地面加速度时程，对运动微分方程直接积分，从而获得振动体系各质点的加速度、速度、位移和结构内力的时程曲线。时程分析方法是完全动力方法，可以得出地震时范围内结构体系各点的反应时间历程，信息量大、精度高。但该法计算工作量大，且根据确定的地震动时程得出结构体系的确定反应时程，一次时程分析难以考虑不同

平面结构
动力时程分析

地震动时程记录的随机性。

时程分析方法分为振型分解法和逐步积分方法两种。振型分解法利用了结构体系振型的正交性,故仅适用于结构弹性地震反应分析。而逐步积分方法则既适用于结构弹性地震反应分析,也适用于结构非弹性地震反应分析。

结构时程分析时,需要解决以下几个问题:①结构力学模型的确定;②结构或构件的滞回模型;③输入地震波的选择;④数值求解方法的确定。前面章节对振型分解法进行了讲解,本节主要介绍逐步积分时程分析方法。

1)结构的力学模型

结构的力学模型是反映结构受力性能和构造特点的计算简图。力学模型不但要便于弹性分析,也要能分析结构超过弹性阶段后进入弹塑性阶段和塑性阶段时的工作状况,同时还要能抓住结构主要特点并适当简化,以减少计算工作量。

结构动力时程分析模型可以分为材料层次的实体分析模型和构件(或结构)层次的简化分析模型。材料层次以结构中各材料的应力-应变关系曲线为基础,而构件(或结构)层次的简化分析模型以构件(或结构)的力-变形关系曲线为基础。

构件(或结构)层次的简化分析模型常用的有层模型、杆模型和实体单元模型等。如图3.7(a)所示,层模型假定结构质量集中于各楼面和屋面处,且计算中仅考虑层间变形,因此层模型的未知位移少、计算简单,适用于砌体结构和强梁弱柱型框架结构。如图3.7(b)所示,杆模型以杆件为基本计算单元,自由度较层模型多,能够较细致且全面地考虑各个杆件逐个进入塑性阶段的过程及对结构的影响,计算结果比较精确,故适用于强柱弱梁型框架结构,也可适用于框架-剪力墙结构,但与剪力墙相连的连梁应采用带刚域的杆件。而对于复杂的结构或构件,则需要采用实体单元模型[图3.7(c)]来模拟其受力和细部响应。

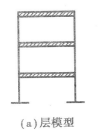 

(a)层模型　　　　　　(b)杆模型　　　　(c)其他模型(实体、壳等)

图3.7　结构力学模型示意图

2)结构或构件的滞回模型

结构或构件在反复荷载作用下力与变形间的关系曲线称为滞回曲线。滞回曲线体现了结构或构件在地震作用下的弹性和非弹性性能。通过低周期反复加载试验可得到不同材料构件的不同受力特点的滞回曲线。图3.8是几种典型的钢筋混凝土构件的滞回曲线,图3.9是几种典型的钢构件的滞回曲线。

为了便于计算,将滞回曲线简化成可以用数学表达式描述的曲线形式。描述结构或构件滞回曲线关系的数学模型称为滞回模型。目前应用较广且计算简单的滞回模型为双线型模型和退化的三线性模型。

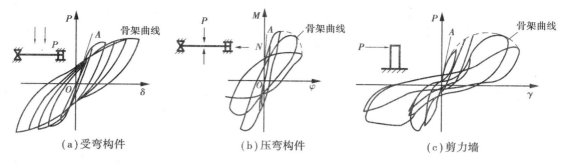

（a）受弯构件　　　　　　（b）压弯构件　　　　　　（c）剪力墙

图 3.8　典型钢筋混凝土构件的滞回曲线

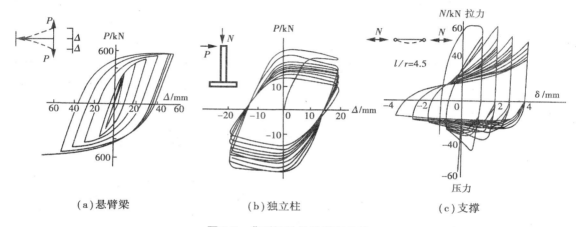

（a）悬臂梁　　　　　　　（b）独立柱　　　　　　　（c）支撑

图 3.9　典型钢构件的滞回曲线

　　双线型模型如图 3.10 所示，它是将正向和反向加载的骨架曲线用带屈服点的两折线表示，卸载刚度不退化，反向再加载线的拐点（即 3、6 点）按照使结构耗能相等（即折线面积与试验曲线所围面积相等）的条件来确定。双线型模型参数主要有弹性刚度 k_0、弹塑性刚度 k_p、屈曲强度 P_y 和极限强度 P_u。当弹塑性刚度 k_p 取为零时，则双线性模型退化为理想弹塑性模型。双线性模型主要适用于钢结构构件，也可近似地反映钢筋混凝土构件的试验结果。

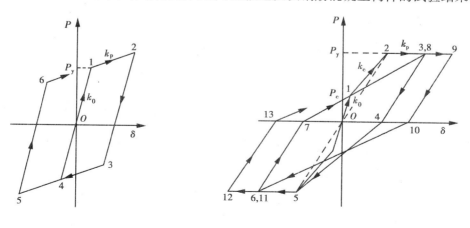

图 3.10　双线型模型　　　　　　　　　图 3.11　退化三线型模型

退化三线型模型如图 3.11 所示，是将正向和反向加载的骨架曲线用带开裂点和屈服点的三折线表示，卸载刚度不退化，而再加载线的刚度则考虑退化。退化三线型模型参数主要有弹性刚度 k_0、开裂刚度 k_c、弹塑性刚度 k_p（常取为 0）、开裂强度 P_c、屈曲强度 P_y 和极限强度 P_u（常取 $P_y = P_u$）。退化三线型模型主要适用于钢筋混凝土构件。

滞回模型参数可以通过试验或理论分析确定。

3）数值求解方法的确定

结构体系的运动方程为：

$$[M]\{\ddot{x}(t)\} + [C]\{\dot{x}(t)\} + [K]\{x(t)\} = -[M]\{I\}\ddot{x}_g(t) \tag{3.54}$$

当结构体系位于弹性状态时，刚度矩阵 $[K]$ 为常量；当结构进入弹塑性状态后，刚度矩阵 $[K]$ 不再是一个常量，而是一个随时间变化的量。为不失一般性，将 $[K]\{x(t)\}$ 记作 $[K(t)]\{x(t)\}$。动力方程采用增量形式表示为：

$$[M]\{\Delta\ddot{x}(t)\} + [C]\{\Delta\dot{x}(t)\} + [K(t)]\{\Delta x(t)\} = -[M]\{I\}\Delta\ddot{x}_g(t) \tag{3.55}$$

将地震作用时间持续时间划分为微小时段 Δt（通常称为时间步长），通过上述可计算每一步的位移增量，与前一步的位移反应叠加可得当前步的位移反应，将其作为后一步的初始值，依此类推可得出全部时程的反应值，称之为逐步积分方法。

对增量动力方程有不同的求解方法，如线性加速度法、平均加速度法、Newmark-β 法、Wilson-θ 法等。下面以线性加速法为例进行说明。

线性加速法给出如下假定：当某一步开始时的位移、速度和加速度已经算出，为了计算 Δt 以后的反应值，认为在 Δt 范围内加速度按直线规律变化。则位移对时间的三阶导数为常数，三阶以上导数为零，即：

$$\{\dddot{x}(t)\} = \frac{(\{\ddot{x}(t+\Delta t)\} - \{\ddot{x}(t)\})}{\Delta t} = \frac{\{\Delta\ddot{x}\}}{\Delta t} \tag{3.56}$$

结构的位移和加速度分别按泰勒（Taylor）级数展开为：

$$\{x(t+\Delta t)\} = \{x(t)\} + \{\dot{x}(t)\}\Delta t + \{\ddot{x}(t)\}\frac{\Delta t^2}{2!} + \{\dddot{x}(t)\}\frac{\Delta t^3}{3!} \tag{3.57}$$

$$\{\dot{x}(t+\Delta t)\} = \{\dot{x}(t)\} + \{\ddot{x}(t)\}\Delta t + \{\dddot{x}(t)\}\frac{\Delta t^2}{2!} \tag{3.58}$$

将式（3.57）代入式（3.58），并利用式（3.59）可得：

$$\{x(t+\Delta t)\} - \{x(t)\} = \{\Delta x\}, \{\dot{x}(t+\Delta t)\} - \{\dot{x}(t)\} = \{\Delta\dot{x}\} \tag{3.59}$$

于是有：

$$\{\Delta\dot{x}\} = \frac{3}{\Delta t}\Delta x - 3\{\dot{x}(t)\} - \frac{\Delta t}{2}\{\ddot{x}(t)\} \tag{3.60}$$

将式（3.56）代入式（3.57），有：

$$\{\Delta\ddot{x}\} = \frac{6}{\Delta t^2}\Delta x - \frac{6}{\Delta t}\{\dot{x}(t)\} - 3\{\ddot{x}(t)\} \tag{3.61}$$

将式（3.60）和式（3.61）代入增量方程（3.55），有：

$$[K^*(t)]\{\Delta x\} = \{F^*(t)\} \tag{3.62}$$

式中：

$$[K^*(t)] = [K(t)] + \frac{6}{\Delta t^2}[M] + \frac{3}{\Delta t}[C] \tag{3.63}$$

$$[F^*(t)] = -[M]\{I\}\Delta \ddot{x}_g + [M]\left(\frac{6}{\Delta t}\{\dot{x}(t)\} + 3\{\ddot{x}(t)\}\right) + [C]\left(3\{\dot{x}(t)\} + \frac{\Delta t}{2}\{\ddot{x}(t)\}\right)$$
$$\tag{3.64}$$

由于步长 Δt 已经选定，某一步开始时的速度和加速度已经算出，则根据式（3.62）可以计算位移增量 Δx，则可得出各时刻的地震反应。

▶ 3.3.5　静力弹塑性分析方法

由于时程分析法能够计算地震反应全过程中各时刻结构的内力和变形状态，给出结构的开裂和屈服的顺序，发现应力和塑性变形集中的部位，从而判明结构的屈服机制、薄弱环节及可能的破坏类型，因此被认为是结构弹塑性分析的最可靠方法。目前，对一些特殊的、复杂的重要结构，越来越多地利用时程分析法进行计算分析，许多国家已将其纳入规范。但是，时程分析法分析技术复杂、计算耗费机时、计算工作量大、结果处理繁杂，且许多问题在理论上还有待改进（如输入地震动及构件恢复力模型的不确定性等），各规范有关时程分析法的规定又缺乏可操作性，因此在实际工程抗震设计中该方法并没有得到广泛的应用，通常仅限于理论研究中。鉴于上述背景，寻求一种简化的评估方法，能在某种近似程度上反映结构在强震作用下的弹塑性性能，这将具有一定的应用价值。

静力弹塑性分析方法（Static Pushover Analysis，POA）作为一种结构非线性响应的简化计算方法，近年来引起了广大学者和工程设计人员的关注。POA 方法是一种静力非线性方法，它比较符合基于结构性能（或位移）的抗震设计概念。POA 方法的目标是获得弹性反应谱法或动力分析法所不能得到的某些结构响应特征，即获得在可能遭遇的地震作用下结构构件的内力、结构整体或局部变形等。POA 方法的主要用途为：估计重要单元的变形能力，暴露设计中潜在的薄弱环节（如强度、刚度突变，可能发生脆性破坏的单元等），找到结构发生大变形的部位，估计结构的整体稳定性等。这种方法在现阶段比较现实，也易于为工程设计人员所掌握，可以从细观上（构件内力与变形）和宏观上（结构承载能力和变形）了解结构弹塑性性能，得到有用的静力分析结果。

POA 方法基本步骤如下：

①将沿结构高度按预先假定的模式（通常称为水平荷载模式）将分布的水平荷载施加于结构上，逐渐增大荷载，使结构由弹性工作状态开始，经历开裂、屈服，最终达到目标位移，最后可以得到结构底部剪力（V_b）-顶点位移（U_n）的关系，如图 3.12（a）所示。

②利用单自由度体系和多自由度体系的转换关系，建立结构等效体系，将第①步计算得到的曲线转换为等效单自由度体系的加速度 S_a-位移 S_d 曲线，作为结构的能力曲线。

$$S_a = \frac{\sum_{i=1}^{n} w_i \varphi_i^2}{\left(\sum_{i=1}^{n} w_i \varphi_i\right)^2} V_b, \quad S_d = \frac{\sum_{i=1}^{n} w_i \varphi_i^2}{\sum_{i=1}^{n} w_i \varphi_i} U_n, \quad T = 2\pi \sqrt{S_d/(gS_a)} \tag{3.65}$$

式中:g——重力加速度;

w_i——第 i 层重量;

n——结构总层数;

φ_i——结构变形形状向量($\varphi_n = 1.0$)第 i 楼层对应的值。

③将抗震规范设计反应谱或某一地震动作为输入来计算等效单自由度体系的反应谱,转换为对应于不同阻尼比或延性比的加速度 S_a-位移 S_d 曲线,作为需求谱曲线,如图 3.12(b)所示。

④将能力谱曲线和需求谱曲线画在同一坐标的平面内,如果两曲线不相交,说明结构未达到设计地震的性能要求即发生破坏或倒塌,即结构无法抵御预计的地震;如果相交,则定义交点为性能点(performance point),从而可根据该点对应的结构基底剪力、顶点位移和层间位移等来评估结构的抗震性能,如图 3.12(c)所示。

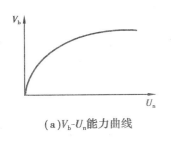
(a)V_b-U_n 能力曲线

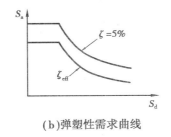
(b)弹塑性需求曲线

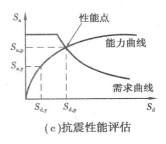
(c)抗震性能评估

图 3.12 POA 方法基本步骤图

3.4 竖向地震

震害调查表明,在烈度较高的震中区,竖向地震对结构的破坏也会有较大影响。烟囱等高耸结构和高层建筑的上部在竖向地震作用下,会因上下振动而出现受拉破坏;对于大跨度结构,竖向地震引起的结构上下振动惯性力,相当于增加了结构的竖向荷载作用;对于高层建筑,其竖向地震在结构上部可达其重量的 40% 以上。因此《抗震规范》规定:设防烈度为 8 度和 9 度区的大跨度结构、长悬臂结构、烟囱及类似高耸结构和设防烈度为 9 度区的高层建筑,应考虑竖向地震作用。

▶ 3.4.1 高耸结构和高层建筑

通过对高层建筑和烟囱的地震响应的理论分析,证明这类结构的竖向自振周期较短,其反应以第一振型为主,且第一振型接近于直线(倒三角形),因此可采用类似于水平地震作用的底部剪力法来计算高耸结构及高层建筑的竖向地震作用。即先确定结构底部总竖向地震作用,再计算作用在结构各质点上的竖向地震作用(图 3.13),其计算公式为:

$$F_{Evk} = \alpha_{v1} G_{eq} \tag{3.66}$$

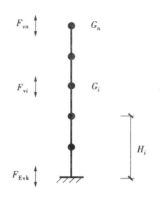

图 3.13 高耸结构与高层建筑的竖向地震作用

$$F_{vi} = \frac{G_i H_i}{\sum\limits_{j=1}^{n} G_j H_j} F_{Evk} \qquad (3.67)$$

式中：F_{Evk}——结构总竖向地震作用标准值；

   F_{vi}——质点 i 的竖向地震作用标准值；

   α_{v1}——按结构竖向基本周期计算的竖向地震影响系数；

   G_{eq}——结构等效总重力荷载。在计算高耸结构和高层建筑的竖向地震作用时，取总重力总荷载代表值的 75%。

分析表明：竖向地震反应谱与水平地震反应谱的形状大致相同，因此竖向地震影响系数谱与图 3.1 所示水平地震影响系数谱形状类似。高耸结构或高层建筑竖向基本周期很短，一般处在地震影响系数最大值的周期范围内，同时注意到竖向地震动加速度峰值为水平地震动加速度峰值的 1/2～2/3，因而可近似取竖向地震影响系数最大值为水平地震影响系数最大值的 65%，则有

$$\alpha_{v1} = 0.65\alpha_{max} \qquad (3.68)$$

对于 9 度区的高层建筑，楼层的竖向地震作用效应可按构件的重力荷载代表值的比例分配，并根据地震经验宜乘以 1.5 的竖向地震动力效应增大系数。

3.4.2 大跨度结构、长悬臂结构

大量分析表明，对平板型网架、大跨度屋盖、长悬臂结构的大跨度结构的各主要构件，竖向地震作用内力与重力荷载的内力比值相差不大，因而可以认为竖向地震作用的分布与重力荷载的分布相同，可按下式计算：

$$F_v = \xi_v G \qquad (3.69)$$

大跨屋盖的竖向振动

式中：F_v——竖向地震作用标准值；

   G——重力荷载标准值；

   ξ_v——竖向地震作用系数，对于平板型网架和跨度大于 24 m 屋架按表 3.9 采用；对于长悬臂和其他大跨度结构，8 度时取 $\xi_v = 0.1$，9 度时取 $\xi_v = 0.2$。

表 3.9 竖向地震作用系数 ξ_v

结构类别	设防烈度	场地类别		
		Ⅰ	Ⅱ	Ⅲ、Ⅳ
平板型网架、钢屋架	8	可不计算(0.10)	0.08(0.12)	0.10(0.15)
	9	0.15	0.15	0.20
钢筋混凝土屋架	8	0.10(0.15)	0.13(0.19)	0.13(0.19)
	9	0.20	0.25	0.25

注：括号中数值用于设计基本地震加速度为 0.30g 的地区。

3.5 建筑结构的扭转地震作用

地震扭转引起结构倒塌模拟动画

本章 3.2—3.4 节所讨论的单向水平地震作用下结构沿地震方向的地震作用及效应计算,只适用于结构平面布置规则、无显著刚度与质量偏心的情况。大多数建筑结构在水平地震作用下将发生扭转振动。引起扭转振动的原因主要有两个方面:一是地震动本身是多维运动,除了三个平动分量外,还包括三个扭转分量,但由于目前缺乏地震动扭转分量的记录,因而关于扭转地震动的研究成果较少,难以应用于设计。另一方面,根据现有理论研究和震害调查情况表明,地震动扭转分量的幅值远小于平动分量,所引起的结构反应较小,设计中可以不予考虑。二是为满足建筑上外观多样化和功能上的要求,结构平立面往往复杂、不均匀、不规则、不对称,即结构平面质量中心与刚度中心不重合(即存在偏心),将导致水平地震下结构的扭转振动,对结构抗震不利。因此,我国《抗震规范》规定:对于质量和刚度明显不均匀、不对称的结构,应考虑水平地震作用的扭转影响。下面主要讨论由水平地震引起的多高层建筑结构平-扭耦合地震反应。

▶ 3.5.1 运动方程的建立

根据建筑结构的受力特点和出于简化计算的目的,采用以下假定:

①楼板在其自身平面内绝对刚性,在平面外刚度很小,可以忽略不计;

②各榀抗侧力结构(框架或剪力墙)在其自身平面的刚度很大,在平面外刚度很小可以忽略不计;

③所有构件都不考虑其自身的抗扭作用;

④将所有质量(包括梁、柱及墙)都集中在各层楼板处。

在上述假定下,结构每一楼层的质点有三个自由度——两个方向的水平移动和绕竖轴的转动。为便于结构运动方程的建立,一般将各楼层的质心作为坐标原点。由于每层结构布置的不尽相同,坐标原点不一定在同一竖轴上,如图 3.14 所示,但各楼层坐标轴方向应该一致。

利用达朗贝尔原理,可建立多高层建筑在单向水平地震作用下的运动方程为:

$$[M]\{\ddot{D}\} + [C]\{\dot{D}\} + [K]\{D\} = -[M]\{\ddot{D}_g\} \tag{3.70}$$

式中:M——结构总质量矩阵($3n \times 3n$,n 为结构总层数),可按下式计算:

$$[M] = \begin{bmatrix} [m] & & 0 \\ & [m] & \\ 0 & & [J] \end{bmatrix} \tag{3.71}$$

而

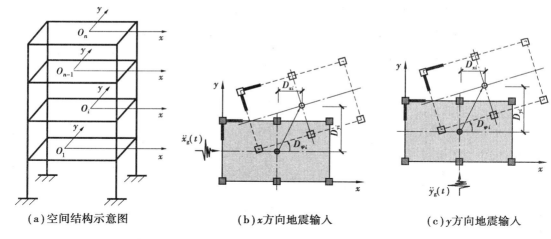

（a）空间结构示意图　　　　　（b）x方向地震输入　　　　（c）y方向地震输入

图3.14　空间结构受力示意图

$$\left[\boldsymbol{m}\right] = \begin{bmatrix} m_1 & & & 0 \\ & m_2 & & \\ & & \ddots & \\ 0 & & & m_n \end{bmatrix} \tag{3.72}$$

$$\left[\boldsymbol{J}\right] = \begin{bmatrix} J_1 & & & 0 \\ & J_2 & & \\ & & \ddots & \\ 0 & & & J_n \end{bmatrix} \tag{3.73}$$

式中：m_i、J_i——第 i 楼层的质量和第 i 楼层的质量围绕本层质心的转动惯量；

　　　K——结构整体刚度矩阵（$3n \times 3n$），可按下式计算：

$$\left[\boldsymbol{K}\right] = \begin{bmatrix} \left[K_{XX}\right] & \left[K_{XY}\right] & \left[K_{X\varphi}\right] \\ \left[K_{YX}\right] & \left[K_{YY}\right] & \left[K_{Y\varphi}\right] \\ \left[K_{\varphi X}\right] & \left[K_{\varphi Y}\right] & \left[K_{\varphi\varphi}\right] \end{bmatrix} \tag{3.74}$$

$\{\ddot{\boldsymbol{D}}\}$，$\{\dot{\boldsymbol{D}}\}$，$\{\boldsymbol{D}\}$——体系各质点在 t 时刻相对于基础的加速度、速度、位移列向量；式中：

$$\left[\boldsymbol{D}\right] = \begin{Bmatrix} \{D_X\} \\ \{D_Y\} \\ \{D_\varphi\} \end{Bmatrix} \tag{3.75}$$

$\{D_X\}$，$\{D_Y\}$，$\{D_\varphi\}$——体系各楼层质点在 t 时刻相对于基础的沿 x 轴平移、y 轴平移和扭转
　　　　　　　　　　角列向量；

$$\{\ddot{\boldsymbol{D}}_g\} = \begin{Bmatrix} \{\boldsymbol{I}\}\ddot{x}_g(t) \\ 0 \\ 0 \end{Bmatrix} 或 \begin{Bmatrix} 0 \\ \{\boldsymbol{I}\}\ddot{y}_g(t) \\ 0 \end{Bmatrix} \tag{3.76}$$

式中：$\ddot{x}_g(t)$，$\ddot{y}_g(t)$——t 时刻沿 x 轴、y 轴的地面运动加速度值，如图3.14（b）、（c）所示；

[C]——结构总体阻尼矩阵($3n×3n$),一般采用瑞雷阻尼,即采取质量矩阵与刚度矩阵的线性组合。

▶ 3.5.2 结构体系考虑扭转影响的地震作用

考虑扭转影响的结构体系的自由振动方程为:

$$[M]\{\ddot{D}\} + [K]\{D\} = 0 \tag{3.77}$$

由于结构体系的自由度为 $3n$ 个,求解上式可以得到 $3n$ 个自振频率,每个自振频率对应的振型包含 $3n$ 个相对位移,因此组成了 $3n×3n$ 的振型矩阵记为[A],按照振型分解原理,结构体系的位移、速度和加速度的列向量可分别表示为:

$$\left.\begin{array}{l} \{D(t)\} = [A]\{q(t)\} \\ \{\dot{D}(t)\} = [A]\{\dot{q}(t)\} \\ \{\ddot{D}(t)\} = [A]\{\ddot{q}(t)\} \end{array}\right\} \tag{3.78}$$

将式(3.78)代入运动方程(3.70),并利用振型正交性原理,可将方程(3.70)分解为 $3n$ 个相对独立的关于广义坐标的二阶微分方程为:

当仅有 x 方向地震输入时[图 3.14(b)]:

$$\ddot{q}_j(t) + 2\zeta_j\omega_j\dot{q}_j(t) + \omega_j^2 q_j(t) = -\gamma_{xj}\ddot{x}_g(t) \quad (j = 1,2,\cdots,3n) \tag{3.79a}$$

当仅有 y 方向地震输入时[图 3.14(c)]:

$$\ddot{q}_j(t) + 2\zeta_j\omega_j\dot{q}_j(t) + \omega_j^2 q_j(t) = -\gamma_{yj}\ddot{y}_g(t) \quad (j = 1,2,\cdots,3n) \tag{3.79b}$$

式中:γ_{xj},γ_{yj}——x 方向、y 方向地震动输入时体系振型参与系数,分别按下式确定:

$$\gamma_{xj} = \frac{\sum\limits_{i=1}^{n} x_{ji}G_i}{\sum\limits_{i=1}^{n}(x_{ji}^2 + y_{ji}^2 + r_i^2\varphi_{ji}^2)G_i} \tag{3.80a}$$

$$\gamma_{yj} = \frac{\sum\limits_{i=1}^{n} y_{ji}G_i}{\sum\limits_{i=1}^{n}(x_{ji}^2 + y_{ji}^2 + r_i^2\varphi_{ji}^2)G_i} \tag{3.80b}$$

式中:r_i——i 层转动半径,可取 i 层绕质心的转动惯量 J_i 与该层质量 m_i 的比值的平方根,即 $r_i = \sqrt{J_i/m_i}$。

经过与单向平动振动体系相类似的推导,可以得到考虑扭转地震效应时的单向水平地震作用标准值计算公式为:

$$\left.\begin{array}{l} F_{xji} = G_i\alpha_j\gamma_{tj}x_{ji} \\ F_{yji} = G_i\alpha_j\gamma_{tj}y_{ji} \\ F_{tji} = G_i\alpha_j\gamma_{tj}r_i^2\varphi_{ji} \end{array}\right\} \tag{3.81}$$

式中:F_{xji},F_{yji},F_{tji}——j 振型 i 层质心处 x 方向、y 方向、转角方向的水平地震作用标准值;

x_{ji}，y_{ji}——j 振型 i 层质心处 x 方向、y 方向的水平相对位移；

φ_{ji}——j 振型 i 层的相对扭转角；

γ_{tj}——计入扭转的 j 振型参与系数，可按以下确定：

当仅考虑 x 方向地震作用时，$\gamma_{tj} = \gamma_{xj}$；

当仅考虑 y 方向地震作用时，$\gamma_{tj} = \gamma_{yj}$；

当考虑的地震作用方向与 x 方向夹角为 θ 时，$\gamma_{tj} = \gamma_{xj}\cos\theta + \gamma_{yj}\sin\theta$；

α_j——与体系自振周期 T_j 相应的地震影响系数。

▶ 3.5.3 效应组合

采用振型分解反应谱法计算地震作用效应时，首先计算各振型的水平地震作用，再计算每个振型水平地震作用产生的效应，最后将各振型的地震作用效应按一定的组合原则进行组合而得到总的地震效应。

对于不考虑扭转影响的平动弹性体系，基于将输入地震动视为平稳随机过程，并假定各振型反应相互独立，通常可采用平方和开平方(SRSS)的方法进行组合，并注意到各振型的贡献随自振频率的增大而递减的规律，一般仅考虑前 3 阶振型组合。但是对于考虑扭转影响的平-扭耦合体系，体系振动有以下特点：

①由于平-扭耦合体系有 x 向、y 向和扭转三个主振方向，体系自由度增加，取 $3r$ 个振型组合可能只相当于不考虑平-扭耦合影响时只取 r 个振型组合的情况，故平-扭耦合体系的组合数比非平-扭耦合体系的振型组合数多；

②各振型的频率之间间隔减小，相邻较高振型的频率可能非常接近，所以振型组合时，需考虑不同振型地震反应间的相关性；

③扭转分量的影响并不一定随着频率的增高而减小，有时较高振型的影响可能大于较低振型的影响。

因此，对于考虑扭转影响的平-扭耦合体系进行地震作用效应组合时，应考虑不同振型地震反应间的相关性，且应增加振型组合的个数。

为此，《抗震规范》规定，当考虑扭转影响的地震作用效应组合时，可采用完全二次振型组合法(CQC 法)，即按下式计算地震作用效应：

$$S_{Ek} = \sqrt{\sum_{j=1}^{m}\sum_{k=1}^{m}\rho_{jk}S_jS_k} \tag{3.82}$$

$$\rho_{jk} = \frac{8\sqrt{\zeta_j\zeta_k}(\zeta_j + \lambda_T\zeta_k)\lambda_T^{1.5}}{(1 - \lambda_T^2)^2 + 4\zeta_j\zeta_k(1 + \lambda_T^2)\lambda_T + 4(\zeta_j^2 + \zeta_k^2)\lambda_T^2} \tag{3.83}$$

式中：S_{Ek}——地震作用标准值的效应；

S_j，S_k——j、k 振型地震作用标准值的效应；

ρ_{jk}——j 振型和 k 振型的耦联系数；

ζ_j，ζ_k——j、k 振型的阻尼比；

λ_T——k 振型与 j 振型的自振周期比；

m——振型组合数,可取前 9~15 个振型。

j 振型和 k 振型的耦联系数 ρ_{jk} 与对应的自振周期比 λ_T 的关系见表 3.10(取 $\zeta = 0.05$),从中可以看出,ρ_{jk} 随两个振型周期比 λ_T 的减小而迅速衰减,当 $\lambda_T < 0.7$ 时,两个振型的相关性已经很小,可以忽略不计。

表 3.10　ρ_{jk} 与 λ_T 的数值关系($\zeta = 0.05$)

λ_T	$\leqslant 0.4$	0.5	0.6	0.7	0.8	0.9	0.95	1.0
ρ_{jk}	$\leqslant 0.010$	0.018	0.035	0.071	0.165	0.472	0.791	1.000

【例3.5】　某 6 层钢筋混凝土框架-剪力墙结构如图 3.15 所示,假设各楼层重力荷载均匀布置,其重力荷载代表值均为 735 kN,楼层层高均为 4.2 m,拟建地区多遇地震对应的 $\alpha_{\max} = 0.08$,$T_g = 0.30$ s,阻尼比为 0.05,结构前 3 阶振型见表 3.11。试求:(1)单向地震输入下结构前 3 阶振型对应的各楼层地震作用。(2)假设在 y 单向地震输入下、前 3 阶振型分别对应的框架柱剪力如图 3.16 所示,请确定框架柱在 y 向地震输入下的总地震剪力。

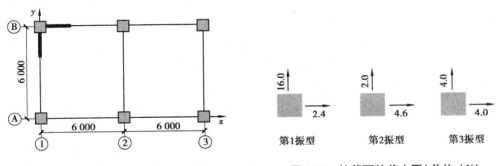

图 3.15　结构平面图(单位:mm)　　　　图 3.16　柱截面的剪力图(单位:kN)

表 3.11　结构振型参数表

楼层 i	第 1 振型 $T_1 = 1.2069$ s			第 2 振型 $T_2 = 1.0585$ s			第 3 振型 $T_3 = 0.1831$ s		
	x_{1i}	y_{1i}	φ_{1i}	x_{2i}	y_{2i}	φ_{2i}	x_{3i}	y_{3i}	φ_{3i}
6	0.032 9	0.229 4	0.039 7	1.859 2	-0.562 9	0.173 7	0.342 1	0.396 5	-0.284 9
5	0.030 6	0.205 2	0.037 1	1.651 7	-0.483 2	0.160 1	0.281 5	0.315 0	-0.246 6
4	0.026 0	0.169 9	0.031 9	1.360 5	-0.383 8	0.136 7	0.213 8	0.228 9	-0.198 7
3	0.020 2	0.124 8	0.024 5	0.991 7	-0.265 9	0.103 9	0.142 2	0.143 3	-0.141 9
2	0.013 3	0.074 6	0.015 3	0.580 2	-0.143 9	0.064 4	0.073 4	0.067 6	-0.081 5
1	0.005 2	0.026 6	0.005 8	0.199 4	-0.042 8	0.023 9	0.021 4	0.016 8	-0.027 6

空间结构第1振型　空间结构第2振型　空间结构第3振型　空间结构第4振型　空间结构第5振型　空间结构第6振型

【解】（1）单向地震输入下结构的地震作用计算。

根据结构平面布置可知：矩形平面，尺寸分别为 $L_x = 12\ \text{m}$、$L_y = 6\ \text{m}$，各楼层转动半径 r_i 为：

$$r_i = \sqrt{J_i/m_i} = \sqrt{(L_x^2 + L_y^2)/12} = 3.873\ \text{m}。$$

由 T_1、T_2 和 T_3 查规范设计反应谱分别得：$\alpha_1 = 0.022\ 9$、$\alpha_2 = 0.025\ 7$ 和 $\alpha_3 = 0.08$。

①y 方向地震输入下结构的地震作用计算。

根据式（3.80a）和式（3.80b），可计算 x、y 方向地震输入下的第 1 振型参与系数如下：

$$\gamma_{x1} = \frac{\sum_{i=1}^{n} x_{1i} G_i}{\sum_{i=1}^{n} (x_{1i}^2 + y_{1i}^2 + r_i^2 \varphi_{1i}^2) G_i} = 0.579\ 4,$$

$$\gamma_{y1} = \frac{\sum_{i=1}^{n} y_{1i} G_i}{\sum_{i=1}^{n} (x_{1i}^2 + y_{1i}^2 + r_i^2 \varphi_{1i}^2) G_i} = 3.750\ 7$$

由此可见，结构的第 1 振型是以 y 方向变形为主的振型。根据式（3.81），并取 $\gamma_{t1} = \gamma_{y1} = 3.750\ 7$，从而可确定 y 方向地震输入下各楼层 i 对应于第 1 振型的地震作用，即：

$$\left. \begin{array}{l} F_{x1i} = G_i \alpha_1 \gamma_{y1} x_{1i} \\ F_{y1i} = G_i \alpha_1 \gamma_{y1} y_{1i} \\ F_{t1i} = G_i \alpha_1 \gamma_{y1} r_i^2 \varphi_{1i} \end{array} \right\}$$

以第 6 层（即 $i = 6$）为例，计算如下：

$$F_{x16} = 735 \times 0.022\ 9 \times 3.750\ 7 \times 0.032\ 9 = 2.075\ 6\ \text{kN}$$

$$F_{y16} = 735 \times 0.022\ 9 \times 3.750\ 7 \times 0.229\ 4 = 14.456\ 4\ \text{kN}$$

$$F_{\varphi16} = 735 \times 0.022\ 9 \times 3.750\ 7 \times 3.873^2 \times 0.039\ 7 = 37.543\ 0\ \text{kN} \cdot \text{m}$$

依次计算其他楼层地震作用，可得到第 1 振型对应的各楼层地震作用如表 3.12 所示。

表 3.12　y 方向地震输入下第 1 振型的地震作用

楼层 i	$F_{x1i}(\text{kN})$	$F_{y1i}(\text{kN})$	$F_{\varphi1i}(\text{kN} \cdot \text{m})$
6	2.075 6	14.456 4	37.543 0
5	1.929 9	12.927 0	35.066 8
4	1.638 6	10.705 8	30.187 3
3	1.274 5	7.865 4	23.159 4
2	0.837 5	4.697 4	14.492 8
1	0.327 7	1.675 0	5.462 1

同理,依次计算其他振型的参与系数,从而得到对应的各楼层地震作用,并将 y 方向地震输入下的结构前 3 阶振型对应的楼层地震作用汇总见表 3.13。

表 3.13　y 方向地震输入下结构楼层地震作用

楼层 i	第 1 振型			第 2 振型			第 3 振型		
	F_{x1i} (kN)	F_{y1i} (kN)	$F_{\varphi 1i}$ (kN·m)	F_{x2i} (kN)	F_{y2i} (kN)	$F_{\varphi 2i}$ (kN·m)	F_{x3i} (kN)	F_{y3i} (kN)	$F_{\varphi 3i}$ (kN·m)
6	2.075 6	14.456 4	37.543 0	−5.734 7	1.736 3	−8.036 1	6.287 5	7.285 8	−78.529 6
5	1.929 9	12.927 0	35.066 8	−5.094 7	1.490 3	−7.406 8	5.172 3	5.788 3	−67.983 3
4	1.638 6	10.705 8	30.187 3	−4.196 3	1.183 7	−6.326 5	3.929 7	4.205 8	−54.771 1
3	1.274 5	7.865 4	23.159 4	−3.059 0	0.820 0	−4.807 7	2.612 7	2.633 9	−39.116 1
2	0.837 5	4.697 4	14.492 8	−1.789 8	0.443 9	−2.978 8	1.348 8	1.242 6	−22.462 8
1	0.327 7	1.675 0	5.462 1	−0.615 0	0.131 9	−1.107 0	0.393 0	0.308 0	−7.604 4

②x 方向地震输入下结构的地震作用计算。

同样,取 $\gamma_{t1}=\gamma_{x1}=0.579\,4$,即可确定 x 方向地震输入下的各楼层 i 对应于第 1 振型的地震作用。依次计算其他振型的参与系数,从而可得到对应的各楼层地震作用,并将 x 方向地震输入下结构的前 3 阶振型对应的楼层地震作用汇总见表 3.14。

表 3.14　x 方向地震输入下结构楼层地震作用

楼层 i	第 1 振型			第 2 振型			第 3 振型		
	F_{x1i} (kN)	F_{y1i} (kN)	$F_{\varphi 1i}$ (kN·m)	F_{x2i} (kN)	F_{y2i} (kN)	$F_{\varphi 2i}$ (kN·m)	F_{x3i} (kN)	F_{y3i} (kN)	$F_{\varphi 3i}$ (kN·m)
6	0.320 7	2.233 3	5.800 0	20.237 8	−6.127 3	28.359 4	5.783 5	6.701 8	−72.234 8
5	0.298 2	1.997 1	5.417 4	17.979 4	−5.259 2	26.138 7	4.757 7	5.324 3	−62.533 8
4	0.253 2	1.653 9	4.663 6	14.808 8	−4.177 2	22.326 4	3.614 7	3.868 7	−50.380 7
3	0.196 9	1.215 1	3.577 9	10.795 2	−2.893 8	16.966 6	2.403 3	2.422 8	−35.980 6
2	0.129 4	0.725 7	2.239 0	6.316 1	−1.566 4	10.512 1	1.240 7	1.143 0	−20.662 2
1	0.050 6	0.258 8	0.843 8	2.170 4	−0.465 5	3.906 7	0.361 5	0.283 3	−6.994 9

(2)框架柱地震剪力计算(y 向地震输入下)。

假设框架柱截面局部坐标如图 3.17 所示,以下分别计算 V_1、V_2 方向的地震剪力。

①V_1 方向地震剪力组合。

图 3.17　局部坐标示意

已知:该方向对应于第 1、第 2 和第 3 振型的地震剪力 S_1、S_2 和 S_3 分别为 2.4 kN、4.6 kN 和 4.0 kN。根据 CQC 组合原则计算两个振型之间的周期比、耦联系数等参数见表 3.15。

表 3.15 CQC 组合参数计算

参与组合的振型	自振周期比 λ_T	耦联系数 ρ_{jk}	$\rho_{jk}S_jS_k$
$j=1,k=2$	0.877 0	0.366 3	4.044 3
$j=1,k=3$	0.151 7	0.001 4	0.013 7
$j=2,k=3$	0.173 0	0.001 8	0.032 9
$j=k=1$			5.760 0
$j=k=2$	1.000 0	1.000 0	21.160 0
$j=k=3$			16.000 0

由表可见,①由于第 1 和第 2 振型的自振周期接近,其相互之间的耦联系数较大,组合时不能忽略;而第 1 和第 3 振型、第 2 和第 3 振型的自振周期相差较大,其相互之间的耦联系数很小,组合时可忽略相互之间的影响。②采用 CQC 方法按式(3.82)计算柱剪力 V_1 为:

$$V_1 = \sqrt{4.044\ 3 + 0.013\ 7 + 0.032\ 9 + 5.76 + 21.16 + 16} = 6.856\ 5 \text{ kN}$$

而如果采用 SRSS 方法,则有:$V_1 = \sqrt{5.76+21.16+16} = 6.551\ 3$ kN,较 CQC 法得到的剪力小约 5%。

②V_2 方向地震剪力组合。

已知:该方向对应于第 1、第 2 和第 3 振型的地震剪力 S_1、S_2 和 S_3 分别为 16.0 kN、2.0 kN、4.0 kN。根据 CQC 组合原则计算有:

$$V_2 = \sqrt{0.366\ 3 \times 16.0 \times 2.0 + 0.001\ 4 \times 16.0 \times 4.0 + 0.001\ 8 \times 2.0 \times 4.0 + 16.0^2 + 2.0^2 + 4.0^2}$$
$$= 16.965\ 5 \text{ kN}$$

而如果采用 SRSS 方法,则有:$V_2 = \sqrt{16.0^2+2.0^2+4.0^2} = 16.613\ 2$ kN,较 CQC 法得到的剪力小约 2%。

最后特别提醒,囿于篇幅,这里仅以前 3 阶振型的组合为例进行说明空间结构 CQC 法的计算步骤,实际工程中 CQC 法参与组合的振型数至少取 9 个。

▶ 3.5.4 双向地震作用

对于单向地震输入,按式(3.81)可分别计算 x 向和 y 向的各阶振型对应的水平地震作用标准值,按式(3.82)进行振型 CQC 组合,可分别得出由 x 向水平地震动产生的某一特定的地震作用效应(如楼层位移、构件内力等)和由 y 向水平地震动产生的同一地震效应,分别计为 S_x、S_y。

对于双向地震同时输入下,体系运动方程(式 3.70)中地震输入项由式(3.76)转变为:

$$\{\ddot{D}_g\} = \begin{Bmatrix} \{1\}\ddot{x}_g(t) \\ \{1\}\ddot{y}_g(t) \\ 0 \end{Bmatrix} \tag{3.84}$$

对于时程分析法,同时输入一次地震的两个水平分量的时程,通过数值积分即可求出双向地震下结构体系的总的地震效应。而对振型分解反应谱法来说,考虑双向地震输入时,依然利用单向地震输入下结构的地震效应进行组合,但由于单向输入下地震效应最大值 S_x、S_y 不一定在同一时刻发生,故可采用平方和开方的方式估计总的地震作用效应。根据强震观测记录的统计分析,两个方向水平地震加速度的最大值(即 PGA)之比约为 $1:0.85$,所以我国《抗震规范》按下式确定双向水平地震作用效应:

$$S_{Ek} = \max\left\{\sqrt{S_x^2 + (0.85S_y)^2}, \sqrt{(0.85S_x)^2 + S_y^2}\right\} \tag{3.85}$$

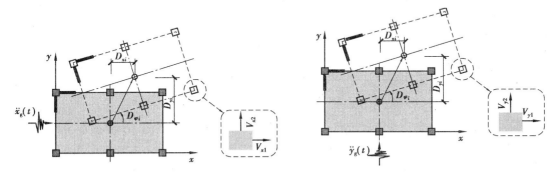

图 3.18 双向地震效应组合示意图

具体以某角柱的剪力为例(图 3.18),说明双向地震作用效应组合。由于空间不规则结构在单向地震作用下将产生两个方向的地震效应,即在 x 单向水平地震输入下,结构产生的效应 S_x 包括柱截面局部坐标系 1 方向和 2 方向的剪力 V_{x1} 和 V_{x2},而在 y 单向水平地震输入下,结构产生的效应 S_y 包括柱截面局部坐标系 1 方向和 2 方向的剪力 V_{y1} 和 V_{y2}。那么,根据组合公式(3.85)考虑双向地震输入下柱截面 1 方向和 2 方向的剪力 V_1 和 V_2 可分别按下式来计算:

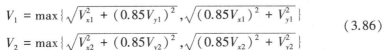

钢结构厂房在双向输入下的振动

$$V_1 = \max\left\{\sqrt{V_{x1}^2 + (0.85V_{y1})^2}, \sqrt{(0.85V_{x1})^2 + V_{y1}^2}\right\}$$
$$V_2 = \max\left\{\sqrt{V_{x2}^2 + (0.85V_{y2})^2}, \sqrt{(0.85V_{x2})^2 + V_{y2}^2}\right\} \tag{3.86}$$

习　题

3.1　什么是作用? 什么是地震作用?

3.2　什么是地震系数、动力系数和地震影响系数?

3.3　什么是设计反应谱? 它与地震波反应谱有何区别?

3.4　重力荷载代表值该如何计算?

3.5　简述确定地震作用的底部剪力法和振型分解反应谱法的基本原理和步骤。

3.6　哪些结构需要考虑竖向地震作用? 怎样确定结构的竖向地震作用?

3.7　场地土类型和建筑场地类别有何区别? 如何划分建筑场地的类别?

3.8　建筑场地特征周期与地震动的卓越周期有何区别和联系?

3.9　单自由度钢筋混凝土结构体系,自振周期 $T = 0.5$ s,质点重量 $G = 200$ kN,拟建地点位于四川省汶川县城,建筑场地类别为Ⅲ类,试计算结构在多遇地震作用下的水平地震作用。

3.10 某工程场地地质钻孔地质资料见表3.16,试确定该场地的建筑场地类别。

表3.16 某工程钻孔地质资料

土层底部深度(m)	土层厚度(m)	岩土名称	土层剪切波速 v_{si}(m/s)
2.20	2.20	杂填土	130
8.00	5.80	粉土	140
12.50	4.50	黏土	160
20.70	8.20	中砂	180
25.00	4.30	基岩	——

3.11 某框架结构如图3.19所示,结构处于8度区(地震加速度为0.30g),Ⅱ类场地,设计地震分组为第二组,阻尼比为0.02。已知结构自振频率 ω_1、ω_2 和 ω_3 分别为9.59 rad/s、26.74 rad/s和38.31 rad/s。各振型分别如下:

$$\begin{Bmatrix} x_{11} \\ x_{12} \\ x_{13} \end{Bmatrix} = \begin{Bmatrix} 0.516 \\ 0.838 \\ 1.0 \end{Bmatrix},\quad \begin{Bmatrix} x_{21} \\ x_{22} \\ x_{23} \end{Bmatrix} = \begin{Bmatrix} -1.029 \\ -0.261 \\ 1.0 \end{Bmatrix},\quad \begin{Bmatrix} x_{31} \\ x_{32} \\ x_{33} \end{Bmatrix} = \begin{Bmatrix} 1.133 \\ -1.594 \\ 1.0 \end{Bmatrix}$$

要求:(1)用振型分解反应谱法计算结构在多遇地震作用下各层的层间剪力;

(2)用底部剪力法计算结构在多遇地震作用下各层的层间剪力。

3.12 某二层钢筋混凝土框架工业厂房,拟建于四川省汶川县,场地类别为Ⅰ₁类,其计算简图如图3.20所示,已知楼层层高均为4 m,楼层重力荷载代表值 G_1、G_2 分别为60 t、40 t,楼层抗侧刚度 K_1、K_2 分别为 $4.0×10^7$ N/m、$5.0×10^7$ N/m,要求:

(1)写出该体系在水平方向地震动 $\ddot{x}_g(t)$ 输入下的运动微分方程,并计算体系的质量矩阵和刚度矩阵。

(2)计算结构体系的自振周期 T_1、T_2 以及相应的振型,画出振型示意图,并验算振型的正交性。

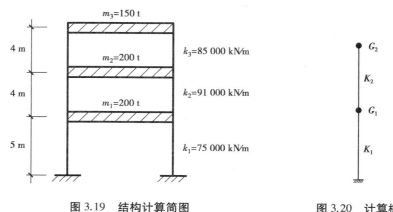

图3.19 结构计算简图   图3.20 计算模型

（3）试用振型分解反应谱法，计算结构在多遇地震作用下的楼层剪力以及楼层的层间位移。

（4）试用底部剪力法求解多遇地震作用下楼层剪力。

3.13 某高层钢筋混凝土建筑结构，其水平方向的第一自振周期 $T=2.5$ s，结构各层重力荷载代表值总和为 $\sum G_i = 2\,000$ t，拟建地点位于四川省西昌市区，建筑场地类别为 Ⅱ 类，试计算在多遇竖向地震作用下的结构总竖向地震作用标准值。

3.14 某单层钢筋混凝土框架结构，结构平面布置如图 3.21 所示（柱截面 400 mm×400 mm，其中心与建筑轴线对齐），层高为 6.0 m，混凝土等级为 C30，屋面恒载、活载分别为 5.0 kN/m²、2.0 kN/m²，拟建地点为四川省松潘县，场地类别为 Ⅲ 类。按 y 向单向地震作用计算。试求：

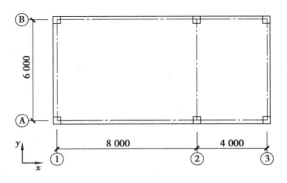

图 3.21 框架结构平面布置图

（1）确定楼层的重力荷载代表值。

（2）考虑扭转自由度及扭转耦联振动，试求 x、y 方向的地震总剪力及扭转方向的地震总扭矩，并求各柱的地震剪力。

（3）假设结构无扭转（即不考虑扭转自由度），试求 y 方向的地震总剪力、各柱的地震剪力。并与（2）的计算结果进行对比分析。

3.15 在 x、y 向地震分别输入下某框架柱的地震剪力如图 3.22 所示，试求：考虑双向地震同时作用下框架柱的剪力。

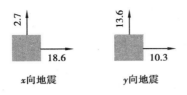

图 3.22 框架柱地震剪力图

建筑抗震设计与抗震计算

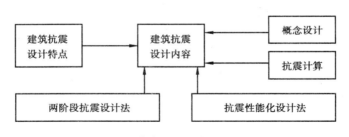

本章知识结构图

建筑抗震设计包括建筑抗震概念设计和抗震计算。我国主要采用两阶段抗震设计方法，有些建筑也会采用抗震性能化设计方法。

4.1 建筑抗震设计特点及内容

▶ 4.1.1 建筑抗震设计特点

从地震动特性、建筑震害特点、建筑抗震设防策略、建筑抗震设防目标及其实现的途径等角度发现建筑抗震设计具有以下特点：

（1）建筑抗震设计应考虑地震动的不确定性

建筑抗震设计中存在地震动输入、结构分析模型、结构破坏模式等的不确定性，其中地震动输入是最大的不确定性。我们不可能提前预知建筑在未来的使用期间的实际地震动。在建筑抗震设计中应充分认识到，根据目前所采用的确定性方法所计算出的结构地震反应实质上只是一种概率平均意义上的预期结果，在实际地震中结构的真实反应可能与预期存在差别。因而不能只是依赖于抗震计算，还应从抗震概念和措施上来完善抗震设计。

（2）建筑抗震设计应考虑结构反应的动力特征

地震引起的地震动具有动态特性，建筑结构地震反应问题属于动力学范畴，因此不能直接采用基于静力的设计理论和设计方法。如在框架结构的梁内随意增加配筋就可能导致产生预期之外的破坏模式。在建筑抗震设计中应考虑结构的动力特征，如建筑结构的周期应尽可能地错开地震动的卓越周期，以避免结构产生动力共振破坏。

（3）建筑抗震设计应考虑结构的弹塑性行为

现行的建筑抗震设计思想是允许结构在设防烈度及罕遇地震影响下出现损伤和破坏，这时建筑结构不再是弹性状态而是弹塑性状态。建筑抗震计算时应采取合理的弹塑性分析模型和弹塑性分析方法来描述、估计结构的非线性行为，建筑抗震设计时应考虑结构的弹塑性特征。这是抗震设计的一个难点。

（4）建筑抗震设计应控制结构的强度、刚度和延性

地震作用下的建筑结构要求具有足够的承载能力、抗侧向变形能力，还要有一定的耗能能力。因此，建筑抗震设计需要控制结构的强度、刚度和延性。一定程度上，结构的地震作用是由设计者所决定的，设计者设定了结构的强度屈服水平也就决定了地震作用的大小；而刚度的大小不仅会影响结构所受地震作用的大小，更关系到结构的变形能力和破坏状态；延性则是结构自屈服到极限状态的变形和耗能能力的体现。建筑抗震设计需要均衡结构的强度和刚度并利用延性来达到预期的设防目标。

（5）建筑抗震设计应引导建筑物实现预期的破坏模式

地震作用下建筑结构是允许发生破坏的，但要求这种破坏是可控的，希望结构的破坏以预期的部位、顺序和程度发生，即预期的破坏模式。例如大震下钢筋混凝土框架结构的预期破坏模式是"构件弯曲破坏先于剪切破坏、梁的破坏先于柱的破坏、节点少破坏"，设计时采用"强剪弱弯、强柱弱梁、强节点"的思想来实现。预期的破坏模式使结构在大震下具有良好的延性和耗能性，并能承受由于地震动的不确定性而引起的延性变形需求的变化，一定程度上消除结构反应对随机地震动的敏感性。

汶川地震
建筑震害启示

建筑抗震设计的这些特点，增加了设计难度，但同时也赋予了设计者更大的主观能动性。

▶ 4.1.2 建筑抗震设计内容

建筑抗震设计的目的是实现预期的建筑抗震设防目标。设计者希望通过定量计算来实现建筑抗震设计，但是由于建筑抗震设计中地震动、结构模型和分析方法等的不确定性，地震时造成的破坏程度很难准确预测，建筑抗震设计仅仅依靠计算是不够的。还需要根据地震震害和工程经验等所形成的基本设计原则和设计思想，进行建筑和结构的总体布置和确定细部构造，我们将这个过程称为建筑抗震概念设计。经过抗震概念设计后形成抗震措施，包括建筑和结构的总体布置、抗震计算的内力调整措施、抗震构造措施等。抗震措施是除地震作用

计算和抗力计算以外的抗震设计内容,包括抗震构造措施。抗震构造措施是根据抗震概念设计的原则,一般不需计算而对结构和非结构各部分必须采取的各种细部要求。

因此,建筑抗震设计包括概念设计和抗震计算两个方面。抗震计算为设计提供了定量手段,概念设计不仅在总体上把握抗震设计的基本原则,由概念设计所形成的抗震构造措施还可以在保证结构整体性、加强局部薄弱环节等方面来保证抗震计算结果的有效性。合理的抗震结构源自正确的概念设计。没有正确的概念设计,再精确的计算分析都可能于事无补。

4.2　抗震概念设计

建筑抗震概念设计是根据地震震害和工程经验等所形成的基本设计原则和设计思想,进行建筑和结构的总体布置和确定细部构造的过程。建筑抗震概念设计的主要内涵包括场地选择、建筑体型和构件布置、结构体系、细部构造等方面。

①有利于抗震的建筑场地是减轻建筑地震灾害的前提。建筑工程的选址宜对建筑抗震有利,应避开不利的地段,不在危险的地段进行建设。

②合理的建筑形体和构件布置是建筑抗震性能的基础。宜优先选用规则的形体,其抗侧力构件的平面布置宜规则对称、侧向刚度沿竖向宜均匀变化、抗侧力构件的截面尺寸和材料强度宜自下而上逐渐减小、避免侧向刚度和承载力突变。

③合理、经济的结构体系是建筑抗震性能的保证。结构体系应具备必要的抗震承载能力、良好的变形能力和消耗地震能量的能力,并在结构承载力、刚度和延性间寻求一种较好的匹配关系;结构体系要求受力明确、传力途径合理且传力路线不间断;结构体系宜由若干个延性较好的分体系组成多道抗震防线,当第一道防线的抗侧力构件在地震作用下遭到破坏后,第二道乃至第三道防线的抗侧力构件能抵挡住后续地震动的冲击,防止结构倒塌。

④合理的细部构造是实现结构抗震性能的重要途径。对结构构件应采用有效的抗震构造措施以提高结构的延性;对非结构部件应加强非结构构件与主体结构之间的连接或锚固;材料选取上,应减少使用脆性的材料;施工时应确保施工程序能贯彻原抗震设计的意图。

▶　4.2.1　场地选择

地震时建筑结构的破坏大多数属于动力破坏,但有时会出现因滑坡、地表错动、地裂、不均匀沉降、地基液化等引起的地基变形而造成的破坏。较厚的软弱土层对地震波有过滤和放大效应。因此建设场地宜选择有利地段、避开不利地段,不在危险地段进行建设。各类场地地段划分见第 5 章表 5.1。

当确实需要在不利地段或危险地段建设工程时,应遵循建筑抗震设计的有关要求进行详细的场地评价并采取必要的抗震措施。

建筑项目选址时尽可能选择覆盖土层薄、坚硬的场地,并使结构自振周期错开所在场地的地震动卓越周期,避免发生共振破坏。

▶ 4.2.2 结构的规则性

建筑物平面、立面布置的合理性与结构的规则程度在抗震设计中十分重要。简单、对称、规则的建筑物震害轻,抗震设计提倡结构对称、规则、质量与刚度分布及变化均匀。

结构不规则性
及对策

结构对称,有利于减轻扭转效应。形状规则,结构各部分振动易于协调一致,应力集中现象较少。质量与刚度分布及变化均匀有两方面的含义:一是在结构平面方向应尽量使结构刚度中心与质量中心相一致,以减轻扭转效应;二是沿结构高度方向结构质量与刚度不宜有悬殊的变化,竖向抗侧力构件布置、截面尺寸和材料强度等宜均匀变化。

我国现行的《抗震规范》要求明确建筑形体的不规则性。钢筋混凝土房屋、钢结构房屋和钢-混凝土混合结构房屋存在表 4.1 所列的某项不规则类型及类似的不规则类型,应属于不规则的建筑。砌体房屋、单层工业厂房、单层空旷房屋、大跨屋盖建筑和地下建筑按有关规定划分平面和竖向不规则性。当建筑存在多项不规则或某项不规则超过规定的参考指标较多时,应属于特别不规则建筑。建筑体型复杂且多项不规则指标超过参考指标上限或某一项大大超过规定值时,应属于严重不规则建筑。不规则的建筑应按 4.3.3 节采取加强措施;特别不规则的建筑应进行专门的研究和论证,采取特别的加强措施;严重不规则的建筑不应被采用。

表 4.1 平面不规则、竖向不规则的主要类型

不规则类型		定义和参考指标
平面不规则	扭转不规则	在具有偶然偏心的规定水平力作用下,楼层两端的抗侧力构件的弹性水平位移(或层间位移)的最大值与平均值的比值大于 1.2
	凹凸不规则	平面凹进的尺寸,大于相应投影方向总尺寸的 30%
	楼板局部不连续	楼板的尺寸和平面刚度急剧变化,例如,有效楼板宽度小于该层楼板典型宽度的 50%,或开洞面积大于该层楼面面积的 30%,或有较大的楼层错层
竖向不规则	侧向刚度不规则	该层的侧向刚度小于相邻上一层的 70%,或小于其上相邻三个楼层侧向刚度平均值的 80%;除顶层或出屋面小建筑外,局部收进的水平向尺寸大于相邻下一层的 25%
	竖向抗侧力构件不连续	竖向抗侧力构件(柱、抗震墙、抗震支撑)的内力由水平转换构件(梁、桁架等)向下传递
	楼层承载力突变	抗侧力结构的层间受剪承载力小于相邻上一楼层的 80%

对于因建筑或工艺要求而形成的体型复杂的结构物,可以设置抗震缝,将结构物分成规则的结构单元。设置抗震缝与否应根据具体情况进行分析。设置抗震缝,则需要满足最小缝宽的要求,以免造成碰撞破坏;如果不允许设缝时,应进行较精细的结构抗震分析。

事实上,实际的建筑结构往往是不规则的。因此,一方面设计时应通过建筑与结构等工

种的协调配合,使抗震设计中尽可能减少不规则类型,减轻不规则程度;另一方面,对于不可避免的结构不规则问题,应根据不规则类型采取相应的计算分析和内力调整方法以及抗震措施。例如:对于扭转不规则,边缘构件的内力应予以放大调整;对于楼板局部不连续,宜考虑采用弹性楼板模型进行分析等。

▶ ### 4.2.3 抗震结构体系

合理的抗震结构体系有利于经济、有效地实现抗震设防目标。结构体系的选择是综合性的技术经济问题,涉及建筑的重要性、抗震设防烈度、房屋高度、场地、地基与基础、材料和施工技术条件等众多因素。单从抗震角度考虑,良好的抗震结构体系应体现出足够的抗震承载能力,良好的变形能力、耗能能力,以及合理的破坏模式。为此,抗震结构体系的确定应满足以下要求:

①具有明确的计算简图和合理的地震作用传递途径。这既有利于地震传力路线不间断,实现合理的传力机制,还有利于保证更符合结构实际地震行为的计算分析。

②具有多道抗震防线,应避免因部分结构或构件破坏而导致整个体系丧失抗震能力或承重能力。多道抗震防线是指:a.一个抗震结构体系,应由若干个延性较好的分体系组成,并由延性较好的结构构件连接起来协同工作,如框架-抗震墙体系是由延性框架和抗震墙两个系统组成;双肢或多肢抗震墙体系由若干个单肢墙分系统组成;b.抗震结构体系应有最大可能数量的内部、外部赘余度,有意识地建立起一系列分布的屈服区,以使结构能够吸收和耗散大量的地震能量,一旦破坏也易于修复。可以采取多种手段设置多道抗震防线,如采用超静定结构,有目的地设置人工塑性铰,利用框架的填充墙,设置耗能元件或耗能装置等。特别应注意最后一道防线要具备一定的强度和足够的变形潜力。

③具有必要的抗震承载能力、良好的变形能力和耗能能力。抗震结构主要依赖结构和构件的变形来耗散地震能量,抗震设计中应发挥和提高结构和构件的延性,并采取措施使结构的破坏模式有更合理的变形和耗能机制,达到预期的抗震能力。

④结构的刚度和强度分布合理,避免因局部削弱或突变而形成薄弱部位,产生过大的应力集中或塑性变形集中。对结构可能出现的薄弱部位,应采取措施提高其抗震能力。设计中应有意识地控制薄弱部位,保障其足够的变形能力,使结构能够发生预期的破坏机制,以实现更大程度的耗能。在对薄弱部位采取措施时,要通盘考虑整体结构的刚度和强度相协调,避免因局部薄弱部位的加强而造成薄弱部位的转移。

需要指出的是:抗震结构设计时处理好强度、刚度和延性的匹配关系非常重要,应根据建筑特点、结构类型、地震环境等条件进行权衡。过低的强度不能满足"小震不坏"的要求,过高的强度要以提高工程造价为代价。过低的刚度使结构变形大,不仅不容易满足"小震不坏"的要求,"大震不倒"的目标也难于实现;过高的刚度则使地震作用也大,且通常以提高工程造价为代价。注意到抗震结构"小震弹性而大震弹塑性"的特点,因此利用延性是抗震设计的一个重要概念。

设某结构的侧向力与变形的关系如图4.1所示。图中Δ_y为屈服变形,Δ_e为对应外力P_e的弹性变形,Δ_p为对应2点的弹塑性变形,Δ_u为结构极限变形,P_y为结构屈服强度。若仅按弹性设计,则对相应于三角形 0-4-5 面积的地震输入能量,要求结构至少具有 P_e 的抗力才可保证结构不破坏。在多数情况下,这将是很不经济的。若利用弹塑性变形,则只要求结构具有抗力 P_y,同时,允许结构达到变形 Δ_p。此时,由于面积 A 与面积 B 相等,结构所吸收的能量可保持与前一方案一致,从而使结构可以承受同样的地震作用。显然,P_y 比 P_e 小得多(图中 η 为降低系数)。这样,由于 P_y 相对 P_e 强度需求减小很多,可使结构截面尺寸减小,一般也就降低了造价。但此时结构变形 Δ_p 比 Δ_e 大,需要采取抗震措施予以保证。即是说,一个结构的刚度大,地震作用大,承载力要求高,但用于改善变形能力的抗震措施的需求低;相反,结构的刚度小,地震作用小,承载力要求低,但抗震措施要求高。

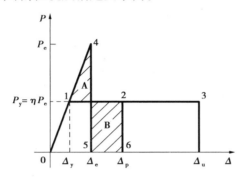

图 4.1 弹性结构与延性结构的力-位移曲线

▶ 4.2.4 抗震构造措施

1)结构构件

要求结构构件及连接应具有良好的变形能力。不同材料的构件,改善其变形能力的原则和途径是不同的。对于砌体等脆性材料构件,可利用约束条件(如圈梁、构造柱等)来增强变形能力及稳定性;对于混凝土构件,应避免剪切、混凝土压溃、钢筋黏结失效等脆性破坏;对于预应力混凝土构件,应配有足够的非预应力筋;对于钢结构构件,应避免失稳破坏等。对于连接,应避免连接破坏先于所连接的构件的破坏。

2)非结构构件

非结构构件主要包括建筑非结构构件和建筑附属机电设备的机架等。建筑物非结构构件一般指附属结构构件(如女儿墙、雨篷等)、装饰物(如饰面、顶棚等)和围护结构(如隔墙、维护墙)。

非结构构件会影响主体结构的动力特性(如结构阻尼、结构振动周期等)。在地震作用下,非结构构件会不同程度地参与工作,从而可能改变整个结构或某些构件的刚度、承载力和传力路线,产生出乎预料的抗震效果,或者造成未曾估计到的局部震害。因此,非结构构件应进行抗震设计。原则上,允许非结构构件的破坏大于结构构件,但在结构抗震概念设计中,应特别注意非结构构件与主体结构之间的连接。

对于女儿墙、围护墙、雨篷等非结构构件,应使其与主体结构有可靠的连接和锚固,以避免地震时倒塌伤人。围护墙、隔墙与主体结构的连接,应避免其设置不当而导致主体结构的破坏;应避免吊顶塌落以及贴镶或悬吊较重的装饰物坠落,当不可避免时应采取可靠的防护措施。对主体结构振动造成影响的非结构构件,如围护墙、隔墙等,应注意分析或估计其对主体结构可能带来的影响,并采取相应的抗震措施。建筑附属机电设备机架的抗震设计,以满足地震时的使用功能并避免导致相关部件的损坏为目标。

3)结构材料要求

抗震结构在材料选用、材料代用上有其特殊的要求,基本原则是减少材料的脆性,对不同结构材料的性能指标加以规定。

砌体结构的烧结普通黏土砖和烧结多孔砖的强度等级不应低于 MU10,其砌筑砂浆强度等级不应低于 M5;混凝土小型空心砌块的强度等级不应低于 MU7.5,其砌筑砂浆强度等级不应低于 Mb7.5。

混凝土的强度等级一般不应低于 C20,部分构件(如框支梁、框支柱及抗震等级为一级的框架梁、柱、节点核芯区)不应低于 C30,且一般不宜超过 C70(抗震设防烈度 9 度时不超过 C60)。

普通钢筋宜优先采用延性、韧性和可焊性好的钢筋,且部分构件(如抗震等级为一、二级的框架结构)纵向受力钢筋的抗拉强度实测值与屈服强度实测值的比值不应小于 1.25,保证当构件某个部位出现塑性铰后,塑性铰处有足够的转动能力与耗能能力;钢筋的屈服强度实测值与强度标准值的比值不应大于 1.3,使实现强柱弱梁、强剪弱弯等破坏模式的内力调整仍然有效。

钢材的抗拉强度实测值与屈服强度实测值的比值应小于 1.2,构件应具有明显的屈服台阶且伸长率应大于 20%,有良好的可焊性和合格的冲击韧性等。

4)施工要求

应使施工程序贯彻抗震设计意图。对于砌体结构,应先砌墙后浇构造柱和芯柱,以加强连接、提高变形能力;对于混凝土结构,当需要用强度等级高的钢筋替代原设计钢筋时,应按照等强度原则替换并满足构造要求;对于钢结构,厚度较大的钢板焊接应符合规定的受拉试件截面收缩率的要求等。

4.3　抗震计算基本要求

▶　4.3.1　抗震计算模型要求

根据抗震计算分析的内容,抗震计算采用不同的方法。对于多遇地震下的内力及变形分析,可假定结构和构件处于弹性工作状态,采用线性静力方法或线性动力方法(时程分析法);对于罕遇地震下的结构弹塑性变形分析,则需要考虑结构的弹塑性行为,采用静力弹塑性分析方法或弹塑性时程分析方法,其中部分规则简单的特殊结构可以采用简化方法。具体方法见第 3 章。

结构的抗震分析模型应尽可能与实际相符。通常情况下,宜采用空间分析模型;当楼

（屋）盖为刚性且质量和刚度分布接近对称时,可采用平面分析模型;复杂结构的多遇地震反应分析,应采取两个以上的力学模型进行互相校验;当结构层间位移较大时还应计入重力二阶效应的影响。

对于采用计算机程序计算的分析结果,须经过判断确认合理、有效后方可用于抗震设计。

▶ 4.3.2 地震作用计算

1)地震作用的计算方法

地震作用的计算方法包括底部剪力法、振型分解反应谱法和时程分析方法。各种方法的具体计算步骤和适用性见第3章相关内容。

我国现行的《抗震规范》规定,振型分解反应谱法是建筑结构地震作用计算的主要方法,底部剪力法仅适用于简单的结构,而时程分析方法为特别不规则、特别重要的和较高的高层建筑的补充计算方法。具体而言:

①高度不超过40 m,以剪切变形为主且质量和刚度沿高度分布比较均匀的结构,以及近似于单质点体系的结构,可以采用底部剪力法等简化方法。

②除①以外的建筑结构,宜采用振型分解反应谱法。

③特别不规则的建筑、甲类建筑和表4.2所列高度范围内的高层建筑,应采用时程分析方法进行多遇地震下的补充计算。

④计算罕遇地震下结构的变形,采用简化的弹塑性分析方法或弹塑性时程分析方法。

⑤平面投影尺度很大的空间结构,应根据结构形式和支承条件,分别按单点一致、多向单点、多点或多向多点输入进行抗震计算。单点一致输入是仅对基础底部输入一致的加速度反应谱或加速度时程进行结构计算。多向单点输入是沿空间结构基础底部,三向同时输入,其地震动参数(加速度峰值或反应谱最大值)的比例取为:水平主向∶水平次向∶竖向 = 1.00∶0.85∶0.65。多点输入应考虑地震行波效应和局部场地效应,对各独立基础或支承结构输入不同的设计反应谱或加速度时程进行计算,估计可能造成的地震效应。多向多点输入是同时考虑多向和多点输入进行计算。

表4.2 采用时程分析方法的房屋高度范围　　单位:m

烈度,场地类别	房屋高度范围
8度Ⅰ,Ⅱ类场地和7度	>100
8度Ⅲ,Ⅳ类场地	>80
9度	>60

2)时程分析方法的计算要求

地震动具有随机性,时程分析方法的计算结果受输入地震动的影响,不同输入地震动的计算结果存在差异,因此时程分析法应合理选择输入地震动,包括地震动的选取原则、地震动的数量和计算结果的要求等。

输入地震动一般采用地震加速度时程曲线,其频谱特性、有效峰值和持续时间均应符合要求。所选地震动的频谱特性应与建筑所在场地类别和设计地震分组所对应的设计地震影响系数曲线(即设计反应谱)在统计意义上相符。加速度的有效峰值采用表 4.3 所列的地震加速度最大值,其为地震影响系数最大值除以放大系数(约 2.25)所得。有效持续时间一般取地震加速度首次达到最大峰值的 10% 到最后达到最大峰值的 10% 之间的时间,要求为结构基本周期的 5~10 倍,即结构顶点位移可按基本周期往复 5~10 次。

为了减少地震动的随机性,应选取多条地震动进行结构的时程分析。分析表明,当选用不少于 2 组实际强震记录和 1 组人工模拟的加速度时程曲线作为输入时,计算的平均地震效应值不小于大样本容量平均值的保证率会大于 85%;当选用 5 组实际强震记录和 2 组人工模拟的加速度时程曲线时则保证率更高。因此应采用 3 组及以上的加速度时程曲线为输入,其中实际强震记录的数量不应少于总数的 2/3;多组时程曲线的平均地震影响系数曲线应与设计反应谱在统计意义上相符;其加速度时程的幅值按表 4.3 中所列的最大值进行调整。

在弹性时程分析时,每条时程曲线计算所得的结构底部剪力不应小于振型分解反应谱法计算结果的 65%,多条时程曲线计算所得的结构底部剪力的平均值不应小于振型分解谱法的 80%。当取三组加速度时程曲线输入时,计算结果宜取时程分析法的包络值和振型分解反应谱法的较大值;当取七组或七组以上加速度时程曲线输入时,计算结果可取时程分析法的平均值和振型分解反应谱法的较大值。

表 4.3 时程分析法所用地震加速度时程的最大值

单位:cm/s²

设防烈度	6	7	7(0.15g)	8	8(0.30g)	9
多遇地震	18	35	55	70	110	140
设防烈度地震	50	100	150	200	300	400
罕遇地震	125	220	310	400	510	620

3)地震作用方向

建筑在使用期内可能会受到不同方向的地震的作用,同时地震动是空间多维运动,因此建筑抗震设计应考虑地震作用的方向。我国现行的《抗震规范》明确了地震作用方向的要求,即:

①一般情况下可在建筑结构的两个主轴方向分别考虑水平地震作用并进行抗震验算,各方向的水平地震作用应由该方向的抗侧力构件承担。

②有斜交抗侧力构件的结构,当相交角度大于 15°时,应分别计算各抗侧力构件方向上的水平地震作用。

③质量和刚度分布明显不对称的结构,应计入双向水平地震作用下的扭转影响;其他情况应允许采用调整地震作用效应的方法计入扭转影响。

④8 度、9 度时的大跨度和长悬臂结构及 9 度时的高层建筑应计算竖向地震作用。

► 4.3.3 不规则建筑地震作用计算和内力调整

建筑形体及其构件布置不规则时,应按下列要求进行地震作用计算和内力调整,并应对薄弱部位采取有效的抗震构造措施。

(1)平面不规则而竖向规则的建筑

采用空间结构计算模型分析,并符合下列要求:扭转不规则时,应计入扭转影响,且在具有偶然偏心的规定水平力作用下,楼层两端抗侧力构件弹性水平位移或层间位移的最大值与平均值的比值不宜大于1.5,当最大层间位移远小于规范限值时,可适当放宽;凹凸不规则或楼板局部不连续时,应采用符合楼板平面内实际刚度变化的计算模型;高烈度或不规则程度较大时,宜计入楼板局部变形的影响;平面不对称且凹凸不规则或局部不连续,可根据实际情况分块计算扭转位移比,对扭转较大的部位应采用局部的内力增大系数。

(2)平面规则而竖向不规则的建筑

采用空间结构计算模型分析。对刚度小的楼层的地震剪力乘以不小于1.15的增大系数,其薄弱层应进行弹塑性变形分析,并应符合下列要求:竖向抗侧力构件不连续时,该构件传递给水平转换构件的地震内力应根据烈度高低和水平转换构件的类型、受力情况、几何尺寸等,乘以1.25~2.0的增大系数;侧向刚度不规则时,相邻层的侧向刚度比应依据其结构类型符合相关规定;楼层承载力突变时,薄弱层抗侧力结构的受剪承载力不应小于相邻上一楼层的65%。

(3)平面不规则且竖向不规则的建筑

应根据不规则类型的数量和程度,有针对性地采取不低于上述(1)、(2)条要求的各项抗震措施。对于特别不规则的建筑,应经专门研究,采取更有效的加强措施,或对薄弱部位采用相应的抗震性能化设计方法。

► 4.3.4 水平地震剪力最小值

目前我国建筑抗震计算方法主要为振型分解反应谱法,所采用的设计反应谱是基于加速度反应谱的地震影响系数谱,其在长周期段的谱值较小。但应注意到长周期结构会有较大的速度和位移响应,长周期段的速度谱值和位移谱值会较大。因此对于长周期结构,地震运动的速度和位移可能对结构的破坏具有更大的影响,但基于加速度反应谱的振型分解反应谱法尚无法对此做出估计。出于安全考虑,我国现行的《抗震规范》规定了结构总水平地震剪力最小值和各楼层水平地震剪力最小值,即:

关于建筑抗震设计最小地震剪力系数的讨论

$$V_{eki} > \lambda \sum_{j=i}^{n} G_j \tag{4.1}$$

式中:λ——剪力系数,不应小于表4.4规定的楼层最小地震剪力系数值,对竖向不规则结构的薄弱层,尚应乘以1.15的增大系数;

V_{eki}——第i层对应于水平地震作用标准值的楼层剪力;

G_j——第j层的重力荷载代表值。

表 4.4 楼层最小地震剪力系数值

类别	6	7	7(0.15g)	8	8(0.30g)	9
扭转效应明显或基本周期小于 3.5 s 结构	0.008	0.016	0.024	0.032	0.048	0.064
基本周期大于 5.0 s 结构	0.006	0.012	0.018	0.024	0.032	0.048

注:①扭转效应一般可由考虑耦联振型分解反应谱法的分析结果判断,例如前三个振型中,两个水平方向的振型参与系数为同一个量级,即存在明显的扭转效应;
②基本周期位于 3.5~5.0 s 的结构,可按插值法取值。

若结构各楼层水平地震剪力最小值不满足要求时,需要调整结构布置或放大楼层水平地震剪力。当结构底部总地震剪力略小于规定值,而中、上部楼层均满足最小值要求时,可采用将楼层地震剪力进行放大的方式进行调整;当结构底部总地震剪力与规定的最小值相差较多时,需要调整结构选型或结构布置,不能仅采用楼层地震剪力放大处理。

另外有几点注意:①只要底部总剪力不满足,各楼层的剪力均要调整;②当各层地震剪力需要调整时,倾覆力矩、内力和位移均要调整;③采用时程分析法时,其计算的总剪力也要满足最小剪力的要求;④不考虑阻尼比的不同,各类结构,包括钢结构、隔震和消能减震结构都应满足最小剪力的要求。

▶ 4.3.5 地基-结构动力相互作用

结构地震作用计算一般采用刚性地基假定,即忽略了地基与结构间的动力相互作用。研究表明,考虑地基-结构动力相互作用影响所计算得到的结构弹性水平地震作用通常会小于按刚性地基假定所计算得到的水平地震作用,因此当考虑地基-结构动力相互作用时,结构的水平地震作用可按刚性地基计算结果进行折减,其折减程度主要与场地条件、结构自振周期、结构和地基的阻尼特性等因素相关。

我国现行的《抗震规范》规定,一般情况下可以不考虑地基与结构动力相互作用的影响;8度和 9 度时建造于Ⅲ、Ⅳ类场地,采用箱基、刚性较好的筏基和桩箱联合基础的钢筋混凝土高层建筑,当结构基本自振周期处于特征周期的 1.2 倍至 5 倍范围内时,若计入地基与结构动力相互作用的影响,对刚性地基假定计算的水平地震剪力可按下列规定折减,其层间变形可按折减后的楼层剪力计算。

①高宽比小于 3 的结构,各楼层水平地震剪力的折减系数,可按下式计算:

$$\varphi = \left(\frac{T_1}{T_1 + \Delta T} \right)^{0.9} \tag{4.2}$$

式中:φ——计入地基与结构动力相互作用后的地震剪力折减系数;

T_1——按刚性地基假定确定的结构基本自振周期,s;

ΔT——计入地基与结构动力相互作用的附加周期,s,可按表 4.5 采用。

表 4.5　地基与结构动力相互作用时考虑的附加周期　单位:s

烈度	场地类别	
	Ⅲ	Ⅳ
8	0.08	0.20
9	0.10	0.25

②高宽比不小于 3 的结构,底部的地震剪力按①的规定折减,顶部不折减,中间各层按线性插入值折减。

③折减后各楼层的水平地震剪力,尚应满足 4.3.4 节规定的结构最小地震剪力的要求。

4.4　两阶段设计方法

我国采取两阶段设计方法来实现建筑抗震设防的"小震不坏,中震可修,大震不倒"三水准要求。第一阶段抗震设计是指在多遇地震作用下结构的强度验算、变形验算和抗震措施。通过第一阶段抗震设计可以实现建筑结构"小震不坏"的抗震性能目标。由于建筑结构设计时存在超强、抗震措施对结构延性的提高等,大多数的建筑结构的抗震性能还以可达到"中震可修"的第二水准,甚至可以达到"大震不倒"的第三水准。因此对大多数的结构而言,仅需要进行第一阶段抗震设计,就可以实现三个水准的性能目标。

两阶段设计方法
思路与流程

第二阶段抗震设计是在罕遇地震作用下结构的弹塑性变形验算。对地震时容易发生倒塌的结构、存在明显薄弱层的不规则结构以及有专门要求的建筑结构,除进行第一阶段抗震设计外,还需要进行结构薄弱部位的弹塑性层间变形验算,并结合相应的抗震构造措施,实现"大震不倒"第三水准的抗震性能目标。

▶ 4.4.1　第一阶段抗震设计

第一阶段抗震设计是指在多遇地震作用下结构的强度验算、变形验算和抗震措施。多遇地震作用下要求结构"不坏",即结构仍处于弹性状态,采用弹性理论进行结构构件的强度验算和结构的变形验算。验算时采用地震作用效应参与的组合值,组合时还应考虑地震内力调整措施。除验算外,还应明确相应的抗震构造措施。

1)构件截面强度验算

结构构件截面强度的抗震验算主要是复核结构构件控制截面在多遇地震作用下其截面承载力是否满足要求。

(1)结构构件内力

进行结构抗震设计时,结构构件的地震作用效应和其他荷载效应组合的设计值,按下式计算:

$$S = \gamma_G S_{GE} + \gamma_{Eh} S_{Ehk} + \gamma_{Ev} S_{Evk} + \psi_w \gamma_w S_{wk} \tag{4.3}$$

式中:S——结构构件内力组合的设计值,包括组合的弯矩、轴向力和剪力设计值;

γ_G——重力荷载分项系数,一般情况采用 1.2,当重力荷载效应对构件承载力有利时(如验算倾覆、计算砌体强度正应力影响系数以及钢筋混凝土大偏心受压构件截面强度验算等)可采用 1.0;

γ_{Eh},γ_{Ev}——水平、竖向地震作用分项系数,同时考虑时,主要作用方向取 1.3,另一方向取 0.5;不同时考虑时,分别取 1.3;

γ_w——风荷载分项系数,应采用 1.4;

ψ_w——风荷载组合系数,一般结构取为 0.0,高层建筑和高耸结构可采用 0.2;

S_{Ehk}——水平地震作用标准值的效应,按第 3 章相关的方法计算,尚应乘以相应的增大系数或调整系数;

S_{Evk}——竖向地震作用标准值的效应,按第 3 章相关的方法计算,尚应乘以相应的增大系数或调整系数;

S_{wk}——风荷载标准值的效应;

S_{GE}——重力荷载代表值,取结构构件自重标准值的效应和各可变荷载组合效应之和。

(2)强度验算

结构构件的截面抗震验算,采用下列设计表达式:

$$S \leqslant R/\gamma_{RE} \tag{4.4}$$

式中:S——结构构件内力组合设计值,包括组合的弯矩、轴向力和剪力设计值;

R——结构构件承载力设计值,按第 6,7,8 章相关公式计算;

γ_{RE}——承载力抗震调整系数,除另有规定外,按表 4.6 采用。当仅计算竖向地震作用时,各类结构构件承载力抗震调整系数均宜采用 1.0。

表 4.6 承载力抗震调整系数

材料	结构构件	受力状态	γ_{RE}
钢	柱,梁,支撑,节点板件,螺栓,焊缝柱,支撑	强度	0.75
		稳定	0.80
砌体	两端均有构造柱、芯柱的抗震墙	受剪	0.90
	其他抗震墙	受剪	1.00
混凝土	梁	受弯	0.75
	轴压比小于 0.15 柱	偏压	0.75
	轴压比不小于 0.15 的柱	偏压	0.80
	抗震墙	偏压	0.85
	各类构件	受剪、偏拉	0.85

现阶段结构构件截面抗震验算时仍采用各有关规范的承载力设计值,因此抗震设计的抗力分项系数,就相应地变为非抗震设计的构件承载力设计值的抗震调整系数 γ_{RE}。由表 4.6 可以看出:承载力抗震调整系数 γ_{RE} 的取值范围为 0.75~1.0,一般都小于 1.0。γ_{RE} 小于 1.0,意味着相比于结构构件在静力荷载作用下的承载力,结构构件的抗震承载力设计值可适当提高。其主要是:①地震作用是偶然作用,适当降低结构荷载可靠度;②动力荷载作用下的材料强度通常高于静力荷载下的材料强度。

2)结构弹性变形验算

在多遇地震作用下要求建筑主体结构不受损伤,而非结构构件(包括围护墙、隔墙、幕墙、内外装修等)的损伤控制在一定范围内,保证建筑的正常使用功能。根据震害经验、试验和工程实例分析,认为层间位移角可以用来衡量结构的变形能力和判别建筑是否满足建筑的正常使用功能。弹性变形验算属于正常使用极限状态的验算。

(1)结构弹性变形验算公式

$$\Delta u_e \leq [\theta_e]h \tag{4.5}$$

式中:Δu_e——多遇地震作用标准值产生的楼层内最大的弹性层间位移;

$[\theta_e]$——结构弹性层间位移角限值;

h——验算楼层层高。

弹性层间位移角限值主要依据国内外大量的试验研究和有限元分析的结果。框架结构的开裂层间位移角,试验得到不开洞的填充墙框架为1/2 500,而开洞的填充墙框架为1/926;有限元分析得到不带填充墙时为1/800,而不开洞的填充墙时为1/2 000。框架-抗震墙结构的抗震墙的开裂层间位移角,试验结果为1/3 300~1/1 100,有限元结果为1/4 000~1/2 500。统计我国近十年建成的124幢高层钢筋混凝土框架-剪力墙、框架-核心筒、抗震墙、筒中筒结构的抗震计算结果可知,多遇地震作用下上述结构的最大弹性层间位移角均小于1/800,其中85%小于1/1 200。钢结构弹性层间位移角限值参考日本和美国的规范取值。

根据现有的研究成果,我国现行《抗震规范》给出的结构弹性层间位移角限值见表4.7。

表 4.7 弹性层间位移角限值 $[\theta_e]$

结构类型		$[\theta_e]$
钢筋混凝土结构	框架	1/550
	框架-抗震墙,板柱-抗震墙,框架-核心筒	1/800
	抗震墙,筒中筒	1/1 000
	框支层	1/1 000
多、高层钢结构		1/250

(2)结构弹性层间位移计算

多遇地震作用标准值下产生的弹性层间位移按下式计算:

$$\Delta u_e = \frac{V_e}{K} \tag{4.6}$$

式中:V_e——对应于多遇地震作用标准值的楼层弹性水平地震剪力;

K——层间侧移刚度。

在计算弹性层间位移时应注意:

①地震剪力为标准值,即地震作用的分项系数均为1.0。

②钢筋混凝土结构构件的截面刚度一般可采用弹性刚度;当计算的变形较大时,宜适当考虑截面开裂的刚度折减,如取85%的弹性刚度。

③采用空间模型计算位移时,一般不扣除由于结构平面不对称所引起的扭转效应和重力 P-Δ 效应所产生的水平相对位移;高度超过 150 m 或 $H/B > 6$ 的高层建筑可以扣除结构整体弯曲所产生的楼层水平绝对位移值。

▶ 4.4.2 第二阶段抗震设计

结构某些楼层在超过多遇地震作用下可能会发生屈服,屈服楼层在发生塑性变形集中的同时起卸载作用,从而限制地震作用的进一步增加,保护其他楼层不屈服,该楼层称为结构的薄弱层。由于结构的塑性变形集中在少数楼层(薄弱层),薄弱层的出现将使其他楼层的耗能能力得不到充分发挥,同时若薄弱层没有进行合理的控制可能会导致该楼层发生倒塌,则对结构整体抗震不利。因此,应采取相应的抗震措施和通过罕遇地震作用下的变形控制以实现"大震不倒"的抗震设防目标。

1)结构弹塑性变形验算

在罕遇地震作用下,结构薄弱层(部位)弹塑性层间位移应满足下式要求:

$$\Delta u_p \leqslant [\theta_p] h \qquad (4.7)$$

式中:Δu_p——弹塑性层间位移;

$[\theta_p]$——弹塑性层间位移角限值;

h——验算楼层层高或单层厂房上柱高度。

罕遇地震作用下结构弹塑性层间位移角限值是根据震害经验、试验和计算分析的结果,以构件(梁、柱、墙)和节点达到极限变形时的层间极限位移角确定的。

国内外研究表明:不同结构类型中的不同结构构件的弹塑性变形能力是不同的。钢筋混凝土结构的弹塑性变形主要由构件关键受力区的弯曲变形、剪切变形和节点区受拉钢筋的滑移变形这三部分非线性变形组成。影响结构层间极限位移角的因素包括:梁柱的相对强弱关系、配筋率、轴压比、剪跨比、混凝土强度等级、配箍率等。由于钢结构的材料特性,相对于钢筋混凝土结构,钢结构具有较好的变形能力。

根据现有的研究成果,我国现行《抗震规范》给出的弹塑性层间位移角限值见表 4.8。对钢筋混凝土框架结构,当轴压比小于 0.40 时,该限值可提高 10%;当柱子全高的箍筋构造比规范规定的体积配箍率大 30% 时,该限值可提高 20%,但累计不超过 25%。

表 4.8 弹塑性层间位移角限值 $[\theta_p]$

结构类型		$[\theta_p]$
钢筋混凝土结构	单层排架柱	1/30
	框架	1/50
	底部框架砌体房屋中的框架-抗震墙	1/100
	框架-抗震墙,板柱-抗震墙,框架-核心筒	1/100
	抗震墙,筒中筒	1/120
多、高层钢结构		1/50

2)结构弹塑性层间位移计算

关于罕遇地震作用下结构薄弱层(部位)的弹塑性变形计算,我国现行《抗震规范》建议采用静力弹塑性分析方法(如 pushover 方法)或弹塑性时程分析方法,对于 12 层以下且层刚度无突变的框架结构及单层钢筋混凝土柱厂房可采用简化计算方法。前两种方法在第 3 章中已进行了讨论,本节主要介绍简化计算方法。

罕遇地震作用下薄弱层(部位)的弹塑性变形简化计算方法的思路是:根据大量计算结果,建立结构弹性变形和弹塑性变形间的关系,由结构弹性变形推算结构弹塑性变形。即:

$$\Delta u_p = \eta_p \Delta u_e \tag{4.8}$$

式中:Δu_e——罕遇地震作用下,按弹性分析的楼层最大层间位移;

η_p——弹塑性位移增大系数。

该简化计算方法的要点包括罕遇地震作用下结构薄弱层(部位)的确定和弹塑性位移增大系数的确定。

(1)结构薄弱层(部位)的确定

引入楼层屈服强度系数的概念,对于多高层框架结构,楼层屈服强度系数定义为:

$$\xi_y(i) = \frac{V_y(i)}{V_e(i)} \tag{4.9}$$

式中:$V_e(i)$——罕遇地震下第 i 楼层的弹性地震剪力标准值;计算地震作用时,无论是钢筋混凝土结构还是钢结构,阻尼比均取为 0.05。

$V_y(i)$——按框架柱的实际截面、实际配筋和材料强度标准值计算的楼层 i 的抗剪承载力,按下式计算:

$$V_y(i) = \sum_{j=1}^m V_{cyj} = \sum_{j=1}^m \frac{M_{cj}^t + M_{cj}^b}{h_j} \tag{4.10}$$

式中:m——楼层 i 的柱总数;

h_j——楼层 i 中的第 j 柱的净高;

M_{cj}^t, M_{cj}^b——楼层屈服时第 j 柱上、下端弯矩。

对于排架柱,楼层屈服强度系数定义为按实际配筋面积、材料强度标准值和轴向力计算的正截面受弯承载力与按罕遇地震作用标准值计算的弹性地震弯矩的比值。

对于楼层屈服强度系数沿高度分布不均匀的结构,通常将楼层屈服强度系数最小或相对较小的楼层作为结构薄弱层。对于楼层屈服强度系数沿高度分布均匀的框架结构,一般底层的层间变形较大,可将底层视作结构薄弱层。对于单层钢筋混凝土柱厂房,薄弱层一般出现在上柱,取上柱作为薄弱层。

为了判别楼层屈服强度系数沿高度分布是否均匀,引入参数 $a(i)$,

$$a(i) = \frac{2\xi_y(i)}{[\xi_y(i-1) + \xi_y(i+1)]} \tag{4.11}$$

式中:$\xi_y(0) = \xi_y(2)$,$\xi_y(n+1) = \xi_y(n-1)$。

如果所有楼层的 $a(i) \geq 0.8$,则认为 ξ_y 沿高度分布均匀;当任意某层 $a(i) < 0.8$ 时,认为 ξ_y 沿高度分布不均匀。

（2）弹塑性位移增大系数取值

通过对大量的 1~15 层剪切型结构采用理想弹塑性恢复力模型进行弹塑性时程分析,计算结果统计表明:多层剪切型结构的薄弱层的弹塑性变形与弹性变形之间有相对稳定的关系,采用弹塑性层间位移增大系数 η_p 表示。该系数与结构类型、层数和楼层屈服强度系数 ξ_y 相关。当薄弱层的楼层屈服强度系数不小于相邻层该系数平均值的 0.8 倍时, η_p 按表 4.9 采用;当薄弱层的楼层屈服强度系数不大于相邻层该系数平均值的 0.5 倍时, η_p 可按表 4.9 内相应数值的 1.5 倍采用。其他情况可采用内插法取值。

表 4.9 弹塑性层间位移增大系数

结构类型	总层数 n 或部位	ξ_y		
		0.5	0.4	0.3
多层均匀框架结构	2~4	1.30	1.40	1.60
	5~7	1.50	1.65	1.80
	8~12	1.80	2.00	2.20
单层厂房	上柱	1.30	1.60	2.00

3）结构弹塑性变形验算范围

（1）应进行弹塑性变形验算的结构

①8 度时的 Ⅲ、Ⅳ 类场地和 9 度时,高大的单层钢筋混凝土柱厂房的横向排架;

②7~9 度时楼层屈服强度系数小于 0.5 的钢筋混凝土框架结构;

③高度大于 150 m 的钢结构;

④甲类建筑和 9 度时乙类建筑中的钢筋混凝土结构和钢结构;

⑤采用隔震和消能减震设计的结构。

（2）宜进行弹塑性变形验算的结构

①采用时程分析方法的高度范围（表 4.2）且属于竖向不规则（表 4.1）的高层建筑结构;

②7 度时的 Ⅲ、Ⅳ 类场地和 8 度时乙类建筑中的钢筋混凝土结构和钢结构;

③板柱-抗震墙结构和底部框架砌体房屋;

④高度不大于 150 m 的高层钢结构;

⑤不规则的地下建筑结构及地下空间综合体。

4.5　抗震性能化设计方法

目前我国建筑结构主要采用"小震不坏、中震可修、大震不倒"的抗震性能目标,该目标明确了在三个地震水准下结构所对应的性能水准,统一了我国建筑结构的抗震性能。但应看到,对不同功能的建筑、同一建筑内不同类型的构件,其抗震性能需求并不完全相同。为了实现不同工程结构具有不同

抗震性能
设计的发展

抗震性能目标的需求,提出了抗震性能化设计方法。抗震性能化设计的基本思想是使所设计的工程结构在其设计使用年限内能够满足预定的抗震性能目标。建筑抗震性能化设计可以对建筑结构采用更细化的地震水准和更明确的性能水准,实现结构不同部位、不同类型的构件满足不同的抗震性能要求,以量化指标(如抗震承载力、变形能力、构造的抗震等级等)来体现。建筑抗震性能化设计时,首先确定结构或构件的性能目标及相应的量化指标,再通过结构弹性或弹塑性分析计算各指标,最后判定各指标是否达到结构抗震性能目标的要求。

▶　**4.5.1　性能化设计要求**

抗震性能化设计要求结构满足相应的抗震性能目标。抗震性能目标是结构在不同地震水准下应满足的性能水准。

(1)地震水准的选取

目前地震水准分为多遇地震、设防地震和罕遇地震。抗震性能化设计时还可对地震水准做进一步的细化。对设计使用年限 50 年的结构,仍可选用多遇地震、设防地震和罕遇地震的地震作用。对设计使用年限超过 50 年的结构,宜考虑实际需要和可能,经专门研究后对地震作用做适当调整。对近于发震断裂两侧附近的结构,地震动参数应计入近场的影响。

(2)性能水准及性能指标的选取

结构抗震性能水准是指地震后结构或构件的性能状态,一般通过结构或构件的宏观损坏程度来描述。结构或构件的宏观损坏程度可以分为完好、基本完好、轻微损坏、中等损坏、接近严重破坏等级别。不同宏观损坏程度可以通过承载力能力和变形能力来体现。设计时,需要按构件类型来确定结构在不同地震水准下的预期弹性或弹塑性变形状态,以及承载力指标和要求等。

(3)性能目标的选取

建筑结构抗震性能目标应综合考虑抗震设防类别、设防烈度、场地条件、结构类型和不规则性、使用功能和附属设施功能的要求、投资大小、震后损失和修复难易程度等因素,按整体结构、结构的局部部位或关键部位、结构的关键部件、重要构件、次要构件以及建筑构件和机电设备支座等确定,且不应低于"小震不坏、中震可修、大震不倒"的要求。

我国现行的《抗震规范》将结构抗震性能目标分为性能 1、性能 2、性能 3 和性能 4 四个等级,并给出了不同抗震性能目标的承载力、层间位移和抗震构造要求,分别如表 4.12、表 4.13和表 4.14 所示。

高层建筑混凝土结构的抗震性能目标应按我国现行的《高层建筑混凝土结构设计规程》确定。该规程将高层建筑混凝土结构的抗震性能目标分为 A、B、C 和 D 四个等级,抗震性能水准分为 1、2、3、4、5 五个级别(表 4.10)。抗震性能水准可按表 4.11 进行宏观判别。表 4.11中将构件分为关键构件、普通竖向构件和耗能构件。关键构件是指该构件的失效可能引起结构的连续破坏或危及生命安全的严重破坏,根据工程实际情况经分析后确定,例如底部加强部位的重要竖向构件、水平转换构件及与其相连竖向支承构件、大跨连体结构的连接体及与其相连的竖向支承构件、大悬挑结构的主要悬挑构件、加强层伸臂和周边环带结构的竖向支承构件、承托上部多个楼层框架柱的腰桁架、长短柱在同一楼层且数量相当时该层各个长短柱、扭转变形很大部位的竖向(斜向)构件、重要的斜撑构件等。普通竖向构件是指关键构件之外的竖向构件。耗能构件包括框架梁、剪力墙连梁及耗能支撑等。

表 4.10 高层建筑混凝土结构的抗震性能目标

性能目标	A	B	C	D
多遇地震	1	1	1	1
设防烈度地震	1	2	3	4
预估的罕遇地震	2	3	4	5

表 4.11 高层建筑混凝土结构各性能水准预期的震后性能状况

结构抗震性能水准	宏观损坏程度	损坏部位			继续使用的可能性
		关键构件	普通竖向构件	耗能构件	
1	完好、无损坏	无损坏	无损坏	无损坏	不需要修理即可继续使用
2	基本完好、轻微损坏	无损坏	无损坏	轻微损坏	稍加修理即可继续使用
3	轻度损坏	轻微损坏	轻微损坏	轻度损坏、部分中度损坏	一般修理后可继续使用
4	中度损坏	轻度损坏	部分构件中度损坏	中度损坏、部分比较严重损坏	修复或加固后可继续使用
5	比较严重损坏	中度损坏	部分比较严重损坏	比较严重损坏	需排险大修

▶ 4.5.2 性能化设计的计算要求

性能化设计分析模型应考虑结构构件在强烈地震下进入弹塑性工作阶段和重力二阶效应。弹性分析可以采用线性方法,弹塑性分析可以根据性能目标所预期的结构弹塑性状态,分别采用增加阻尼的等效线性化方法以及静力或动力弹塑性分析方法。弹塑性分析时,应合理地确定弹塑性参数,按构件的实际截面和实际材料参数建立模型。弹塑性分析模型应能发现构件可能破坏的部位及弹塑性变形的程度。结构动力弹塑性分析模型可以进行适当的简化,但在弹性阶段的主要计算结果应与多遇地震分析模型的计算结果基本相同,两种模型的嵌固端、主要振动周期、振型应一致,并能真实地反映弹塑性阶段的破坏状态。

高层建筑混凝土结构弹塑性分析时,对于高度超过 200 m 的结构,应采用弹塑性时程分析法,宜采用双向或三向地震输入;对于高度超过 300 m 的结构,应有两个独立的计算,并进行校核。

▶ 4.5.3 结构构件抗震性能设计

1)抗震性能目标的实现

结构构件的抗震性能目标可以通过抗震承载力、变形能力和构造的抗震等级等来实现。结构不同部位的构件可选用相同或不同的抗震性能要求。

①当以提高抗震的安全性为主时,结构构件对应于不同抗震性能目标的承载力要求可按表 4.12 选用。

表 4.12　结构构件实现抗震性能目标的承载力要求

性能目标	多遇地震	设防地震	罕遇地震
性能 1	完好,按常规设计	完好,承载力按抗震等级调整地震效应的设计值复核	基本完好,承载力按不计抗震等级调整地震效应的设计值复核
性能 2	完好,按常规设计	基本完好,承载力按不计抗震等级调整地震效应的设计值复核	轻~中等破坏,承载力按极限值复核
性能 3	完好,按常规设计	轻微损坏,承载力按标准值复核	中等破坏,承载力达到极限值后能维持稳定,降低少于5%
性能 4	完好,按常规设计	轻~中等破坏,承载力按极限值复核	不严重破坏,承载力达到极限值后基本维持稳定,降低少于10%

②当需要按地震残余变形确定使用性能时,结构构件除满足提高抗震安全性的抗震性能要求外,不同抗震性能目标的层间位移要求可按表 4.13 选用。

表 4.13　结构构件实现抗震性能目标的层间位移要求

性能目标	多遇地震	设防地震	罕遇地震
性能 1	完好,变形远小于弹性位移限值	完好,变形小于弹性位移限值	基本完好,变形略大于弹性位移限值
性能 2	完好,变形远小于弹性位移限值	基本完好,变形略大于弹性位移限值	轻微塑性变形,变形小于2倍弹性位移限值
性能 3	完好,变形明显小于弹性位移限值	轻微损坏,变形小于2倍弹性位移限值	明显塑性变形,变形小于4倍弹性位移限值
性能 4	完好,变形小于弹性位移限值	轻~中等破坏,变形小于3倍弹性位移限值	不严重破坏,变形不大于0.9倍塑性变形限值

③不同抗震性能目标对应的结构构件的构造抗震等级可按表 4.14 选用。结构中同一部位的不同构件按各自最低的抗震性能要求所对应的抗震构造等级选用。

表 4.14　结构构件对应于不同抗震性能目标的构造抗震等级

性能目标	构造的抗震等级
性能 1	基本抗震构造。可按常规设计的有关规定降低二度采用,但不得低于 6 度,且不发生脆性破坏
性能 2	低延性构造。可按常规设计的有关规定降低一度采用,当构件的承载力高于多遇地震提高二度的要求时,可按降低二度采用,均不得低于 6 度,且不发生脆性破坏
性能 3	中等延性构造。当构件的承载力高于多遇地震提高一度的要求时,可按常规设计的有关规定降低一度且不低于 6 度采用,否则仍按常规设计的规定采用
性能 4	高延性构造。仍按常规设计的有关规定采用

2)高层建筑混凝土结构的抗震性能实现

高层建筑混凝土结构的抗震性能目标如表 4.10 所示,分为 A、B、C 和 D 四个等级。不同的性能水准采用不同的抗震设计方法,包括小震弹性、中震弹性、中震不屈服、中震屈服、大震弹性、大震不屈服和大震屈服等验算内容。小震弹性验算与"两阶段设计方法"中的第一阶段设计相同,包括承载力验算和变形验算。中震弹性验算和大震弹性验算主要是承载力验算,验算时不考虑风荷载效应组合,也不考虑与抗震等级有关的增大系数。中震不屈服验算和大震不屈服验算主要是承载力验算,验算时不考虑风荷载效应组合,也不考虑与抗震等级有关的增大系数,作用分项系数、材料分项系数和抗震承载力调整系数均取为 1.0,即按标准值进行计算。中震屈服验算和大震屈服验算主要是受剪截面验算。大震下应进行结构弹塑性层间位移角的验算。

高层建筑混凝土结构的抗震性能目标的实现方法列于表 4.15 中,下面按抗震性能水准对其实现方法进行讲述。

表 4.15　高层建筑混凝土结构的抗震性能目标的实现

性能目标	A	B	C	D
多遇地震	小震弹性:承载力和变形	小震弹性:承载力和变形	小震弹性:承载力和变形	小震弹性:承载力和变形
设防烈度地震	中震弹性:承载力	中震弹性:关键构件及普通竖向构件 中震抗剪弹性:耗能构件 中震抗弯不屈服:耗能构件	中震抗剪弹性:关键构件及普通竖向构件 中震抗弯不屈服:关键构件及普通竖向构件 中震抗剪不屈服:部分耗能构件	中震不屈服:关键构件及普通竖向构件 中震屈服:部分竖向构件及大部分耗能构件

性能目标	A	B	C	D
预估的罕遇地震	大震弹性:关键构件及普通竖向构件 大震抗剪弹性:耗能构件 大震抗弯不屈服:耗能构件	大震抗剪弹性:关键构件及普通竖向构件 大震抗弯不屈服:关键构件及普通竖向构件 大震抗剪不屈服:部分耗能构件 弹塑性层间位移角验算	大震不屈服:关键构件及普通竖向构件 大震屈服:部分竖向构件及大部分耗能构件 弹塑性层间位移角验算	大震不屈服:关键构件 大震屈服:较多竖向构件 弹塑性层间位移角验算

（1）第1性能水准结构设计（弹性设计）

在多遇地震作用下，结构构件的抗震承载力应满足式（4.3）和式（4.4）的要求，其变形应满足式（4.5）的要求。在设防烈度地震作用下，结构构件的抗震承载力应符合式（4.12）的规定：

$$\gamma_G S_{GE} + \gamma_{Eh} S_{Ehk}^* + \gamma_{Ev} S_{Evk}^* \leqslant \frac{R}{\gamma_{RE}} \tag{4.12}$$

式中：S_{Ehk}^*、S_{Evk}^*——水平和竖向地震作用标准值的构件内力，不考虑与抗震等级有关的增大系数。

（2）第2性能水准结构设计（弹性分析）

在设防烈度地震或预估的罕遇地震作用下，关键构件及普通竖向构件的抗震承载力、耗能构件的受剪承载力宜符合式（4.12）的规定。耗能构件的正截面承载力应符合式（4.13）的规定。

$$S_{GE} + S_{Ehk}^* + 0.4 S_{Evk}^* \leqslant R_k \tag{4.13}$$

式中：R_k——截面承载力标准值，按材料强度标准值计算。

（3）第3性能水准结构设计（弹塑性计算分析）

在设防烈度地震或预估的罕遇地震作用下，关键构件及普通竖向构件的正截面承载力应符合式（4.13）的规定，水平长悬臂结构和大跨度结构中的关键构件正截面承载力还应符合式（4.14）的规定，其受剪承载力宜符合式（4.12）的规定；部分耗能构件进入屈服阶段，但其受剪承载力应符合式（4.13）的规定。在预估的罕遇地震作用下，结构薄弱部位的层间位移角应满足式（4.7）的要求。

$$S_{GE} + 0.4 S_{Ehk}^* + S_{Evk}^* \leqslant R_k \tag{4.14}$$

（4）第4性能水准结构设计（弹塑性计算分析）

在设防烈度地震或预估的罕遇地震作用下，关键构件的抗震承载力应符合式（4.13）的规定，水平长悬臂结构和大跨度结构中的关键构件的正截面承载力还应符合式（4.14）的规定；部分竖向构件及大部分耗能构件进入屈服阶段，但钢筋混凝土竖向构件的受剪承载力应符合式（4.15）的规定，钢-混凝土组合剪力墙的受剪承载力应符合式（4.16）的规定。在预估的罕遇地震作用下，结构薄弱部位的层间位移角应满足式（4.7）的要求。

$$V_{GE} + V_{Ek}^* \le 0.15 f_{ck} b h_0 \tag{4.15}$$

$$(V_{GE} + V_{Ek}^*) - (0.25 f_{ak} A_a + 0.50 f_{spk} A_{sp}) \le 0.15 f_{ck} b h_0 \tag{4.16}$$

式中:V_{GE}——重力荷载代表值作用下的构件剪力,N;

V_{Ek}^*——地震作用标准值的构件剪力,N,不考虑与抗震等级有关的增大系数;

f_{ck}——混凝土轴心抗压强度标准值,N/mm²;

f_{ak}——剪力墙端部暗柱中型钢的强度标准值,N/mm²;

A_a——剪力墙端部暗柱中型钢的截面面积,mm²;

f_{spk}——剪力墙墙内钢板的强度标准值,N/mm²;

A_a——剪力墙墙内钢板的截面面积,mm²。

(5)第 5 性能水准结构设计(弹塑性计算分析)

在预估的罕遇地震作用下,关键构件的抗震承载力宜符合式(4.13)的规定;较多的竖向构件进入屈服阶段,但同一楼层的竖向构件不宜全部屈服;竖向构件的受剪截面应符合式(4.15)或(4.16)的规定;允许部分耗能构件发生比较严重的破坏;结构薄弱部位的层间位移角应满足式(4.7)的要求。

习 题

4.1 简述建筑抗震设计的特点。

4.2 什么是抗震概念设计?请分析抗震概念设计和抗震计算间的关系。

4.3 抗震概念设计中关于结构规则性、结构体系有哪些基本要求?

4.4 对于某 9 度区 80 m 高层建筑,请给出可采用的地震作用计算方法。

4.5 试给出在时程分析方法中地震动的选择原则。

4.6 为什么要限定各楼层水平地震剪力最小值?

4.7 两阶段抗震设计方法中,第一阶段设计和第二阶段设计的主要内容分别是什么?

4.8 已知条件与第 3 章习题 3.12 相同。试求解:

(1)试用底部剪力法计算结构在多遇地震作用下的楼层的层间位移,并判别是否满足规范要求。

(2)假定该建筑楼层的屈服强度系数 ξ_y 均等于 0.3,试采用简化计算方法验算该结构的弹塑性变形是否满足规范要求。

4.9 试说明两阶段抗震设计方法和抗震性能化设计方法的差异。

5

地基基础抗震设计

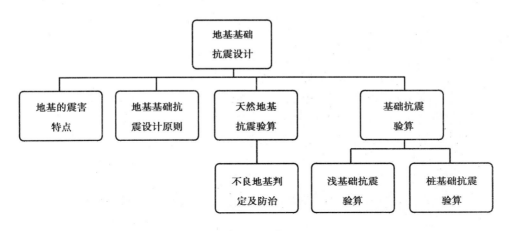

本章知识结构图

地基基础包括基础和作为建筑物持力层的地基岩(土)层。地基在地震作用下的稳定性对基础自身乃至上部结构的受力至关重要,因此,确保地震时地基基础始终能够承受上部结构传来的竖向力和水平地震剪力及倾覆力矩而不发生过大的整体沉降,或过大的不均匀沉降,是地基基础抗震设计的基本要求。

本章首先分析了地基的震害情况,然后从概念设计的角度阐述了地基基础抗震设计的原则和基本要求。对于地基部分,先讲解了天然地基的抗震验算方法,然后讲述了工程中常见的不良地基的判定及防治措施。最后,分别针对浅基础和桩基础阐述了基础的抗震验算方法。

5.1　地基震害特点

地基是指在建筑物基础之下,受力层范围以内的土层或岩层。历史震害资料统计分析表明:一般土层地基在地震时很少发生问题,在平原地区由于地基破坏或沉降等原因造成的建筑震害仅占建筑破坏总数的极小部分,但在山区,由于地基破坏造成上部建筑物破坏的比例相对较高。造成上部建筑物破坏的主要因素是松软土地基(被震陷)和不均匀地基(发生不均匀沉降)。地基一旦发生破坏,震后修复加固很困难,有时甚至是不可能的,应对地基震害现象进行深入分析。因地基失效造成的基础或上部结构的震害,称为地基震害,包括滑坡、地裂、液化及震陷等。

1)滑坡

滑坡、山崩及泥石流是地震时常见的地质破坏现象,其原因主要是在地震加速度的作用下产生附加惯性力,使边坡滑楔下滑力增大,同时抗滑的内摩擦力降低,这两个不利因素均可能造成边坡失稳。由地震引起的滑坡、山崩及泥石流等往往来得突然、规模较大,容易造成严重灾害;河岸边坡或水库岸坡发生大规模滑坡时,还会引起次生灾害。图5.1(a)为汶川地震中的地震滑坡震害。

(a)北川县城两侧山体大面积滑坡

(b)河岸地裂

(c)台湾集集地震中的地基液化喷砂

(d)汶川县漩口镇某建筑地面震陷

图5.1　地基震害

2)地裂

地震时还常常在地面产生裂缝,即地裂。根据产生的机理不同,地裂缝可分为构造性地裂和非构造性地裂。构造性地裂起自地壳深部断层错动,裂缝一般延至地面,这种地裂往往出现于震中区。非构造性地裂则是与地震滑坡引起的地层相对错动有关,多发生在河谷地区、河漫滩、低级阶地前缘地带、古河道的河岸部分,滨海淤泥质土的坑边等。图5.1(b)为地震中的河岸地裂现象。

3)液化

饱和松散的粉、细砂和粉土在地震的强烈震动下趋于密实,导致孔隙水压力迅速升高,有效应力减小,当土体完全丧失其抗剪强度时,土体呈现液体悬浮状态,这种现象称为液化。地基土发生液化的宏观标志是地面喷砂冒水,地面下陷,建筑物产生不均匀沉降,甚至倾斜失稳,地下轻型构筑物如水池、地下罐等则可能上浮。图5.1(c)为台湾集集地震中的地基液化现象。

4)震陷

地震引起的地面沉陷称为震陷,震陷往往发生在软土、松散砂类土、不均匀地基及人工填土中。软土受震动后因触变而强度剧降,产生附加下沉;饱和松砂震动液化后,造成地面的巨大沉陷或不均匀沉降。对于严重不均匀地基(如半挖半填地带,有古河道、暗藏沟坑的地带及明显软硬不匀的地层),地震往往会加剧震陷及不均匀沉降而引发较重的震害。图5.1(d)为汶川县漩口镇某建筑地面的震陷现象。

5.2　地基基础抗震设计原则及要求

在地震作用下,地基基础的破坏机理和破坏过程较为复杂,进行精确的抗震设计是比较困难的。因此总体上需采用定性的原则和方法,以避免地基基础出现震害。地基基础的概念设计有下述各项要求:

1)选择对抗震有利的建筑场地

在地震区选择新建工程的建设场地时,应根据工程需要,掌握地震活动情况及工程地质、水文地质的资料,对场地做出综合评价。应调查建筑场地范围内有无断裂通过,若有断裂,则需判明其是否是活动断裂,并应评价其对建筑物的影响。必要时,还应对断裂带进行专门的勘察。应尽可能选择对抗震有利的地段,避开不利地段,不得在危险地段进行建设。有利、一般、不利和危险地段的划分详见表5.1。在实际工程设计中,一般由岩土工程勘察单位进行场地的抗震性能评价,并提供建筑的场地类别和地震稳定性(如滑坡、崩塌、液化和震陷特性等)。对不利地段,应提出避开要求,当无法避开时应采取有效措施。对危险地段,严禁建造甲、乙类的建筑,也不应建造丙类的建筑。

当需要在抗震不利地段,如条状突出的山嘴、高耸孤立的山丘、非岩质和强风化岩石的陡坡,河岸和边坡的边缘等地段建造丙类及丙类以上建筑时,首先应采取措施保证其在地震作用下的稳定性,此外还应估计这种不利地段对设计地震动参数可能产生的放大作用,对水平地震影响系数最大值乘以1.1~1.6的增大系数。

山区建筑场地应根据地质、地形条件和使用要求,因地制宜设置符合抗震设防要求的边坡工程;边坡应避免深挖高填,坡高大且稳定性差的边坡应采用后仰放坡或分阶放坡。建筑基础与土质边坡、强风化岩质边坡的边缘应留有足够的距离,其值应根据抗震设防烈度确定,并采取措施避免地震时地基基础的破坏。

表 5.1　有利、一般、不利和危险地段的划分

地段类别	地质、地形、地貌
有利地段	稳定基岩,坚硬土,开阔、平坦、密实、均匀的中硬土等
一般地段	不属于有利、不利和危险的地段
不利地段	软弱土,液化土,条状突出的山嘴,高耸孤立的山丘,陡坡,陡坎,河岸和边坡的边缘,平面分布上成因、岩性、状态明显不均匀的土层(含故河道、疏松的断层破碎带、暗埋的塘滨沟谷和半填半挖地基),高含水量的可塑黄土,地表存在结构性裂缝等;湿陷性黄土
危险地段	地震时可能发生滑坡、崩塌、地陷、地裂、泥石流等及发震断裂带上可能发生地表位错的部位

2)加强基础与上部结构的整体性

加强基础与上部结构的连接,能增加建筑物的稳定性,减轻其振动。对钢筋混凝土结构、钢结构等整体性较好的结构,一般无须特殊的整体性措施。对砌体结构,可采取以下措施:

①对一般砖混结构应采用防水砂浆防潮层;

②在内外墙下室内地坪标高处加一道连续闭合的基础梁。

3)加强地基基础的抗震性能

出现因地基失效而导致上部结构破坏的地基,一般为液化地基、易震陷的软黏土地基或不均匀地基,大量的一般性地基是具有较好的抗震能力的。

基础由于相对刚度较大,周围又有土体约束,因而地震中振幅较小,基础本身受到的地震作用较小。加强其防震性能的目的,主要是减轻上部结构的震害。可采取的措施有:

(1)合理加大基础的埋置深度

加大基础埋深可增强地基土对建筑物的嵌固作用,从而减少建筑物的振幅。所以在条件许可时,基础应尽量埋深一些,若能结合建造地下室,加深基础则更好。同时应切实做好基坑(槽)的回填夯实工作,以便有效地增加基础侧面土体对震动的抑制作用。

(2)选择合理的基础类型

不同类型基础的抗震性能不同,通过震害调查常规基础的抗震性能如下:

①桩基础。一般的低承台桩基础抗水平剪力的能力较好,抗震性能良好。在软土地基中,地震引起的桩基础沉降很小;在可液化地基中,桩基能有效地减轻液化引起的震害。

②箱形基础、筏板基础和带地下室基础。箱形基础的抗震性能很好,不仅沉降量小,而且在发生较小的滑移性地裂或地基液化时,也能保持其整体性。筏板基础亦是抗震性能良好的基础形式,但软土地基上的筏板基础有不同程度的下沉。因此在设计时,应注意上部结构的质量分布尽量均匀,尽量避免偏心,同时可以利用建筑物的整体刚度来调整地基变形的不均匀性。一般地下室,若纵横墙交错、内横墙较密,则抗震性能好;若内部较空旷、内横墙间距较大,则抗震性能差。因此,地下室宜设置内横墙,并切实做好基槽的回填夯实工作。

③钢筋混凝土柱下独立基础。柱下独立基础多用于厂房柱基及框架结构基础,适用于地基土承载力较高,上部结构荷载较小时。因为一般地基抗震能力较好,所以基础震害也较小,但这种基础本身刚度并不大,整体性也欠佳。

④砖石条形基础。砖石条形基础作为一种刚性基础,其抗震性能较桩基、箱基和筏基等差,但在一般条件下仍有足够的抗震能力。烈度超过7度且地基土表层为淤泥或可液化土层时,不宜采用砖石基础。

上述内容是实际设计时应遵循的一般原则。同时,《抗震规范》要求,同一结构单元的基础不宜设置在性质截然不同的地基土上;同一结构单元不宜部分采用天然地基,部分采用桩基;地基有软黏土、液化土、新近填土或严重不均匀土时,应估计地震时地基不均匀沉降或其他不利影响,并采用措施加强基础的整体性和刚度。

5.3　地基抗震验算

1)不需要进行天然地基基础抗震验算的建筑

震害表明,建造于一般土质天然地基上的房屋,遭遇地震时极少(不到10%)因地基承载力不足或较大沉陷而引起上部结构的破坏。为简化地基基础抗震验算的工作量,《抗震规范》规定以下建筑可不进行天然地基及基础的抗震承载力验算:

①规范规定可不进行上部结构抗震验算的建筑。

②地基主要受力层范围内不存在软弱黏性土层的下列建筑:

a.一般的单层厂房或单层空旷房屋;

b.砌体房屋;

c.不超过8层且高度在24 m以下的一般民用框架和框架-抗震墙房屋;

d.基础荷载与c项相当的多层框架厂房和多层混凝土抗震墙房屋。

其中软弱黏性土层指设防烈度为7度、8度和9度时,地基承载力特征值分别小于80 kPa、100 kPa和120 kPa的土层。

对于以上类别的建筑,只需按静承载力要求并进行在竖向荷载及风荷载下的地基承载力校核及基础设计。

2)地基土抗震承载力

除上述无须进行地基及基础抗震承载力验算的建筑外,其余建筑都需进行地基及基础的抗震承载力验算。

对地基进行抗震验算,首先需要计算地基土的抗震承载力。

震害表明,在坚硬或中硬场地土上,甚至在中软或软弱场地土上,未经抗震设防的建筑的地基和基础,当经历中等强度地震甚至强烈地震时,很少发生地基及基础的震害,即使发生破坏,其破坏程度也较上部结构轻得多。这种情况可从三个角度来解释:第一,一般天然地基在静力作用下具有相当大的安全储备,而且在建筑物自重的长期作用下地基承载力还会有所增加;第二,地震时尽管地基承受动荷载,受力复杂,但动荷载是瞬时作用,可只考虑地基土的弹性变形而不考虑永久变形,从而使稳定地基土的动承载力一般较静承载力有所提高,在一定程度上减少了地基遭受破坏的可能性;第三,地震作用是一种偶然作用,地基土抗震承载力的安全系数可较静承载力的系数低。基于以上三方面的考虑,结合天然地基及基础的震害较轻的事实,在进行地基的抗震承载力验算时取用的地基土的抗震承载力可以较静承载力有所提高。

《抗震规范》采取对地基土的静承载力乘以抗震调整系数的方法得到地基土的抗震承载力。即地基的抗震承载力 f_{aE} 为:

$$f_{aE} = \zeta_a f_a \tag{5.1}$$

式中: f_{aE}——地基抗震承载力;

ζ_a——地基抗震承载力调整系数,按表 5.2 采用;

f_a——经过深宽修正后的地基承载力特征值,按《建筑地基基础设计规范》(GB 50007—2011)规定采用。

表 5.2　地基土抗震承载力调整系数 ζ_a

地基土类别	ζ_a
岩石,密实的碎石土,密实的砾、粗、中砂, $f_{ak} \geq 300$ kPa 的黏性土和粉土	1.5
中密、稍密的碎石土,中密和稍密的砾、粗、中砂,密实和中密的细、粉砂, 150 kPa $\leq f_{ak} < 300$ kPa 的黏性土和粉土,坚硬黄土	1.3
稍密的细、粉砂, 100 kPa $\leq f_{ak} < 150$ kPa 的黏性土和粉土,可塑黄土	1.1
淤泥,淤泥质土,松散的砂,杂填土,新近堆积黄土及流塑黄土	1.0

3)地基土抗震验算

需要进行地基及基础抗震验算的建筑物,一般先根据静力设计的要求确定基础尺寸,并对地基进行强度和沉降量的核算,然后进行地基抗震强度验算。

验算天然地基地震作用下的竖向承载力时,取用的荷载组合为有地震作用效应参与的标准组合,即各类荷载效应和地震作用效应的标准组合。

一般来说,当进行地基及基础的抗震验算时,参与组合的荷载项数与上部结构进行结构构件的截面抗震验算的项数相同。比如说,当上部结构进行抗震验算只需考虑重力荷载代表值效应与水平地震作用效应的组合,则标准组合仅包含重力荷载代表值标准值效应和水平地震作用标准值效应;如果上部结构在进行抗震验算时需考虑重力荷载代表值效应、地震作用效应和风荷载效应的组合,则在地基及基础抗震验算时,也应该相应考虑这 3 项荷载效应的标准组合。

在进行地基抗震承载力验算时,一般取基础底面的应力为直线分布(图 5.2),具体验算要求为:

$$p \leq f_{aE} \tag{5.2}$$

$$p_{max} \leq 1.2 f_{aE} \tag{5.3}$$

式中:p——地震作用效应标准组合的基础底面平均压力;

p_{max}——地震作用效应标准组合的基础边缘最大压力值。

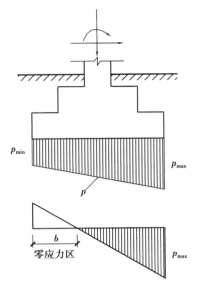

图 5.2 地基基础抗震验算

高宽比大于 4 的高层建筑,在地震作用下基础底面不宜出现脱离区(零应力区);对于其他建筑,则要求基础底面与地基土之间的脱离区(零应力区)的面积不应超过基础底面面积的 15%。对于矩形基础,即要求零应力区长度 b 不大于基础长度的 15%。

5.4 不良地基判定及防治

▶ 5.4.1 液化土地基

地震时,饱和(饱和是指土的孔隙中充满了水,一般地下水位以下的土才可能成为饱和土)、松散的砂土或粉土(不含黄土)颗粒在强烈震动下发生相对位移,结构的微小颗粒趋于压密,颗粒间孔隙水来不及排泄,孔隙水压力急剧增加,当孔隙水压力上升到与土颗粒所受到的正压力接近或相等时,土粒之间因摩擦产生的抗剪能力消失,土颗粒形同"液体"一样处于悬浮状态,使地基承载力丧失或减弱,甚至孔隙水压力大于上覆土层的自重应力,使水从地下喷出,连带土颗粒也冒出,即发生喷水冒砂现象,称为砂土液化或地基土液化。

地基土地震液化
的定义与机理

液化使土体的抗震强度丧失,引起地基不均匀沉降并引发建筑物的破坏甚至倒塌。主要震害现象有以下几种:

①地面开裂下沉使建筑物产生过度下沉或整体倾斜。

②不均匀沉降引起建筑物上部结构破坏,使梁板等水平构件及其节点破坏,使墙体开裂和建筑物体型变化处开裂。

③室内地坪上鼓、开裂,设备基础上浮或下沉。

发生于 1964 年的美国阿拉斯加地震和日本新潟地震,都出现了因大面积砂土液化而造成的建筑物的严重破坏,从而引起了人们对地基土液化及其防治措施的关注。我国 1975 年海城地震及 1976 年唐山地震中,也有许多地方发生了液化。地基土液化引起的震害如图 5.3 所示。

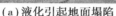

台湾某地震地基土液化的央视新闻报道

(a)液化引起地面塌陷　　　　　　(b)地基液化致使房屋整体倾斜

图 5.3　地基土液化造成的震害

1)影响地基土液化的因素

震害调查和室内试验表明,影响场地土液化主要有以下 6 个因素:

(1)土层的地质年代、地貌单元

地质年代的新老意味着土层沉积时间的长短,较老的沉积土层,经过长期的固结作用和不断的压密及沉积间断时期的水化学作用,土层除密度增大外,还往往具有一定的胶结与紧密作用。因此,地层年代越老,土的固结程度、密实度、结合性一般就越好,所以地质年代古老的饱和砂土不易液化,而地质年代较新的则易于液化。地貌单元反映了土层的成因类型和沉积环境,一般也对应着一定的地质年代。液化地层一般为地质年代较新的沉积层,多分布于古河道、河漫滩、近代海积平原及部分一级阶地等地貌单元上,处于高级阶地等地貌单元内的晚更新世及其以前的饱和砂土或粉土层极少发生液化现象。

(2)砂土的类型、密实程度,粉土中的黏粒(粒径小于 0.005 mm 的颗粒)含量

由于细砂的渗透性较差,地震时易于产生孔隙水的超压作用,故细砂较粗砂更易于液化。密实程度较小的松砂,由于天然孔隙比一般较大,构成土层液化的水头梯度临界值一般较小,故易于液化,而密实程度大的砂土不易液化。粉土是黏性土和砂类土之间的过渡性土壤,黏粒含量越高,土的性质越接近于黏性土,土体颗粒之间由于摩擦而产生的正应力越大,越不容易液化。

(3)土层的埋置深度

一般来说,地震剪应力随深度的增大速度不如土的自重应力随深度的增长来得快,所以浅土层液化的可能性比深土层要大。土层埋深越大,土层上的有效覆盖应力越大,土层就越不容易液化,当砂土层上面覆盖着较厚的黏土层,即使砂土层液化,也不致发生冒水喷砂现象,从而避免地基产生严重的不均匀沉陷。

(4)地下水位深度

土层的完全饱和是发生液化的必要条件,地下水位越深,使饱和砂土层上的有效覆盖应力越大,则土层就越不容易液化。一般来说,地下水位低于地表下 10 m 的地区,不具备发生液化的条件。

（5）历史地震情况

试验表明，砂样可能会因先期振动的强度不同而使它变得对液化更加敏感或比较不敏感。一系列较小的先期震动，只要没有引起液化，可使土体更密实，结构性更强，以致其抗液化能力得到加强。然而，过强的振动，包括先期的液化，将引起土体密实度分布不均匀（上层松下层密）和土体结构性的消失，从而在随后的循环剪应力的作用下显示出比原先小得多的抗液化能力。在地震中也已经观察到，某场地在强震作用下，一经发生喷水冒砂，后来即使在较小的余震中，也会重复出现喷水冒砂的现象。

（6）地震强度和地震持续时间

对于可能液化的土层，液化现象通常出现在烈度为 7 度以上的地震中。已有资料表明，使土发生液化的震动持续时间一般都在 15 s 以上。地震烈度越高，地震持续时间越长，饱和砂土越易液化。

以上因素在对地基进行液化判别时将得到应用和体现。

2）液化的判别

《抗震规范》规定，地面下 20 m 深度范围内存在饱和砂土和饱和粉土时，当抗震设防烈度为 6 度时，一般可不进行液化判别和地基处理，但对液化沉陷敏感的乙类建筑可按 7 度的要求进行判别和处理；当抗震设防烈度为 7~9 度时，应进行液化判别，应根据建筑的抗震设防类别、地基的液化等级，结合具体情况采取相应的措施。

地基土液化判别过程可以分为初步判别和标准贯入试验数据判别两大步。当初步判别地基土为不液化地基或无须考虑液化影响的地基土时，则无须进行标准贯入试验判别，只有当初步判别为需考虑液化的影响时，才需要进行标准贯入试验的判别。

（1）初步判别

初步判别所用到的地基土指标有地质年代、抗震设防烈度、粉土的黏粒含量、非液化土层厚度和地下水位深度等。符合下列条件之一的饱和砂土或粉土（不含黄土），可判别为不液化或可不考虑其液化影响：

①地质年代为第四纪晚更新世（Q3）及其以前时，7 度、8 度时可判为不液化土；此处所指的地质年代必须有建筑场地地基土的年代测试数据，不能利用小比例尺的第四纪地质图

②粉土的黏粒含量百分率 ρ_c，7 度、8 度和 9 度分别不小于 10%、13% 和 16% 时液化土。作为黏粒含量分析的样品，应取自标准贯入处的土样，即贯入器中的扰 足岩土工程勘察规范对测试及试验数据的要求（每层土不小于 6 个数据）。

③浅埋天然地基（基础埋深不大于 5 m），当上覆非液化土层厚度和地下水位 （5.4）、式（5.5）、式（5.6）之一时，可不考虑液化影响。当所列式均不能满足时，化可能。

$$d_u > d_0 + d_b - 2$$
$$d_w > d_0 + d_b - 3$$
$$d_u + d_w > 1.5d_0 + 2d_b - 4.5$$

式中：d_u——上覆非液化土层厚度（取地下水位面和上覆非液化土层底面
　　　算时宜将淤泥和淤泥质土层扣除；

　　　d_w——地下水位深度，m，按设计基准期内的年平均最高水位采用，也可

年)的年最高水位采用,不能直接取勘探时的水位;

d_0——液化土特征深度,m,按表5.3采用;

d_b——基础埋置深度,m,小于2 m时采用2 m。

表5.3 液化土特征深度 d_0　　　　单位:m

饱和土类别	抗震设防烈度		
	7度	8度	9度
粉土	6	7	8
砂土	7	8	9

注意,初步判别的第3个条件所得结论可能为:"可不考虑液化影响"或"需考虑液化影响",与前两个判别条件所得结论"判为不液化土"或"判为液化土"有所不同,即该条件实质上没有明确土层究竟是否液化,而是允许出现即使下部土层液化,当满足本条件要求时,也可不考虑其对上部建筑物的影响。第3个条件中上覆非液化土层厚度,是指地震时不会发生液化的土层的厚度,即中等强度以上的黏性土的厚度,不包括淤泥和淤泥质土,且不包括经判定为不液化的饱和砂土或粉土层的厚度。

（2）标准贯入试验判别

当饱和砂土和粉土按初步判别认为需进一步进行液化判别时,应采用标准贯入试验判别法判别地面以下20 m范围内土的液化;但对可不进行天然地基及基础的抗震承载力验算的各类建筑,可只判别地面以下15 m范围内土的液化。

标准贯入试验是一项在建设场地现场进行的试验,试验设备由穿心锤(标准质量63.5 kg)、触探杆、贯入器等组成(图5.4)。试验时,先用钻具钻至试验土层标高以上15 cm,再将标准贯入器打至试验土层的标高位置;然后,在锤的落距为76 cm的条件下,连续打入土层30 cm,记录所得锤击数为 $N_{63.5}$。土体越密实,连续打入土层30 cm所需的锤击数 $N_{63.5}$ 越多,土体越松散,所需的锤击数 $N_{63.5}$ 越少。

（a）试验现场

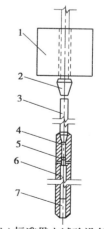
（b）标准贯入试验设备

图5.4 某标准贯入试验现场及标准贯入试验设备

1—穿心锤;2—锤垫;3—触探杆;4—贯入器头;5—出水孔;6—贯入器身;7—贯入器靴

进行标准贯入试验时应注意下列几个问题：

①为判别液化而布置的勘探点不应少于 3 个,勘探孔深度应大于液化判别深度。在初勘阶段判断场地液化与否时,液化判别孔应适量增加,可考虑在控制性钻孔中做标准贯入试验;

②在需做判定的土层中,试验点的竖向间距宜为 1.0~1.5 m,每层土的试验点数及黏粒试验数据不宜少于 6 个。

按式(5.7)对每个钻孔中的标贯点逐点进行判别。当饱和土标准贯入锤击数(未经杆长修正)小于或等于液化判别标准贯入锤击数临界值 N_{cr} 时,应判为液化土,即

当($N_{63.5} \leq N_{cr}$),判定为液化土;

当($N_{63.5} > N_{cr}$),判定为不液化土。

其中,

$$N_{cr} = N_0 \beta [\ln(0.6d_s + 1.5) - 0.1d_w] \sqrt{3/\rho_c} \qquad (5.7)$$

式中:N_0——液化判别标准贯入锤击数基准值,按表 5.4 采用;

d_s——饱和土标准贯入点深度,m;

d_w——地下水位深度,m;

ρ_c——黏粒含量百分率,当 ρ_c 小于 3 或为砂土时,取 3;

β——与设计地震分组相关的调整系数,按表 5.5 选用。

表 5.4　标准贯入锤击数基准值 N_0

地面加速度	抗震设防烈度(设计基本地震加速度)				
	7 度(0.10g)	7 度(0.15g)	8 度(0.20g)	8 度(0.30g)	9 度(0.40g)
N_0	7	10	12	16	19

表 5.5　调整系数 β

设计地震分组	调整系数 β
第一组	0.80
第二组	0.95
第三组	1.05

从式(5.7)可以看出,地基土液化临界指标 N_{cr} 的确定,主要考虑了土层所处的深度(即试验时所取用的标准贯入点深度 d_s)、地下水位深度 d_w、饱和土的黏粒含量 ρ_c 以及抗震设防烈度等影响土层液化的要素。此处所取的地下水位深度与初步判别的要求相同。

3)液化地基的评价

当经过上述两步判别,认为地基土确实存在液化趋势时,对存在液化土层的地基,应探明各液化土层的深度和厚度,进一步做定量分析,评价液化土可能造成的危害程度。所采用的评价指标为地基土液化指数。

标准贯入试验中,某钻孔的地基土液化指数 I_{lE} 按式(5.8)确定:

$$I_{lE} = \sum_{i=1}^{n} \left(1 - \frac{N_i}{N_{cri}}\right) d_i W_i \qquad (5.8)$$

式中:n——在判别深度范围内每一个钻孔内的标准贯入试验点的总数;

N_i,N_{cri}——i点标准贯入锤击数的实测值和临界值,当N_i大于N_{cri}时,N_i取N_{cri},即该点所代表的土层为不液化土层,无须计算钻孔中该点的液化指数;

d_i——i点所代表的土层厚度,m,一般取与i点相邻的$(i+1)$点与$(i-1)$点深度差的一半,但上界不高于地下水位,下界不深于液化深度,一般到不液化层的顶面;

W_i——i土层单位土层厚度的层位影响权函数值,m^{-1},当该层中点深度不大于5 m时取10 m^{-1},等于20 m时取0,5~20时按线性内插法取值。

当只考虑深度在15 m以内的液化,式(5.8)中15 m以下(不包括15 m)的W_i值可视为0,如图5.5所示。

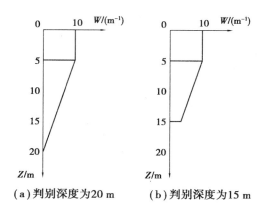

（a）判别深度为20 m　　　（b）判别深度为15 m

图5.5　权函数W_i的取值

根据钻孔液化指数I_{lE}的大小,可将液化地基划分为3个等级,见表5.6。

表5.6　液化等级与液化指数I_{lE}的对应关系

液化等级	轻微	中等	严重
I_{lE}	$0<I_{lE}\leqslant 6$	$6<I_{lE}\leqslant 18$	$I_{lE}>18$

在判定时,对多个钻孔的判别结果应区别对待,如有的钻孔判别结果为液化,有的为不液化,或液化等级不同时,都应对场地进行分区。

不同等级的液化地基,地面的喷水冒砂情况和对建筑物造成的危害有着显著的不同,见表5.7。

表5.7　各种液化等级地基的震害及对建筑物的危害

液化等级	地面喷水冒砂情况	对建筑的危害情况
轻微	地面无喷水冒砂,或仅在洼地、河边有零星的喷水冒砂点	危害性小,一般不至引起明显的震害

液化等级	地面喷水冒砂情况	对建筑的危害情况
中等	喷水冒砂可能性大,从轻微到严重均有,多数属中等	危害性较大,可造成不均匀沉陷或开裂,有时不均匀沉陷可能达到 200 mm
严重	一般喷水冒砂都很严重,地面变形很明显	危害性大,不均匀沉陷可能大于 200 mm,高重心结构可能产生不容许的倾斜

【例 5.1】 某工程抗震设防烈度为 8 度,设计基本加速度为 0.20g,设计地震分组为第一组,基础埋深为 3 m。其工程地质年代为 Q_4,钻孔地质资料及标准贯入试验结果见表 5.8,场地近年最高地下水位为 2 m。试对该工程场地进行液化评价。

表 5.8 某工程场地的标准贯入试验结果

岩土名称	底层深度/m	标贯点深度/m	标贯值 N_i	黏粒含量百分率 ρ_c/%
粉质黏土	1.5			
粉土	9.5	3.3	7	6
		4.5	8	5
		6.0	8	6
		7.5	9	7
细砂	15.0	10.5	19	
		12.0	20	3
		13.5	23	
砂砾石层	20.0			

【解】(1)初步判别。

工程地质年代为 Q4,不满足不液化的地质年代要求;

粉土层的黏粒含量百分率(6%,5%,7%)均小于 8 度时的临界值(13%),不满足;

(d_u = 2 m)<(d_0+d_b-2 = 7+3−2 = 8 m),不满足;

(d_w = 2 m)<(d_0+d_b-3 = 7+3−3 = 7 m),不满足;

(d_u+d_w = 2+2 = 4 m)<($1.5d_0+2d_b-4.5$ = 1.5×7+2×3−4.5 = 12 m),不满足;

则已知地质条件均不满足初步判别条件,该场地需要考虑液化影响。

(2)标准贯入试验判别。

按式(5.7)计算各标准贯入试验点所对应的标准贯入试验锤击数临界值,其中,N_0 = 12,β = 0.8,d_w = 2,粉土层 ρ_c 取值见表 5.8,砂土层 ρ_c = 3%。

具体计算见表 5.9。

表 5.9　标准贯入试验结果判别

土层	标贯点深度 （d_s）	标贯值 $N_{63.5}$	ρ_c	标准贯入锤击数临界值 $N_{cr}=N_0\beta\left[\ln\left(0.6d_s+1.5\right)-0.1d_w\right]\sqrt{3/\rho_c}$	判别结果
粉土	3.3	7	6	7.1	$N_{63.5}<N_{cr}$，液化土
	4.5	8	5	9.2	$N_{63.5}<N_{cr}$，液化土
	6.0	8	6	9.7	$N_{63.5}<N_{cr}$，液化土
	7.5	9	7	10.0	$N_{63.5}<N_{cr}$，液化土
细砂	10.5	19	3	18.0	$N_{63.5}>N_{cr}$，不液化
	12.0	20	3	18.8	$N_{63.5}>N_{cr}$，不液化
	13.5	23	3	19.8	$N_{63.5}>N_{cr}$，不液化

由表 5.9 计算可知，粉土为液化土，细砂层不液化，液化深度为 9.5 m。

（3）液化地基评价。

按公式（5.9）对可液化的粉土层进行评价，具体计算见表 5.10。已知细砂层为不液化土层，所以，无须计算该土层内的各个测点的液化指数。

表 5.10　液化指数 I_{lE} 计算

标贯点深度 d_s	标贯值 N_i	标贯临界值 N_{cri}	测点所代表的土层厚度 d_i/m	土层中点深度/m	W_i	液化指数 I_{lEi}， $I_{lEi}=\left(1-\dfrac{N_i}{N_{cri}}\right)d_iW_i$
3.3	7	7.1	$3.3+\dfrac{4.5-3.3}{2}-2=1.9$	$2+\dfrac{1.9}{2}=2.95$	10	$\left(1-\dfrac{7}{7.1}\right)\times1.9\times10=0.3$
4.5	8	9.2	$\dfrac{6.0+4.5}{2}-\dfrac{4.5+3.3}{2}=1.35$	$3.9+\dfrac{1.35}{2}=4.58$	10	$\left(1-\dfrac{8}{9.2}\right)\times1.35\times10=1.8$
6.0	8	9.7	$\dfrac{7.5+6.0}{2}-\dfrac{6.0+4.5}{2}=1.50$	$5.25+\dfrac{1.50}{2}=6.00$	9.3	$\left(1-\dfrac{8}{9.7}\right)\times1.5\times9.3=2.4$
7.5	9	10.0	$9.5-\dfrac{7.5+6.0}{2}=2.75$	$6.75+\dfrac{2.75}{2}=8.13$	7.9	$\left(1-\dfrac{9}{10.0}\right)\times2.75\times7.9=2.2$
					$\sum$	6.7

由表 5.10 计算结果：$6<I_{lE}=6.7\leqslant18$，可判别液化等级为中等液化。

4）液化地基的抗震措施

我国学者在总结了国内外大量震害资料的基础上，经过长期研究，并经大量实践工作的校正，提出了较为系统而实用的液化防治措施。

对于液化地基，要根据建筑物的重要性、地基液化等级来采取不同的措施。当液化土层比较平坦、均匀时，可依据表 5.11 选取适当的抗液化措施。

表 5.11　抗液化措施

抗震设防类别	地基的液化等级		
	轻微	中等	严重
乙类	部分消除液化沉陷,或对基础和上部结构进行处理	全部消除液化沉陷,或部分消除液化沉陷且对基础和上部结构进行处理	全部消除液化沉陷
丙类	对基础和上部结构进行处理,亦可不采取措施	对基础和上部结构进行处理,或更高要求的措施	全部消除液化沉陷,或部分消除液化沉陷且对基础和上部结构处理
丁类	可不采取措施	可不采取措施	基础和上部结构处理,或其他经济的措施

注:甲类建筑的地基抗液化措施应进行专门研究,但不宜低于乙类的相应要求。

表 5.11 中全部消除地基液化沉陷、部分消除地基液化沉陷、进行基础和上部结构处理等措施的具体要求如下。

(1)全部消除地基液化沉陷的措施

全部消除地基液化沉陷的措施有采用深基础、地基加固处理、地基置换等 3 类方法,具体要求如下:

①采用桩基础时,桩端深入液化深度以下稳定土层中的长度(不包括桩尖部分)应按计算确定,且对碎石土,砾、粗、中砂,坚硬黏性土和密实粉土而言,该长度不应小于 0.8 m,对其他非岩石土尚不宜小于 1.5 m。

②采用其他深基础时,基础底面应埋入液化深度以下的稳定土层中 0.5 m 以上。

③采用加密法(如振冲、振动加密、挤密碎石桩、强夯等)加固时,应处理至液化深度下界,振冲或碎石桩加固后,桩间土的标准贯入锤击数不宜小于液化判别标准贯入锤击数的临界值。

采用振冲加固或挤密碎石桩加固后构成的复合地基,可挤密原有土层,增大原土层刚度,起到全部消除地基液化沉陷的作用。规范要求加固后桩间土的标准贯入锤击数的实测值不宜小于液化判别时的临界值是偏安全的,因为实测的桩间土标贯值不能反映振冲桩或挤密碎石桩的排水作用。

④挖除全部液化土层,用非液化土替换全部液化土层,或增加上覆非液化土层的厚度。这种措施适用于液化土层较薄、埋藏较浅的情况。挖去可液化土层后可分层回填砂石或灰土等非液化土,并逐层夯实。

⑤采用加密法或换土法处理时,在基础边缘以外的处理宽度,应超过基础底面下处理深度的 1/2,且不小于基础宽度的 1/5。

(2)部分消除地基液化沉陷的措施

部分消除地基液化沉陷的措施主要为对地基进行加固处理,具体要求如下:

①处理深度应使处理后的地基液化指数减少,其值不宜大于 5;大面积筏基、箱基的中心

区域(位于基础外边界以内沿长宽方向距外边界大于相应方向 1/4 长度的区域),处理后的液化指数可比规定值降低 1;对独立基础和条形基础,尚不应小于基础底面下液化土特征深度和基础宽度的较大值。

②采用振冲或挤密碎石桩加固后,桩间土的标准贯入锤击数不宜小于液化判别时的标准贯入锤击数临界值。

③基础边缘以外的处理宽度与全部消除地基液化沉陷时的要求相同。

④采取减小液化沉陷的其他方法,如增厚上覆非液化土层的厚度和改善周边的排水条件等。

(3)减轻液化影响的基础和上部结构处理

可综合采用下列各项措施:

①选择合适的基础埋深,使天然地基的持力层有较大的刚度;

②调整基础底面积,减少基础偏心;

③加强基础的整体性和刚度,如采用箱基、筏基、钢筋混凝土交叉条形基础、加设基础圈梁等;

④减轻荷载,增强上部结构的整体刚度和均匀对称性,合理设置沉降缝,上部结构避免采用对不均匀沉降敏感的结构形式;

⑤管道穿过建筑物处应预留足够的尺寸或采用柔性接头。

一般情况下,除丁类建筑外,不应将未经处理的液化土层作为地基的持力层。

▶ 5.4.2 其他不良地基

不良地基除上述液化土地基外,还有以下几种:

1)软弱黏性土地基

软弱黏性土的特点是压缩性较大,抗剪强度小,承载能力低。由这种土构成的持力层在地震时引起的附加荷载与经常承受的荷载相比相当可观,会使基础底面组合应力超过地基容许承载力,使地基发生剪切破坏,土体向基础两侧挤出,造成上部建筑物产生较大的附加沉降和不均匀沉降,导致上部建筑结构下沉和倾斜。因此,设计时对软土地基要合理选择地基容许承载力,保证其有足够的安全储备。

当建筑地基主要受力层范围内存在软弱黏性土时,应综合考虑基础和上部结构的特点,采用桩基和地基加固处理(加密法、换土法、化学加固法等)等措施。

2)杂填土地基

杂填土地基由于其组成物质杂乱,堆填方法不同,结构疏松,厚薄不一,因此均匀性很差,承载力低、压缩性高,而且一般具有浸水湿陷性。杂填土作为建筑物基础的持力层时,往往会由于不均匀沉降导致上部结构开裂。遭遇地震后,破坏程度将进一步加重。一般应避免将杂填土作为地基持力层。

3)不均匀地基

不均匀地基一般位于有故河道、断层破碎带、暗埋的沟坑边缘、山坡坡角和半挖半填地带、土岩交界地段以及其他在成因、性质或状态上明显不均匀的地段。不均匀地基在地震时容易引起地基失效、加剧上部结构的破坏。在选择场地无法避开时,应进行详细的勘察,从上部结构和地基的共同作用条件出发,对建筑体型、设防烈度、荷载情况、结构类型和地质条件等进行综合分析,采取合理的结构布局和相应有效的结构、地基抗震措施。

5.5　基础抗震验算

▶ 5.5.1　天然浅基础的抗震验算

基础的抗震验算采用"拟静力法"进行。即假定地震作用如同静力作用,根据地基抗震验算所得的基础底面应力分布,按照基础类型,进行基础的抗弯、抗剪及抗冲切的验算。

▶ 5.5.2　桩基的抗震验算

1)可不进行桩基抗震验算的条件

全部消除地基液化沉陷的有效措施之一是采用桩基,因此桩基的抗震设计是深基础抗震设计的主要内容。震害表明,桩基在地震中极少发生失效,故《抗震规范》规定:对于承受竖向荷载为主的低承台桩基,当地面下无液化土层,且桩承台周围无淤泥、淤泥质土和地基承载力特征值不大于 100 kPa 的填土时,下列建筑可不进行桩基抗震承载力验算:

①砌体房屋和规范规定的可不进行上部结构抗震验算的房屋;

②6~8 度时的下列建筑:

a.一般的单层厂房和单层空旷房屋;

b.不超过 8 层且高度在 24 m 以下的一般民用框架房屋和框架-抗震墙房屋;

c.基础荷载与 b 项相当的多层框架厂房和多层混凝土抗震墙房屋。

2)桩基的抗震验算

对于不符合上述条件的桩基,除了应满足《建筑地基基础设计规范》(GB 50007—2011)(以下简称《地基基础规范》)规定的设计要求外,还应进行桩基的抗震验算。验算时应根据场地土的组成情况,将其分为非液化土中的低承台桩基和存在液化土层的低承台桩基验算两大类。

(1)非液化土中的低承台桩基

该类桩基抗震验算应符合下列规定:

①单桩的竖向和水平向抗震承载力特征值,均可比非抗震设计时提高 25%;

②当承台周围的回填土夯实至干密度不小于 16.5 kN/m^3 时(《地基基础规范》对填土的要求),可考虑承台正面填土与桩共同承担水平地震作用,但不应计入承台底面与地基土间的摩擦力。

(2)存在液化土层的低承台桩基

该类桩基抗震验算应符合下列规定:

①承台埋深较浅时,不宜计入承台周围土的抗力或刚性地坪对水平地震作用的分担作用;

②当桩承台底面上、下分别有厚度不小于 1.5 m、1.0 m 的非液化土层或非软弱土层时,可按下列两种情况进行桩的抗震验算,并按最不利情况设计:

a.桩承受全部地震作用,桩承载力仍按非液化土中低承台桩基的情况考虑,液化土的桩周摩阻力及桩水平抗力均应乘以表 5.12 的折减系数。

表 5.12 土层液化影响折减系数

实际标贯锤击数/临界标贯锤击数($N_{63.5}/N_{cr}$)	饱和土标准贯入点深度 d_s/m	折减系数
≤0.6	$d_s \leqslant 10$	0
	$10 < d_s \leqslant 20$	1/3
>0.6~0.8	$d_s \leqslant 10$	1/3
	$10 < d_s \leqslant 20$	2/3
>0.8~1.0	$d_s \leqslant 10$	2/3
	$10 < d_s \leqslant 20$	1

b.地震作用按水平地震影响系数最大值的 10% 采用,桩承载力比非抗震设计时提高 25%,但在计算桩承载力时,应扣除液化土层的全部摩阻力及桩承台下 2 m 深度范围内非液化土的桩周摩阻力。

③打入式预制桩及其他挤土桩,当平均桩距为 2.5~4 倍桩径且桩数不少于 5×5 时,可计入打桩对土的加密作用及桩身对液化土变形限制的有力影响。当打桩后桩间土的标准贯入锤击数值达到不液化的要求时,单桩承载力可不折减,但对桩尖持力层做强度校核时,桩群外侧的应力扩散角应取为零。打桩后桩间土的标准贯入锤击数宜由试验确定,也可按下式计算:

$$N_1 = N_p + 100\rho(1 - e^{-0.3N_p}) \tag{5.9}$$

式中:N_1——打桩后的标准贯入锤击数;

$\quad\quad N_p$——打桩前的标准贯入锤击数;

$\quad\quad \rho$——打入式预制桩的面积置换率;

$\quad\quad e$——打桩后土体的孔隙比。

对处于液化土中的桩基承台周围,宜采用非液化土填筑夯实,如果采用砂砾类土,则应使其密实度达到不液化的程度。

液化土和震陷软土中桩的配筋范围,应自桩顶至液化深度以下符合全部消除液化沉陷所要求的深度,其纵向钢筋应与桩顶部相同,箍筋应加粗和加密。

习 题

5.1 为什么地基的抗震承载力大于静承载力?

5.2 影响土层液化的主要因素是什么?

5.3 试判断下述论断的正误:

(1)其他条件相同时,中软土的抗震性能比中硬土的抗震性能差。

(2)粉土的黏粒含量百分率越大,越不容易液化。

(3)液化指数越小,地震时地面喷水冒砂的现象就越严重。

(4)地基的抗震承载力是其承受水平力的能力。

5.4 某工程按 8 度设防,设计基本地震加速度为 0.20g,设计地震分组属于第二组,基础埋深 1.5 m,其工程地质年代属 Q_4,场地地下水位深 1.0 m,土层自上向下为:砂土层至 2.1 m,砂砾层至 4.4 m,细砂层至 8 m,粉质黏土层至 15 m;其他实验结果见表 5.13。试对该工程场地进行液化评价。

表 5.13 某工程场地标贯试验成果

岩土名称	测点	测点深度/m	标贯值 N_i	黏粒含量百分率 ρ_c/%
砂土	1	1.3	5	3
细砂	2	5.0	7	3
	3	6.0	11	
	4	7.5	16	

钢筋混凝土结构房屋抗震设计

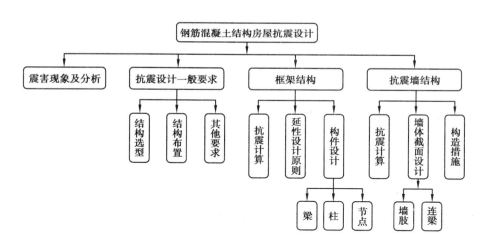

本章知识结构图

钢筋混凝土房屋具有造价低、耐久性好及防火性能优越等优点,在工业与民用建筑工程中得到广泛应用。近几十年来,世界上发生的多次强烈地震对钢筋混凝土房屋的抗震设计提供了弥足珍贵的实际震害经验,使钢筋混凝土房屋结构抗震理论及设计方法有了很大发展。中国是多地震国家,且大量多高层房屋建筑采用钢筋混凝土结构,因此,掌握多高层钢筋混凝土结构的抗震设计方法是十分重要的。本章主要就钢筋混凝土房屋结构抗震设计进行讨论,主要目的是明确典型钢筋混凝土房屋结构的抗震设计原则、计算方法和主要抗震措施。

6.1 震害现象及分析

钢筋混凝土房屋的震害情况十分复杂,但从总体上可分为结构破坏和构件破坏两个层次:结构层次破坏指震害现象中明显表现为有规律的结构整体或特定局部的破坏情况,而构件层次破坏是指构件特定部位出现的震害现象。

▶ 6.1.1 结构层次破坏

（1）平面不规则导致的震害

结构平面不规则导致的震害通常发生在平面布置不对称,刚度分布不均匀,结构质量中心与刚度中心存在较大偏差的情况。在水平地震作用下结构的惯性力作用于其质量中心,而抗力以结构刚度中心为作用点,当两者间距离较大时,结构整体扭转效应明显,容易产生扭转破坏(图6.1)。

图 6.1 扭转破坏

当结构平面布置存在较大的凸出、凹进,或平面布置不合理可能导致强烈的局部振动时,在平面上的薄弱部位存在局部应力集中的现象,相应部位的结构震害严重(图6.2)。

图 6.2 结构凸出部位破坏严重

（2）竖向不规则导致的震害

结构沿竖向刚度存在突然变化时,可能在刚度较小的楼层产生过大的侧向变形,甚至整层垮塌的现象。2008年汶川地震中,某框架结构底层无填充墙,二层以上为住宅,布置有较多填充墙,震后测量显示,底层层间位移达30 mm(图6.3)。框架填充墙的刚度贡献应在结构分析中予以足够重视,以免造成严重破坏。

（a）竖向刚度不规则建筑外貌　　　　（b）底层柱端破坏严重

图 6.3　刚度突变导致的震害

► 6.1.2　构件层次破坏

框架梁的震害　　　柱的震害　　　节点的震害　　　填充墙的震害　　　RC剪力墙的震害

（1）梁端破坏

梁端受弯矩、剪力的影响，在水平地震作用下可能形成梁端弯曲破坏和剪切破坏。在实际震害现象中，因现浇楼板参与梁端工作等诸多因素的影响，规范期望引导实现的梁铰机制在汶川地震震害中却很少见到，该现象已引起众多学者关注。

图 6.4 给出汶川地震中某无现浇板相连的框架梁损伤照片，梁端弯曲破坏特征突出，但破坏程度并不严重，震害统计结果表明，梁端出现充分塑性铰的情况并不多见。与之对比，图6.5为在低周往复荷载作用下梁端破坏的试验照片。对比可见，实际震害中梁端破坏较试验破坏现象明显轻微，在结构的抗震设计及抗震性能分析中应关注这一现象。

（a）某独立框架梁梁端破坏　　　　（b）某边框架梁梁端破坏

图 6.4　梁端破坏（实际震害）

图 6.5 梁端破坏(试验照片)

（2）柱端破坏

柱端在轴力、弯矩和剪力的共同作用下,通常发生弯曲破坏(水平向裂缝)或剪切破坏(斜裂缝)。严重情况下柱端混凝土可被完全压溃,导致柱纵筋呈灯笼状压曲。震害表明:短柱在地震作用下呈明显脆性破坏特征,且破坏严重,在设计中应尽量避免,或采取更严格的抗震构造措施。柱端弯曲破坏如图 6.6 所示,柱端剪切破坏如图 6.7 所示,短柱剪切破坏如图6.8所示。

（a）某底层边框架柱上端弯曲破坏　　　　（b）某底层边框架柱下端弯曲破坏

图 6.6 柱端弯曲破坏

（a）某框架柱底层上端剪切破坏　　　　（b）某厂房框架柱柱底施工缝处剪切破坏

图 6.7 柱端剪切破坏

（a）某短柱剪切破坏　　　（b）窗间短柱弯曲破坏　　　（c）双梁间形成的短柱破坏

图 6.8　短柱破坏

（3）节点破坏

梁柱节点区在水平地震剪力的作用下,通常产生沿对角线方向的交叉斜裂缝。梁柱节点破坏时表层混凝土剥落,当节点内箍筋不足或间距过大时,柱纵筋会压曲外鼓。典型破坏如图 6.9 所示。

（a）框架中间节点破坏　　　（b）框架中间层角节点破坏　　　（c）框架边节点破坏

图 6.9　节点破坏

（4）抗震墙破坏

抗震墙的破坏通常包括连梁破坏和墙肢破坏。连梁破坏如图 6.10 所示,墙肢破坏如图 6.11 所示。

（a）某抗震墙连梁破坏(1层)　　　（b）某抗震墙连梁破坏(2层)

图 6.10　抗震墙连梁破坏

（a）某开洞抗震墙在施工缝处剪切破坏　　　　（b）某抗震墙在施工缝处剪切破坏，钢筋剪断

图 6.11　抗震墙墙肢破坏

（5）填充墙破坏

填充墙的典型震害通常包括整体外闪倒塌、沿墙对角斜裂缝的剪切破坏等,如图 6.12 所示。

（a）填充墙整体外闪倒塌　　　　　　　（b）填充墙剪切破坏

图 6.12　填充墙破坏

▶ 6.1.3　其他破坏

房屋顶部装饰物或局部突出的结构易受地震作用影响,常见破坏情况如图 6.13 所示。

（a）装饰物坠落　　　（b）突出构件破坏　　　（c）突出楼梯间倒塌　　　（d）突出层倒塌

图 6.13　屋顶局部突出物破坏

结构变形缝留设宽度不足时,易在缝两侧的相邻结构(构件)间产生碰撞破坏,如图6.14所示。

(a)变形缝处楼梯护栏碰撞破坏　　(b)变形缝处通廊碰撞破坏　　(c)变形缝处结构单元碰撞破坏

图6.14　变形缝处碰撞破坏

楼梯作为上下楼层结构间的斜向连接构件,其振动特性往往与整体结构存在差异,楼梯结构可能承受较大拉(压)力。我国的早期设计中,楼梯无须进行单独抗震设计,承载力设计时一般都未考虑地震作用产生的附加拉(压)力。汶川地震中,楼梯梯段板、梯梁和梯柱均有较严重破坏,且各烈度区均有发生,因此,《抗震规范》对楼梯的抗震设计做出了专门规定。

梯段板的习惯做法是将施工缝留设在梯段板1/4跨位置处(靠近上、下楼层),震害显示,梯段板的破坏大多集中在施工缝处。当施工缝处理不当时,该位置易形成水泥浆面,地震中易发生剪切破坏,梯段板混凝土被剪坏后,板底受力钢筋在拉伸或挤压作用下易出现保护层脱落,严重时甚至发生断裂。

汶川地震中楼梯平台梁及支撑楼梯平台的梯柱(俗称板凳柱)震害也比较严重,大多在平台梁跨中发生剪扭破坏,或梁端发生剪切破坏。典型的楼梯震害如图6.15所示。

(a)某楼梯梯段板在施工缝处破坏　　(b)某板式楼梯平台梁的剪扭破坏　　(c)某楼梯梯柱及平台梁破坏

图6.15　楼梯震害

6.2　抗震设计一般要求

钢筋混凝土结构房屋常用结构体系包括框架结构、抗震墙结构、框架-抗震墙结构和简体结构,因各类结构体系在刚度特性、抗震性能等方面存在差异,《抗震规范》从概念设计的角度,从结构选型、结构布置、结构抗震等级等方面体现了抗震设计的一般要求。

► **6.2.1 结构选型**

选择合理的结构体系是结构抗震设计的首要环节,既要着眼于结构本身空间分布特性对建筑功能的适应性,也要从结构体系受力特性的角度来体现结构的安全性和经济性的要求。

框架结构是由梁、柱构件联结而成的承担水平荷载(或作用)和竖向荷载的结构体系。框架结构具有平面布置灵活、易于形成较大空间的特点,因此广泛应用于商场、教学楼、办公楼、多层工业厂房等建筑。其缺点是抗侧刚度较小,不适用于高度较大的高层建筑和对侧移控制要求较严的建筑。

抗震墙结构是由纵、横双向布置的钢筋混凝土墙体构成承受竖向荷载和水平荷载的结构体系,具有整体性好、抗侧刚度大和抗震性能好等优点。抗震墙作为该类结构体系结构构件的同时,又充当了建筑空间的分割构件,因此一般无突出墙面的梁、柱,特别适用于高层住宅建筑。抗震墙结构的缺点是大面积连续分布的墙体限制了建筑平面布局的灵活性,采用全抗震墙结构时,住宅建筑因墙体较多,刚度富余过大,造价偏高。近年来兴起的短肢抗震墙结构和部分短肢抗震墙结构在 10~20 层的高层住宅建筑中得到了广泛应用。

框架-抗震墙结构是由框架和抗震墙相结合而共同工作的结构体系,兼具框架和抗震墙结构的特点,多为商住、会展等综合功能要求较高的建筑物所采用。此类结构体系在分析和设计中,应特别关注框架与抗震墙结构间因共同工作而产生的相互作用。

筒体结构是由纵、横双向布置的抗震墙或密布框架柱形成平面的闭合形状("筒"状),承受水平和竖向荷载的结构体系。筒体结构整体空间刚度较其他常用的结构体系更大,因此多用于超高层建筑结构中。

板柱-抗震墙结构是指由柱、框架和抗震墙组成的抗侧力体系的结构。

《抗震规范》依据现有理论研究成果和工程实践经验,规定了钢筋混凝土房屋的结构类型和最大适用高度(表 6.1)。平面和竖向均不规则的结构,适用的最大高度宜适当降低。高度超过规范规定的最大适用高度时,应通过专门研究并按超限审查相关规定来上报审批。

表 6.1　现浇钢筋混凝土房屋适用的最大高度　　　　　单位:m

结构体系		抗震设防烈度				
		6 度	7 度	8 度(0.20g)	8 度(0.30g)	9 度
框架		60	50	40	35	24
框架-抗震墙		130(160)	120(140)	100(120)	80(100)	50
抗震墙	全部落地	140(170)	120(150)	100(130)	80(110)	60
	部分框支	120(140)	100(120)	80(100)	50(80)	不应采用
筒体	框架-核心筒	150(210)	130(180)	100(140)	90(120)	70
	筒中筒	180(280)	150(230)	120(170)	100(150)	80
板柱-抗震墙		80	70	55	40	不应采用

注:括号内数字为《高层建筑混凝土结构技术规程》(JGJ 3—2010)规定的 B 级高度高层建筑的最大适用高度。此外,巨型结构、悬吊结构和空间桁架结构等新型结构也在不断探索应用中。

► **6.2.2　结构布置的一般原则**

建筑平面宜规则,抗侧力体系的平面布置宜均匀、对称,并具有良好的整体性。为抵御不同方向的地震作用,抗侧力体系宜双向布置,且两个方向的抗侧刚度不宜相差太大。

1)结构平面布置

建筑平面外形宜简单、规则、对称,通常宜采用矩形、方形、圆形、正多边形、十字形、井字形等。通过抗侧力体系的布置,尽量使结构的抗侧刚度中心与质量中心重合或接近,以减小水平作用产生的扭转效应。

因建筑功能或造型要求出现平面不规则时,应按表4.1判断其类型,并根据4.3节的要求对结构的地震作用和内力进行调整。

高层建筑中宜控制局部突出部分的外伸长度,以避免在远离刚度中心(或质量中心)的局部构件中产生过大的扭转效应,或由于较为强烈的局部振动而产生附加震害。

当建筑平面长度太长或局部外伸长度尺寸太大时,可通过设置防震缝将结构平面分为若干个较规则的结构。震害表明:若要满足罕遇地震时的变形要求,则需要较宽的防震缝,会给建筑立面及构造处理带来较大困难,因此确定建筑方案时应尽量选用合理的平面形状和结构体系,尽量不设置防震缝。只有当出现结构平面极不规则,各部分结构刚度、质量相差很大,局部采取不同材料和不同结构体系或结构各部分有较大错层时,宜考虑设置防震缝。防震缝应在基础以上沿建筑全高设置,将建筑物分为不同的结构单元。计算中应分别建立各单元结构计算模型,独立进行地震反应分析。

防震缝的最小宽度应满足下列要求:

①框架结构(包括设置少量抗震墙的框架结构)房屋的防震缝宽度,当高度不超过15 m时不应小于100 mm;超过15 m时,6、7、8度和9度分别每增加高度5 m、4 m、3 m和2 m,防震缝宜加宽20 mm。

②框架-抗震墙结构房屋的防震缝宽度可采用①项规定数值的70%,抗震墙结构房屋的防震缝宽度不应小于①项规定数值的50%,且均不宜小于100 mm。

③防震缝两侧结构类型不同时,宜按需要较宽防震缝的结构类型和较低房屋高度来确定缝宽。

④抗震结构设有伸缩缝和沉降缝时,其缝宽应满足防震缝宽度的要求。防震缝兼做沉降缝时,应按照沉降缝要求将基础分开设置。

2)结构竖向布置

建筑的立面和竖向剖面宜规则,结构的侧向刚度宜均匀变化,竖向抗侧力构件的截面尺寸和材料强度宜自下而上逐渐减小,避免抗侧力结构的侧向刚度和承载力突变。

《抗震规范》定义了竖向不规则的主要类型,详见本书表4.1,相应竖向不规则结构的地震作用和内力调整要求可参考本书4.3节的内容。

▶ 6.2.3 抗震等级

抗震等级是进行结构和构件抗震计算及采取抗震措施的依据,抗震等级的高低体现了对结构抗震性能要求的严格程度。抗震等级主要根据设防烈度、房屋高度、结构类型及构件在结构中的重要程度来确定。

我国钢筋混凝土房屋结构的抗震等级是根据国内外房屋震害、相关科研成果及工程实践经验,并考虑技术要求和经济条件来划分的。抗震等级由高至低划分为一级至四级,特殊要求时则提升至特一级,其计算和构造措施比一级更严。

表6.2列出了现浇钢筋混凝土房屋的抗震等级划分标准。

表6.2　现浇钢筋混凝土房屋的抗震等级

结构类型			设防烈度									
			6		7			8			9	
框架结构	高度(m)		≤24	>24	≤24	>24		≤24	>24		≤24	
	框架		四	三	三	二		二	一		一	
	大跨度框架		三		二			一			一	
框架-抗震墙结构	高度(m)		≤60	>60	≤24	25~60	>60	≤24	25~60	>60	≤24	25~50
	框架		四	三	四	三	二	三	二	一	二	一
	抗震墙		三		三			二			一	
抗震墙结构	高度(m)		≤80	>80	≤24	25~80	>80	≤24	25~80	>80	≤24	25~60
	抗震墙		四	三	四	三	二	三	二	一	二	一
部分框支抗震墙结构	高度(m)		≤80	>80	≤24	25~80	>80	≤24	25~80		╱	╱
	抗震墙	一般部位	四	三	四	三	二	三	二		╱	
		加强部位	三	二	三	二	一	二	一		╱	
	框支层框架		二		二			一			╱	
框架-核心筒结构	框架		三		二			一			一	
	核心筒		二		二			一			一	
筒中筒结构	外筒		三		二			一			一	
	内筒		三		二			一			一	
板柱-抗震墙结构	高度(m)		≤35	>35	≤35	>35		≤35	>35		╱	
	框架、板柱的柱		三	二	二	二		二	一		╱	
	抗震墙		二	二	二	一		二	一		╱	

注:①建筑场地为Ⅰ类时,除6度外应允许按表内降低一度所对应的抗震等级采取抗震构造措施,但相应的计算要求不应降低;

②接近或等于高度分界时,应允许结合房屋不规则程度及场地、地基条件确定抗震等级;

③大跨度框架指跨度不小于18 m的框架;

④高度不超过60 m的框架-核心筒结构按框架-抗震墙的要求设计时,应按表中框架-抗震墙结构的规定确定其抗震等级。

6.3 框架结构抗震设计

框架结构抗震设计除在一般要求中体现概念设计内容外,还包括抗震计算和抗震措施。本文附录 E 为一钢筋混凝土框架设计实例。

► 6.3.1 框架结构内力与位移计算

框架结构抗震计算采取两阶段设计方法,包括多遇烈度下的弹性内力计算和位移验算,以及罕遇烈度下的弹塑形位移验算。

水平地震作用下的结构内力和位移的计算框图如图 6.16 所示。

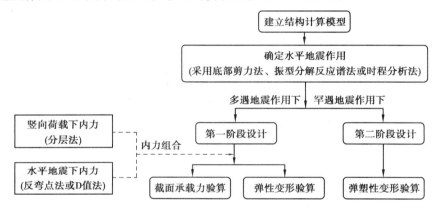

图 6.16 水平地震作用下抗震计算框图

一般情况下,框架结构的水平地震作用计算可忽略扭转效应,将结构考虑为纵、横两个主轴方向,各方向的水平地震作用只由该方向的抗侧力框架结构承担。对任一主轴方向,结构计算模型均可取为"葫芦串"模型(即层模型),采用底部剪力法、振型分解反应谱法或时程分析法确定地震作用;假定楼盖刚度在其平面内无穷大,根据楼盖处水平变形的协调条件,水平地震作用产生的层间剪力可按各榀抗侧力框架结构的抗侧刚度比例分配到各榀;各柱的剪力应根据该柱的抗侧刚度(如 D 值等)比例分配,具体计算过程参见附录 E。

► 6.3.2 框架结构的延性及保证措施

要使框架结构具有良好的抗震性能,通常应确保结构具有必要的承载力、足够的变形能力和良好的耗能能力。《抗震规范》主要通过抗震承载力的级差调整和构造措施来实现此目标。

1)结构的延性

结构在地震作用下的延性性能是评价其抗震性能的主要指标。结构延性的定义为:结构从进入非弹性状态(屈服)至达到极限承载力(破坏)过程中的变形能力。结构的延性指标通常采用位移延性系数来表示,即达到极限承载力时的侧向位移 Δ_u 与进入塑性状态时的侧向位

移 Δ_y 的比值。

2)结构延性的作用

结构延性的作用主要有以下几个方面：

①防止脆性破坏。地震灾害具有随机性，目前还很难做到预先加以准确量化判断。而大震降临时结构的损伤又往往难以避免，钢筋混凝土结构或构件一旦发生脆性破坏，将对人们的生命和财产安全构成重大威胁。因此，保障结构具有良好的延性，对保护生命、财产安全极为关键。

②承受偶然因素的作用。结构在使用过程中通常要承受一些设计时未考虑或难以充分考虑的"意外"因素作用，如温度变化、基础的不均匀沉降、偶然超载或混凝土收缩引起的体积变化等，延性结构所具有的变形能力可作为钢筋混凝土超静定结构在发生上述"意外"情况时所产生附加内力和变形的安全储备。

③实现塑性内力重分布。合理设计的延性结构在构件截面延性和破坏机制上均有良好保证，因此，当某些截面进入屈服后，仍具有相当的转动能力，从而形成塑性铰区域，进而在整个结构中发生内力重分布，最终形成合理的弯矩分布模式，使配筋简便，材料节约，施工方便。

④有利于结构抗震。延性结构可通过塑性铰区域的变形有效吸收和耗散地震能量。同时，这种变形降低了结构的刚度，减小了结构受到的地震作用。因此，延性结构只要合理控制结构的二阶效应，一般具有较好的抗震性能。

3)保证结构延性的措施

保证框架结构延性的主要措施之一是根据"强柱弱梁""强剪弱弯""强连接"等承载力级差调整原则，对构件在考虑地震作用下的组合内力进行调整，以期形成梁端破坏先于柱端破坏、弯曲破坏先于剪切破坏、构件破坏先于节点破坏的破坏模式。具体如下：

①"强柱弱梁"。对同一节点连接的梁柱构件，通过柱端弯矩放大系数使地震作用组合下的柱端弯矩设计值略大于梁端弯矩设计值(或实际抗弯能力)。

对于一、二、三、四级框架的梁柱节点处，除框架顶层和柱轴压比小于0.15及框支梁与框支柱的节点外，柱端组合的弯矩设计值应符合下式要求：

$$\sum M_c = \eta_c \sum M_b \tag{6.1}$$

一级框架结构和9度的一级框架可不符合式(6.1)要求，但应符合下式要求：

$$\sum M_c = 1.2 \sum M_{bua} \tag{6.2}$$

式中：$\sum M_c$ ——节点上下柱端截面顺时针或逆时针方向组合的弯矩设计值之和，上下柱端的弯矩设计值可按弹性组合弯矩比例进行分配；

$\sum M_b$ ——节点左右梁端截面逆时针或顺时针方向组合的弯矩设计值之和，一级框架节点左右梁端均为负弯矩时，绝对值较小的弯矩应取零；

$\sum M_{bua}$ ——节点左右梁端截面逆时针或顺时针方向实配的正截面抗震受弯承载力所对应的弯矩值之和，根据实配钢筋面积(计入梁受压筋和相关楼板钢筋)和材料强度标准值确定；

η_c ——框架柱柱端弯矩增大系数。对框架结构，一、二、三、四级可分别取1.7、1.5、1.3、

1.2;其他结构类型中的框架,一级可取1.4,二级可取1.2,三、四级可取1.1。

当反弯点不在柱的层高范围内时,柱端截面组合的弯矩设计值可乘以上述柱端弯矩增大系数。

一、二、三、四级框架结构的底层,柱下端截面的组合弯矩设计值,应分别乘以增大系数1.7、1.5、1.3 和 1.2。底层柱纵向钢筋应按上下端的不利情况配置。

一、二、三、四级框架的角柱经上述"强柱弱梁"调整后的组合弯矩设计值,尚应乘以不小于1.10的增大系数,并应满足规范的其他相应要求。

②"强剪弱弯"。对同一构件(梁或柱),通过杆端剪力增大系数,使地震作用组合下的杆端剪力设计值大于杆端设计弯矩(或实际抗弯承载力)叠加梁间(或柱间)荷载以简支模型计算出的剪力。强剪弱弯调整对于框架梁和框架柱在调整系数上存在差异。

对于框架梁的"强剪弱弯"调整,一、二、三级的框架梁和抗震墙中的连梁,其梁端截面组合的剪力设计值应按下式调整:

$$V = \eta_{vb}(M_b^l + M_b^r)/l_n + V_{Gb} \tag{6.3}$$

一级的框架结构及9度的一级框架梁、连梁可不按式(6.3)调整,但应符合下式要求:

$$V = 1.1(M_{bua}^l + M_{bua}^r)/l_n + V_{Gb} \tag{6.4}$$

式中:V——梁端截面组合的剪力设计值;

l_n——梁的净跨;

V_{Gb}——按简支梁分析,梁在重力荷载代表值(9度时高层建筑还应包括竖向地震作用标准值)作用下的梁端截面剪力设计值;

M_b^l,M_b^r——梁左右端逆时针或顺时针方向组合的弯矩设计值,一级框架两端弯矩均为负弯矩时,绝对值较小的弯矩应取零;

M_{bua}^l,M_{bua}^r——梁左、右端逆时针或顺时针方向实配的正截面抗震受弯承载力所对应的弯矩值,根据实配钢筋面积(计入受压筋和相关楼板钢筋)和材料强度标准值确定;

η_{vb}——梁端剪力增大系数,一级可取1.3,二级可取1.2,三级可取1.1。

对于框架柱的"强剪弱弯"调整,一、二、三、四级的框架柱和框支柱组合的剪力设计值应按下式调整:

$$V = \eta_{vc}(M_c^b + M_c^t)/H_n \tag{6.5}$$

一级的框架结构和9度的一级框架可不按上式调整,但应符合下式要求:

$$V = 1.2(M_{cua}^b + M_{cua}^t)/H_n \tag{6.6}$$

式中:V——柱端截面组合的剪力设计值;

H_n——柱的净高;

M_c^t,M_c^b——柱的上下端截面反时针或顺时针方向组合的弯矩设计值,该弯矩应为已进行"强柱弱梁"调整后的弯矩;

M_{cua}^t,M_{cua}^b——偏心受压柱的上下端反时针或顺时针方向实配的正截面抗震受弯承载力所对应的弯矩值,根据实配钢筋面积、材料强度标准值和轴压力等确定;

η_{vc}——柱剪力增大系数;对框架结构,一、二、三、四级可分别取1.5、1.3、1.2、1.1;对其他结构类型的框架,一级可取1.4,二级可取1.2,三、四级可取1.1。

一、二、三、四级框架的角柱经上述"强剪弱弯"调整后的组合剪力设计值,尚应乘以不小于 1.10 的增大系数,并应满足规范的其他相应要求。

③"强连接"。对同一框架节点,节点核芯区剪力设计值应大于节点两侧梁端设计弯矩(或实际抗弯承载力)反算出的剪力。《抗震规范》规定,一般框架梁柱节点核芯区抗剪验算要求如下:一、二、三级抗震等级的框架应进行节点核芯区抗震受剪承载力计算;四级框架节点核芯区可不进行抗震验算,但应符合抗震构造措施的要求。

一、二、三级框架梁柱节点核芯区组合的剪力设计值,应按下式确定:

$$V_j = \frac{\eta_{jb} \sum M_b}{h_{b0} - a'_s} \left(1 - \frac{h_{b0} - a'_s}{H_c - h_b}\right) \tag{6.7}$$

一级框架结构和 9 度的一级框架可不按式(6.7)确定,但应符合下式要求:

$$V_j = \frac{1.15 \sum M_{bua}}{h_{b0} - a'_s} \left(1 - \frac{h_{b0} - a'_s}{H_c - h_b}\right) \tag{6.8}$$

式中:V_j——梁柱节点核芯区组合的剪力设计值;

h_{b0}, h_b——与节点相连的梁截面有效高度和截面高度,当节点两侧梁高不相同时,取其平均值;

H_c——柱的计算高度,可采用节点上柱和下柱反弯点之间的距离;

a'_s——梁纵向受压钢筋合力作用点至截面近边的距离;

η_{jb}——强节点系数,对于框架结构,一级宜取 1.5,二级宜取 1.35,三级宜取 1.2;对于其他结构中的框架,一级宜取 1.35,二级宜取 1.2,三级宜取 1.1;

$\sum M_b$——节点左右梁端截面逆时针或顺时针方向组合的弯矩设计值之和,一级框架节点左右梁端弯矩均为负弯矩时,绝对值较小的弯矩应取零;

$\sum M_{bua}$——节点左右梁端逆时针或顺时针方向实配的正截面抗震受弯承载力所对应的弯矩值之和,根据实配钢筋面积(计入受压筋)和材料强度标准值确定。

6.3.3 框架梁抗震设计

框架梁是框架结构在地震作用下的主要耗能构件之一,因此,框架梁的抗震设计除同普通梁设计一样,需进行正截面受弯和斜截面受剪承载力设计外,还应特别关注其延性要求,主要体现在通过计算和构造措施保证梁端塑性铰具有良好的转动能力,并且能够防止梁端过早发生剪切破坏。

1)框架梁延性的主要影响因素

框架梁的延性主要由控制截面的曲率延性及塑性铰区段的长度所控制。影响框架梁截面曲率延性的因素包括纵筋配筋率、混凝土极限压应变、钢筋屈服强度及混凝土强度等。塑性铰区段的长度与钢筋的强度、钢筋与混凝土的黏结性能等相关。

2)梁截面曲率延性受各因素影响的规律

①纵向受拉钢筋配筋率越大,截面曲率延性越小;纵向受压钢筋配筋率增大,截面曲率延性增大。

②混凝土极限压应变增大,截面曲率延性增大,密排箍筋(或其他增强横向配筋的方式)能增强对受压区混凝土的约束,提高混凝土的极限压应变,从而增大截面的曲率延性。

③提高混凝土强度,适当降低钢筋屈服强度,截面极限曲率增大,延性提高。

④塑性铰区段长度因影响因素的作用而机制复杂,目前尚无关于塑性铰区段长度的影响规律的一致结论。因此,对框架梁延性的保证主要从提高截面曲率延性系数角度采取相应措施。

3)框架梁抗震计算要点

（1）正截面受弯计算

抗震框架梁的正截面受弯承载力计算公式与普通受弯构件一致,但需要强调的是,抗震框架梁梁端应具有更好的延性。梁的截面转动能力随截面混凝土受压区的相对高度减小而增大,根据国内实验和参考国外的研究成果,当相对受压区高度控制在 0.25~0.35 时,梁的位移延性系数可达到 3~4。因此《抗震规范》规定,梁端截面正截面受弯承载力计算时应考虑受压钢筋的作用,且受压区高度应满足式(6.9)、式(6.10)的条件:

$$x \leqslant 0.25h_0 \qquad （一级） \tag{6.9}$$

$$x \leqslant 0.35h_0 \qquad （二、三级） \tag{6.10}$$

（2）斜截面受剪计算

实验表明:梁端塑性铰区的截面剪应力大小对梁的延性、耗能及保持梁的强度和刚度有明显影响。剪压比 $V/f_c b h_0$ 越大,梁的延性、刚度和承载力退化越快,尤其当剪压比大于 0.3 时,即使增加配箍,对保障延性和提高承载力的作用也不明显;此外,梁的跨高比也对受剪破坏机制有着重要影响。因此,考虑地震作用组合的框架梁,截面所能承受的最大剪力设计值 V 应按不同的跨高比进行控制。

当跨高比 $l_0/h > 2.5$ 时:

$$V \leqslant \frac{1}{\gamma_{RE}}(0.20f_c b h_0) \tag{6.11}$$

当跨高比 $l_0/h \leqslant 2.5$ 时:

$$V \leqslant \frac{1}{\gamma_{RE}}(0.15f_c b h_0) \tag{6.12}$$

考虑地震作用组合的梁端截面易在反复荷载作用下形成交叉剪切裂缝,混凝土承担的极限剪力较静力状态能承担的剪力有明显降低。因此,考虑抗震的框架梁斜截面受剪承载力计算公式如下。

一般框架梁:

$$V_u = \frac{1}{\gamma_{RE}}\left[0.42f_t b h_0 + f_{yv}\frac{A_{sv}}{s}h_0\right] \tag{6.13}$$

集中荷载为主的框架梁:

$$V_u = \frac{1}{\gamma_{RE}}\left[\frac{1.05}{\lambda+1}f_t b h_0 + f_{yv}\frac{A_{sv}}{s}h_0\right] \tag{6.14}$$

4)主要构造要求

（1）截面要求

梁的截面宽度不宜小于 200 mm,截面高宽比不宜大于 4,净跨与截面高度的比值不宜小于 4。

（2）梁的纵筋配置要求

梁的纵向受拉钢筋配筋率应大于表 6.3 中数值。框架梁端截面的底部和顶部纵向受力钢筋截面面积的比值，除按计算外，一级抗震等级不应小于 0.5；二、三级抗震等级不应小于 0.3。梁端纵向受拉钢筋的配筋率不宜大于 2.5%。沿梁全长顶面和底面至少应各配置两根通长的纵向钢筋，对一、二级，钢筋直径不应小于 14 mm，且分别不应少于梁两端顶面和底面纵向受力钢筋中较大截面面积的 1/4；对三、四级，钢筋直径不应小于 12 mm。一、二、三级框架梁内贯通中柱的每根纵向钢筋直径，对框架结构而言不应大于矩形柱在该方向截面尺寸的 1/20，或纵向钢筋所在位置的圆形截面柱弦长的 1/20；对其他结构类型的框架，纵筋直径限值不宜大于该方向截面尺寸的 1/20。

表 6.3　抗震框架梁纵向受拉钢筋的最小配筋百分率　　　　　　　　%

抗震等级	梁中位置	
	支座	跨中
一级	0.40 和 $80f_t/f_y$ 中的较大值	0.30 和 $65f_t/f_y$ 中的较大值
二级	0.30 和 $65f_t/f_y$ 中的较大值	0.25 和 $55f_t/f_y$ 中的较大值
三、四级	0.25 和 $55f_t/f_y$ 中的较大值	0.2 和 $45f_t/f_y$ 中的较大值

（3）梁的箍筋配置要求

梁端箍筋的加密区长度、箍筋最大间距和箍筋最小直径应按表6.4采用；当梁端纵向受拉钢筋配筋率大于 2% 时，表中箍筋最小直径应增大 2 mm。梁箍筋加密区长度内的箍筋肢距：一级抗震等级，不宜大于 200 mm 和 20 倍箍筋直径的较大值；二、三级不宜大于 250 mm 和 20 倍箍筋直径的较大值；四级不宜大于 300 mm。非加密区箍筋的要求参见相关国家其他规定。

表 6.4　抗震框架梁梁端箍筋加密区构造要求　　　　　　单位:mm

抗震等级	加密区长度（采用较大值）	箍筋最大间距（采用最小值）	箍筋最小直径
一级	$2h_b$,500	$h_b/4,6d,100$	10
二级	1.5h_b,500	$h_b/4,8d,100$	8
三级		$h_b/4,8d,150$	8
四级		$h_b/4,8d,150$	6

注：①d 为纵向钢筋直径，h_b 为梁截面高度；
　　②箍筋直径大于 12 mm，数量不少于 4 肢且肢距不大于 150 mm 时，一、二级的最大间距应允许适当放宽，但不得大于 150 mm。

▶ 6.3.4　框架柱抗震设计

柱是框架结构中最主要的抗侧力构件，在考虑地震作用组合下，该构件以压弯剪的复合受力状态为主，其变形能力较以弯曲变形为主的梁为差。框架柱抗震设计的关键是采取良好的抗震措施,确保柱具有足够的承载力、必要的延性和良好的耗能能力。

1)框架柱延性的主要影响因素

框架柱的抗震计算包括正截面和斜截面的承载力计算,此外还应关注其延性性能。影响框架柱延性的主要因素包括:

①剪跨比。剪跨比 $\lambda = M/Vh$,剪跨比越小,柱的延性越差。在忽略柱端转动的情况下,$\lambda = H_{cn}/2h$,工程中可近似采用柱高宽比 H/h 来区分长短柱。其中,$H/h \leqslant 4$ 的通常称为短柱,应采取全长箍筋加密等构造措施以保障其延性。

②轴压比。轴压比是指考虑地震作用组合的柱轴力设计值与柱的全截面面积和混凝土轴心抗压强度设计值乘积的比值。

$$n = \frac{N}{f_c A_c} \tag{6.15}$$

实验表明,随轴压比不同,柱可能呈现两种破坏状态:当 n 较小时,多为大偏心受压破坏,延性较好;当 n 较大时,为小偏心受压破坏,呈脆性破坏,柱的延性随轴压比增大而减小。《抗震规范》为了保证柱在地震作用下的延性,规定了轴压比的上限值,见表6.5。

表 6.5　柱轴压比限值

结构类型	抗震等级			
	一	二	三	四
框架结构	0.65	0.75	0.85	0.90
框架-抗震墙,板柱-抗震墙、框架-核心筒及筒中筒	0.75	0.85	0.90	0.95
部分框支抗震墙	0.6	0.7	—	—

注:①可不进行地震作用计算的结构,取无地震作用组合的轴力设计值;

②表内限值适用于剪跨比大于2、混凝土强度等级不高于C60的柱;剪跨比不大于2的柱,轴压比限值应降低0.05;剪跨比小于1.5的柱,轴压比限值应进行专门研究并采取特殊构造措施;

③沿柱全高采用井字复合箍且箍筋肢距不大于200 mm、间距不大于100 mm、直径不小于12 mm,或沿柱全高采用复合螺旋箍、螺旋间距不大于100 mm、箍筋肢距不大于200 mm、直径不小于12 mm,或沿柱全高采用连续复合矩形螺旋箍、螺旋净距不大于80 mm、直径不小于10 mm时,轴压比限值均可增加0.10;上述三种箍筋的最小配箍特征值均应按增大的轴压比由表6.10确定;

④在柱的截面中部附加芯柱,其中另加的纵向钢筋的总面积不小于柱截面面积的0.8%,轴压比限值可增加0.05;此项措施与注3的措施共同采用时,轴压比限值可增加0.15,但箍筋的配箍特征值仍可按轴压比增加0.10的要求确定;

⑤柱轴压比不应大于1.05。

③剪压比。剪压比是截面上平均剪应力与混凝土轴心抗压强度设计值的比值,以 $V/f_c bh_0$ 表示。剪压比越低,对构件延性越有利;因为剪压比过大,混凝土会过早产生脆性的斜压破坏,即使配置再多的箍筋也不能充分发挥抗剪作用,因此抗震框架柱设计时必须限制剪压比。此外,柱的剪跨比也对受剪破坏机制有着重要影响。因此,抗震框架柱所能承受的最大剪力设计值 V 应按不同的剪跨比进行控制。

剪跨比 $\lambda > 2$ 的柱:

$$V \leqslant \frac{1}{\gamma_{RE}}(0.20 f_c b h_0) \tag{6.16}$$

剪跨比 $\lambda \leqslant 2$ 的柱：

$$V \leqslant \frac{1}{\gamma_{RE}}(0.15f_cbh_0) \tag{6.17}$$

2）框架柱抗震计算要点

框架柱的承载力计算包括正截面偏压承载力、斜截面受剪承载力计算两个部分。正截面偏压承载计算公式形式上与非抗震偏心受压构件一致，但应注意公式中需引入承载力抗震调整系数 γ_{RE}。

柱的受剪承载力计算应考虑轴力的影响。当轴力为压力时，斜截面受剪承载力计算公式为：

$$V \leqslant \frac{1}{\gamma_{RE}}\left[\frac{1.05}{\lambda+1}f_tbh_0 + f_{yv}\frac{A_{sv}}{s}h_0 + 0.056N\right] \tag{6.18}$$

其中，当 $\lambda<1$ 时，取 $\lambda=1$；当 $\lambda>3$ 时，取 $\lambda=3$。当 $N>0.3f_cA$ 时，取 $N=0.3f_cA$。

当框架柱出现轴向拉力时，斜截面受剪承载力计算公式为：

$$V \leqslant \frac{1}{\gamma_{RE}}\left[\frac{1.05}{\lambda+1}f_tbh_0 + f_{yv}\frac{A_{sv}}{s}h_0 - 0.2N\right] \tag{6.19}$$

当式（6.19）中方括弧内的计算值小于 $f_{yv}\frac{A_{sv}}{s}h_0$ 时，取等于 $f_{yv}\frac{A_{sv}}{s}h_0$，且 $f_{yv}\frac{A_{sv}}{s}h_0$ 的值不应小于 $0.36f_tbh_0$。

3）框架柱主要构造要求

①截面要求：柱截面的宽度和高度，四级或不超过 2 层时不宜小于 300 mm，一、二、三级且超过 2 层时不宜小于 400 mm；圆柱的直径，四级或不超过 2 层时不宜小于 350 mm，一、二、三级且超过 2 层时不宜小于 450 mm。剪跨比宜大于 2。截面长边与短边的边长比不宜大于 3。

②柱纵筋配置要求：柱的纵向钢筋宜对称配置；柱纵向钢筋的最小总配筋率应按表 6.6 采用，同时每一侧的配筋率不应小于 0.2%。对建造于 IV 类场地且较高的高层建筑，表中的数值应增加 0.1。截面边长大于 400 mm 的柱，纵筋间距不宜大于 200 mm；柱总配筋率不应大于 5%。剪跨比不大于 2 的一级框架的柱，每侧纵筋配筋率不宜大于 1.2%；边柱、角柱及抗震墙端柱在地震作用组合产生小偏心受拉时，柱内纵筋总截面面积应比计算值增加 25%。

表 6.6 柱截面纵向钢筋的最小总配筋率　　　　　　　　　　　　　　%

类别	抗震等级			
	一	二	三	四
中柱和边柱	0.9(1.0)	0.7(0.8)	0.6(0.7)	0.5(0.6)
角柱、框支柱	1.1	0.9	0.8	0.7

注：①表中括号内的数值用于框架结构的柱；
②钢筋强度标准值小于 400 MPa 时，表中数值应增加 0.1，钢筋强度标准值为 400 MPa 时，表中数值应增加 0.05；
③混凝土强度等级高于 C60 时，表中数值应相应增加 0.1。

③柱箍筋配置要求:柱上下端部一定长度范围内通常考虑为塑形铰区段,应当加密箍筋,一般情况下,柱箍筋加密区范围及箍筋最大间距和最小直径见表6.7。

表6.7 柱箍筋加密区范围、箍筋最大间距和最小直径   单位:mm

抗震等级	箍筋最大间距（采用较小值）	箍筋最小直径	加密区长度（采用较大值）
一	6d,100	10	h(或D)，$H_n/6$，500
二	8d,100	8	
三	8d,150(柱根100)	8	
四	8d,150(柱根100)	6(柱根8)	

注:d为柱纵筋最小直径;h为矩形截面柱的长边边长,D为圆形截面柱的直径,H_n为柱的净高;柱根指框架底层柱的下端。

当出现下列情况时,应做相应变动:

①关于箍筋最小直径和最大间距。一级框架柱的箍筋直径大于12 mm且箍筋肢距不大于150 mm及二级框架柱的箍筋直径不小于10 mm且箍筋肢距不大于200 mm时,除底层柱下端外,最大间距允许采用150 mm;三级框架柱的截面尺寸不大于400 mm时,箍筋最小直径应允许采用6 mm;四级框架柱剪跨比不大于2时,箍筋直径不应小于8 mm;框支柱和剪跨比不大于2的框架柱,箍筋间距不应大于100 mm。

②关于箍筋加密区范围。以下情况应按加密区要求设置箍筋:底层柱下端不小于柱净高的1/3范围;刚性地面上下各500 mm;剪跨比不大于2的柱、因设置填充墙等形成的柱净高与柱截面高度之比不大于4的柱、框支柱、一级和二级框架的角柱,箍筋加密区取全高。

柱箍筋加密区的箍筋肢距,一级不宜大于200 mm,二、三级不宜大于250 mm,四级不宜大于300 mm。至少每隔一根纵向钢筋宜在两个方向有箍筋或拉筋约束;采用拉筋复合箍时,拉筋宜紧靠纵向钢筋并钩住箍筋。

柱箍筋加密区的体积配箍率应符合下式要求:

$$\rho_v \geqslant \lambda_v \frac{f_c}{f_{yv}} \qquad (6.20)$$

式中:ρ_v——柱箍筋加密区的体积配箍率;

λ_v——最小配箍特征值,按表6.8采用;

f_c——混凝土轴心抗压强度设计值,强度等级低于C35时,应按C35计算;

f_{yv}——箍筋或拉筋的抗拉强度设计值。

表6.8 柱箍筋加密区的箍筋最小配箍特征值

抗震等级	箍筋形式	柱轴压比								
		≤0.3	0.4	0.5	0.6	0.7	0.8	0.9	1.0	1.05
一	普通箍、复合箍	0.10	0.11	0.13	0.15	0.17	0.20	0.23	—	—
	螺旋箍、复合或连续复合矩形螺旋箍	0.08	0.09	0.11	0.13	0.15	0.18	0.21	—	—

抗震等级	箍筋形式	柱轴压比								
		≤0.3	0.4	0.5	0.6	0.7	0.8	0.9	1.0	1.05
二	普通箍、复合箍	0.08	0.09	0.11	0.13	0.15	0.17	0.19	0.22	0.24
	螺旋箍、复合或连续复合矩形螺旋箍	0.06	0.07	0.09	0.11	0.13	0.15	0.17	0.20	0.22
三、四	普通箍、复合箍	0.06	0.07	0.09	0.11	0.13	0.15	0.17	0.20	0.22
	螺旋箍、复合或连续复合矩形螺旋箍	0.05	0.06	0.07	0.09	0.11	0.13	0.15	0.18	0.20

注:①普通箍指单个矩形箍和单个圆形箍;复合箍指由矩形、多边形、圆形箍或拉筋组成的箍筋;复合螺旋箍指由螺旋箍与矩形、多边形、圆形箍或拉筋组成的箍筋;连续复合矩形螺旋箍指用一根通长钢筋加工而成的箍筋;

②框支柱宜采用复合螺旋箍或井字复合箍,其最小配箍特征值应比表6.8内数值增加0.02,且体积配箍率不应小于1.5%;

③剪跨比不大于2的柱宜采用复合螺旋箍或井字复合箍,其体积配箍率不应小于1.2%,9度一级时不应小于1.5%;

④计算复合螺旋箍的体积配箍率时,其中非螺旋箍筋的体积应乘以系数0.8;

⑤混凝土强度等级高于C60时,箍筋宜采用复合箍、复合螺旋箍或连续复合矩形螺旋箍,当轴压比不大于0.6时,其加密区的最小配箍特征值宜按表中数值增加0.02;当轴压比大于0.6时,宜按表中数值增加0.03。

柱箍筋加密区的最小体积配箍率:一级不应小于0.8%,二级不应小于0.6%,三、四级不应小于0.4%。

柱箍筋非加密区的体积配箍率不宜小于加密区的50%;非加密区箍筋间距,一、二级框架柱不应大于10倍纵向钢筋直径,三、四级框架柱不应大于15倍纵向钢筋直径。

▶ 6.3.5 框架节点的抗震设计

地震作用下,框架梁柱节点主要承受柱传递的竖向力和梁、柱端传来的剪力和弯矩。现有震害显示,框架节点的破坏以剪切破坏形式为主。因此,《抗震规范》要求对一、二、三级框架的节点进行节点区的抗剪承载力验算,四级框架节点可不进行验算,但应符合构造措施的要求。

1)框架节点的受力机理

框架节点是框架结构中受力最复杂的部位,节点核芯区的传力机理至今未形成有说服力的、公认的模型。《抗震规范》目前对节点抗震验算主要采用新西兰提出的"桁架机构"加"斜压杆机构"模型,该模型认为贯穿节点的梁、柱纵筋在梁、柱端所受的拉力和压力联合作用下,将把相当一部分力经由黏结效应以周边"剪力流"的形式传入节点,使节点核芯区处在典型的"纯剪"状态,并承受相应主拉应力和主压应力的作用;剪力场所产生的斜向主压应力自始至终由节点区混凝土承担;当核芯区混凝土在斜向压应力作用下沿斜向开裂后,主拉应力将由节点水平箍筋和节点正面柱筋分担,形成"桁架机构"。此外,梁、柱端受压区混凝土传给节点边缘的压力也有相当一部分在节点中合成为斜向压力,由斜向一定宽度内的核芯区混凝土承担,形成"斜压杆机构"。

2)节点核芯区受力分析

取框架中间节点为脱离体(图6.17),分析节点核芯区的受力。

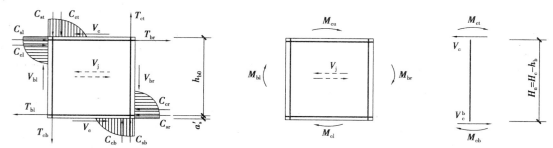

图6.17 节点受力模型

当节点到达抗剪承载力极限状态时,设梁端已出现塑性铰,并不计框架梁轴力的影响,取节点上半部力合成为节点所受水平力 V_j:

$$V_j = C_{sl} + C_{cl} + T_{br} - V_c \tag{6.21}$$

式中:V_j——节点剪力;

C_{sl},C_{cl}——节点左侧受压纵筋、受压混凝土的压力合力;

T_{br}——节点右侧受拉纵筋处的拉力;

V_c——柱端剪力。

由节点弯矩平衡得:

$$M_{cl} + M_{cu} = M_{bl} + M_{br} \tag{6.22}$$

式中:M_{cl},M_{cu}——柱上、下端弯矩;

M_{bl},M_{br}——梁左、右端弯矩。

假定节点相连上、下层柱的端弯矩均近似相等,得:

$$M_{cu} = M_{cb}, M_{cl} = M_{ct} \tag{6.23}$$

假定层高为 H_c,框架梁高度为 h_b,取柱段为脱离体,由弯矩平衡条件得:

$$V_c = \frac{M_{cb} + M_{ct}}{H_c - h_b} = \frac{M_{bl} + M_{br}}{H_c - h_b} \tag{6.24}$$

由节点所连接左、右梁端的截面平衡条件:

$$\begin{cases} C_{sl} + C_{cl} = T_{bl} \\ M_{bl} = T_{bl}(h_{b0} - a'_s) \end{cases} \Rightarrow C_{sl} + C_{cl} = \frac{M_{bl}}{h_{b0} - a'_s} \tag{6.25}$$

$$T_{br} = \frac{M_{br}}{(h_{b0} - a'_s)} \tag{6.26}$$

将式(6.24)、式(6.25)、式(6.26)代入式(6.21):

$$V_j = \frac{M_{bl} + M_{br}}{h_{b0} - a'_s}\left(1 - \frac{h_{b0} - a'_s}{H_c - h_b}\right) \tag{6.27}$$

考虑"强连接"的调整原则,引入剪力增大系数 η_{jb},则式(6.27)可表示为式(6.7)。

3)节点抗剪承载力计算

实验表明:正交梁(即与框架平面垂直且与节点相交的梁)对节点具有约束作用,当正交梁的截面宽度不小于柱宽的 1/2,且截面高度不小于较高框架梁高度的 3/4 时,最大的节点受剪承载力可提高 50%～100%,因此,节点受剪承载力计算公式中可适当考虑正交梁约束效应的有利影响。需要指出的是:边柱和角柱节点处虽有单侧正交梁,但约束效应并不明显,故不宜考虑提高此类节点的受剪承载力。

轴向压力较小时,轴压力对节点的抗剪强度具有有利影响;当轴压力过大时,节点混凝土的抗剪强度反而会随轴压力的增大而减小。因此,节点核芯区受剪承载力计算应在限制轴压比的前提下,适当考虑轴力对抗剪的有利影响。

节点受力机制的分析表明,箍筋的拉杆作用和混凝土的斜压杆作用是共同保证节点可靠传递剪力的基础,当配箍量过高时,可能导致混凝土首先压碎,而箍筋尚不能充分发挥作用。因此,节点的受剪承载力验算要首先限制节点的剪压比,即控制节点的最小截面尺寸。

综合以上影响因素,框架节点核芯区受剪的水平截面应首先满足下列条件:

$$V_{\mathrm{j}} \leqslant \frac{1}{\gamma_{\mathrm{RE}}}(0.30\eta_{\mathrm{j}}f_{\mathrm{c}}b_{\mathrm{j}}h_{\mathrm{j}}) \tag{6.28}$$

式中:h_{j}——框架节点核芯区的截面高度,可取验算方向的柱截面高度,即 $h_{\mathrm{j}}=h_{\mathrm{c}}$;

b_{j}——框架节点核芯区的截面有效验算宽度,当 $b_{\mathrm{b}} \geqslant b_{\mathrm{c}}/2$ 时,可取 $b_{\mathrm{j}}=b_{\mathrm{c}}$;当 $b_{\mathrm{b}} < b_{\mathrm{c}}/2$ 时,可取 $(b_{\mathrm{b}}+0.5h_{\mathrm{c}})$ 和 b_{c} 中的较小值;当梁、柱中线不重合,且偏心距 $e_{0} \leqslant b_{\mathrm{c}}/4$ 时,可取 $(0.5b_{\mathrm{b}}+0.5b_{\mathrm{c}}+0.25h_{\mathrm{c}}-e_{0})$、$(b_{\mathrm{b}}+0.5h_{\mathrm{c}})$ 和 b_{c} 三者中的最小值;此处,b_{b} 为验算方向的梁截面宽度,b_{c} 为该侧柱的截面宽度;

η_{j}——正交梁对节点的约束影响系数。当楼板为现浇、梁柱中线重合、四侧各梁截面宽度不小于该侧柱截面宽度的 1/2,且正交方向梁高度不小于较高框架梁高度的 3/4 时,可取 1.5,9 度的一级宜采用 1.25;当不满足上述约束条件时,均采用 1.0。

框架梁柱节点受剪承载力的一般计算公式为:

$$V_{\mathrm{j}} = \frac{1}{\gamma_{\mathrm{RE}}}\left[0.1\eta_{\mathrm{j}}f_{\mathrm{t}}b_{\mathrm{j}}h_{\mathrm{j}} + 0.05\eta_{\mathrm{j}}N\frac{b_{\mathrm{j}}}{b_{\mathrm{c}}} + f_{\mathrm{yv}}A_{\mathrm{svj}}\frac{h_{\mathrm{b0}} - a_{\mathrm{s}}'}{s}\right] \tag{6.29}$$

9 度的一级框架,节点受剪承载力计算公式为:

$$V_{\mathrm{j}} = \frac{1}{\gamma_{\mathrm{RE}}}\left[0.9\eta_{\mathrm{j}}f_{\mathrm{t}}b_{\mathrm{j}}h_{\mathrm{j}} + f_{\mathrm{yv}}A_{\mathrm{svj}}\frac{h_{\mathrm{b0}} - a_{\mathrm{s}}'}{s}\right] \tag{6.30}$$

式中:N——对应于考虑地震作用组合剪力设计值的上柱组合轴向压力的较小值。当 N 为压力且 $N>0.5f_{\mathrm{c}}b_{\mathrm{c}}h_{\mathrm{c}}$ 时,取 $N=0.5f_{\mathrm{c}}b_{\mathrm{c}}h_{\mathrm{c}}$;当 N 为拉力时,取 $N=0$;

A_{svj}——核芯区有效验算宽度范围内同一截面验算方向箍筋的总截面面积。

6.4　抗震墙结构抗震计算与构造

钢筋混凝土抗震墙结构具有整体性好,抗侧刚度大、方便使用的优点,在高层建筑中应用广泛。试验研究表明:同样高度的建筑,抗震墙结构的耗能比延性框架约大 20 倍,当然,这一结果的取得需要以良好的抗震设计为基础。

抗震墙结构的抗震设计首先应遵照 6.2 节的相关要求进行结构布置,然后选取合理的计算模型进行结构抗震计算,最后进行抗震墙的截面设计和选择合理的构造措施。

▶ 6.4.1 抗震墙结构内力与位移计算

抗震墙结构的内力和位移计算一般采用空间结构模型,由计算机程序进行分析。在特定情况下,也可采用忽略扭转效应的平面结构模型进行简化分析。简化分析的主要步骤如下:

1)确定楼层的地震作用和内力

以结构层为质点,建立"葫芦串"模型,采用底部剪力法、振型分解法、时程分析法等,确定水平地震作用沿高度的分布 F_i,以及各楼层的剪力 V_i,弯矩 M_i。

2)楼层剪力、弯矩在墙片间的分配

抗震墙通常考虑为平面受力构件,即仅在沿墙长度方向上考虑其抗侧刚度贡献,忽略平面外(沿墙厚度方向)刚度。因此,抗震墙结构可按房屋纵、横两个主轴方向,各自分解为若干墙片。当抗震墙与主轴斜交时,可按正交分解的方式考虑墙段在两个主轴方向上的刚度贡献。

水平地震作用在各墙片间的分配需考虑楼板平面内的刚度特性,根据变形协调条件确定。简化计算中,通常假定楼盖平面内刚度无穷大,因此,剪力、弯矩可按等效刚度比例在各墙片间进行分配。

为简化抗侧刚度的计算,假定抗震墙的结构刚度沿竖向均匀分布,根据顶点位移相等的原则,各类抗震墙的等效刚度可表示为:

对于整体墙:

$$E_c I_{eq} = \frac{E_c I_w}{1 + \frac{9\mu I_w}{A_w H^2}} \tag{6.31}$$

式中:E_c——混凝土弹性模量;

I_{eq}——等效惯性矩;

H——抗震墙的总高度;

μ——剪应力分布不均匀系数,矩形截面取 1.2;

I_w——抗震墙组合截面的平均惯性矩。当各层层高和惯性矩不同时(如开洞影响),应按层高进行加权平均。$I_w = \sum (I_i h_i) / \sum h_i$,其中 I_i 为 i 层抗震墙组合截面惯性矩,h_i 为 i 层层高;

A_w——小洞口整体墙折算截面面积。$A_w = \gamma_0 A = (1-1.15\sqrt{A_{op}/A_f})A$,其中,$A$ 为墙截面毛面积;A_{op} 为墙面洞口面积;A_f 为墙面总面积;γ_0 称为洞口削弱系数。

对于整体小开口墙:

$$E_c I_{eq} = \frac{0.8 E_c I_w}{1 + \frac{9\mu I}{A H^2}} \tag{6.32}$$

式中:I——抗震墙组合截面惯性矩;

A——墙肢截面积之和。

联肢墙、壁式框架和框架-抗震墙结构中的抗震墙等效刚度可将水平荷载视为倒三角形或均匀分布,其等效刚度为:

$$E_c I_{eq} = \frac{qH^4}{8\mu_1} \qquad \text{(均布荷载)} \tag{6.33}$$

$$E_c I_{eq} = \frac{11q_{max}H^4}{120\mu_2} \qquad \text{(倒三角形荷载)} \tag{6.34}$$

式中:q,q_{max}——均布荷载和倒三角形荷载的最大值;

μ_1,μ_2——均布荷载和倒三角形荷载作用下的结构顶点水平位移值。

当第 i 层各墙片的混凝土强度等级相等时,第 i 层第 j 片墙分配的剪力 V_{ij}、弯矩 M_{ij} 分别为:

$$V_{ij} = \frac{I_{eqj}}{\sum I_{eqj}} V_i, \quad M_{ij} = \frac{I_{eqj}}{\sum I_{eqj}} M_i \tag{6.35}$$

各墙片由于建筑功能的要求可能存在各种大小的洞口,从而形成了整体墙、整体小开口、联肢墙,开洞后形成的各墙肢内力,可参照相关文献的计算方法进行计算,此处不再赘述。

▶ 6.4.2 抗震墙截面设计与构造

1)墙肢正截面承载力计算

抗震墙墙肢为压(拉)、弯、剪复合受力构件,其正截面承载力计算思路与偏压柱相同,但需注意以下三点:

①抗震墙各墙肢截面组合的内力设计值,应按下列规定采用:

a.一级抗震墙的底部加强部位以上的部位,墙肢的组合弯矩设计值应乘以增大系数,其值可采用1.2,剪力相应调整;

b.部分框支抗震墙结构的落地抗震墙墙肢不应出现小偏心受拉;

c.双肢抗震墙中,墙肢不宜出现小偏心受拉,当任一墙肢为大偏心受拉时,另一墙肢的剪力设计值、弯矩设计值应乘以增大系数1.25。

②墙肢中存在分布钢筋,在大、小偏心受压状态下分布钢筋的作用应按《抗震规范》相关规定考虑。

③承载力计算中应考虑抗震承载力调整系数 γ_{RE} 的影响。

2)墙肢斜截面承载力计算

①抗震墙斜截面受剪承载力计算时,应满足以下要求:

一、二、三级抗震墙底部加强部位,其截面组合的剪力设计值应按下式调整:

$$V = \eta_{vw} V_w \tag{6.36}$$

9 度的一级抗震墙可不按式(6.36)进行调整,但应符合:

$$V = 1.1 \frac{M_{wua}}{M_w} V_w \tag{6.37}$$

式中:V——抗震墙底部加强部位截面组合的剪力设计值;

V_w——抗震墙底部加强部位截面组合的剪力计算值;

M_{wua}——抗震墙底部截面按实配的纵向钢筋面积、材料强度标准值和轴力等计算的抗震受弯承载力所对应的弯矩值,有翼墙时应计入墙两侧各 1 倍翼墙厚度范围内的纵向钢筋;

M_w——抗震墙底部截面组合的弯矩设计值;

η_{vw}——抗震墙剪力增大系数,一级、二级和三级抗震墙可分别取 1.6、1.4 和 1.2。

②考虑地震作用参与组合的抗震墙的受剪截面应符合下列条件:

当剪跨比 $\lambda > 2$ 时,

$$V \leqslant \frac{1}{\gamma_{RE}}(0.2 f_c b h_0) \qquad (6.38)$$

当剪跨比 $\lambda \leqslant 2$ 时,

$$V \leqslant \frac{1}{\gamma_{RE}}(0.15 f_c b h_0) \qquad (6.39)$$

③考虑地震作用组合时,抗震墙的斜截面受剪承载力计算公式应考虑轴力的影响。

当抗震墙为偏心受压时:

$$V_{wu} = \frac{1}{\gamma_{RE}}\left[\frac{1}{\lambda - 0.5}\left(0.4 f_t b h_0 + 0.1 N \frac{A_w}{A} \right) + 0.8 f_{yv} \frac{A_{sh}}{s} h_0 \right] \qquad (6.40)$$

当抗震墙为偏心受拉时:

$$V_{wu} = \frac{1}{\gamma_{RE}}\left[\frac{1}{\lambda - 0.5}\left(0.4 f_t b h_0 - 0.1 N \frac{A_w}{A} \right) + 0.8 f_{yv} \frac{A_{sh}}{s} h_0 \right] \qquad (6.41)$$

式中:N——考虑地震作用组合的抗震墙轴向力设计值,当 N 为压力时,取各组合中的较小值;当 $N > 0.2 f_c b h$ 时,取 $N = 0.2 f_c b h$。当 N 为拉力时,取各组合中的较大值;当式

(6.41)右端方括弧中计算值小于 $0.8 f_{yv} \frac{A_{sh}}{s} h_0$,取等于 $0.8 f_{yv} \frac{A_{sh}}{s} h_0$。

λ——计算截面处的剪跨比,$\lambda = M/V h_0$,此处 M 为与剪力设计值 V 对应的弯矩设计值。当 $\lambda < 1.5$ 时,取 $\lambda = 1.5$;$\lambda > 2.2$ 时,取 $\lambda = 2.2$;当计算截面与墙底之间的距离小于 $h_0/2$ 时,λ 应按距墙底 $h_0/2$ 处的弯矩设计值与剪力设计值计算。

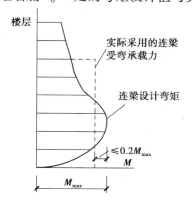

图 6.18 连梁调幅的处理方法

3) 连梁设计

(1) 连梁的设计内力调整

抗震墙墙肢间连梁因整体弯矩影响和自身刚度的原因,往往在部分楼层产生很大的弯矩、剪力,容易造成剪压比超限或纵筋超筋,若加大连梁截面,则会因连梁刚度增加导致分配的内力也增加。在结构整体刚度有富余的情况下,可采取以下调整方案:

a. 减小连梁高度或增大其跨度,从而减小连梁刚度,使其承担的剪力和弯矩迅速减小。

b. 考虑地震作用下连梁开裂导致其刚度降低,引入连梁刚度折减系数(通常大于 0.55)。

c. 局部楼层连梁弯矩设计值超过最大受弯承载力时,可采取调幅的方法处理,调幅后的弯矩设计值不应小于调整前最大弯矩的 80%。由于调幅后导致连梁传递的整体弯矩减小,所以应增加相应墙肢的内力,或增加其余相邻楼层的连梁设计弯矩(图 6.18)。

(2) 连梁的承载力计算

连梁承载力计算包括正截面受弯和斜截面受剪两部分,考虑到地震作用具有正反双向作用的特点,连梁纵筋通常对称配置,且承载力计算公式中应计入 γ_{RE}。连梁的斜截面受剪承载力验算需首先根据跨高比(l_0/h)验算截面尺寸的限制条件:

$$V_b \leq \frac{1}{\gamma_{RE}}(0.2 f_c b h_0) \qquad l_0/h > 2.5 \qquad (6.42)$$

$$V_b \leq \frac{1}{\gamma_{RE}}(0.15 f_c b h_0) \qquad l_0/h \leq 2.5 \qquad (6.43)$$

连梁斜截面受剪承载力验算公式应依据《混凝土结构设计规范》相关规定执行。

4) 抗震墙的构造要求

抗震墙的构造要求主要包括墙体厚度、轴压比、墙体分布筋构造、墙体边缘构件和连梁构造等,随结构体系不同(抗震墙结构、框架-抗震墙结构、板柱-抗震墙结构和筒体结构),以上构造措施略有差异。以下内容除注明外,均指抗震墙结构的基本抗震构造措施,其他结构体系的相关规定可参见《抗震规范》。

(1) 抗震墙厚度

抗震墙结构的墙厚,在一、二级抗震等级时,不应小于 160 mm,且不宜小于层高或无支长度的 1/20;三、四级抗震等级,抗震墙的墙厚不应小于 140 mm,且不宜小于层高的 1/25;无端柱或翼墙时,一、二级不宜小于层高或无支长度的 1/16,三、四级不宜小于层高或无支长度的 1/20。底部加强部位的墙厚,一、二级抗震等级,抗震墙厚不应小于 200 mm,且不宜小于层高或无支长度的 1/16;三、四级抗震等级,抗震墙厚不应小于 160 mm,且不宜小于层高或无支长度的 1/20;无端柱或翼墙时,一、二级抗震等级,抗震墙厚不宜小于层高或无支长度的 1/12,三、四级抗震等级,抗震墙厚不宜小于层高或无支长度的 1/16。

(2) 墙肢轴压比

墙肢的轴压比指墙肢的轴压力设计值(在重力荷载代表值作用下)与墙的全截面面积和混凝土轴心抗压强度设计值的乘积的比值。《抗震规范》规定:一、二、三级抗震墙在重力荷载代表值作用下墙肢的轴压比,一级时,9 度不宜大于 0.4,7、8 度不宜大于 0.5;二、三级时不宜大于 0.6。

（3）墙体分布钢筋

抗震墙竖向、横向分布钢筋的配筋,应符合下列规定:一、二、三级抗震墙的竖向和横向分布钢筋的最小配筋率均不应小于0.25%,四级抗震墙分布钢筋的最小配筋率不应小于0.2%;部分框支抗震墙结构的落地抗震墙底部加强部位,竖向和横向分布钢筋的配筋率均不应小于0.3%。

抗震墙的竖向和横向分布钢筋的间距不应大于300 mm;部分框支抗震墙结构的落地抗震墙底部加强部位,竖向和横向分布钢筋的间距不宜大于200 mm。抗震墙厚度大于140 mm时,其竖向和横向分布钢筋应双排布置,双排分布钢筋间拉筋的间距不应大于600 mm,直径不应小于6 mm。抗震墙竖向和横向分布钢筋的直径,均不宜大于墙厚的1/10且不应小于8 mm;竖向钢筋直径不宜小于10 mm。

（4）抗震墙边缘构件

抗震墙两端和洞口两侧应设置边缘构件,边缘构件形式包括暗柱、端柱和翼墙,类型分为构造边缘构件和约束边缘构件。边缘构件的分类设置条件依据结构类型、轴压比和边缘构件设置部位来划分,详细条件参见表6.9和表6.10。约束边缘构件和构造边缘构件的设置范围、配筋要求详见《抗震规范》。

表6.9　边缘构件的分类设置要求

结构类型	基本条件	边缘构件设置部位	边缘构件类型
抗震墙结构、框架-抗震墙结构、板柱抗震墙结构	底层墙肢底截面的轴压比小于表6.10中的一、二、三级抗震墙及四级抗震墙	墙体的全高	构造边缘构件
	底层墙肢底截面的轴压比大于表6.10中的一、二、三级抗震墙	底部加强部位及相邻的上一层	约束边缘构件
		底部加强部位及相邻上一层以上的部位	构造边缘构件
部分框支抗震墙结构	所有抗震墙	底部加强部位及相邻的上一层	约束边缘构件
		底部加强部位及相邻上一层以上的部位	构造边缘构件

表6.10　抗震墙设置构造边缘构件的最大轴压比

抗震等级或烈度	一级(9度)	一级(7,8度)	二、三级
轴压比	0.1	0.2	0.3

5）连梁构造

抗震墙结构中,跨高比较小的高连梁,可设水平缝形成双连梁、多连梁或采取其他措施加强受剪承载力的构造。顶层连梁的纵向钢筋伸入墙体的锚固长度范围内,应设置箍筋。

筒体结构中,对一、二级抗震等级的内筒及核心筒中的连梁,当其跨高比不大于2且截面宽度不小于400 mm时,可采用斜向交叉暗柱配筋,并应按框架梁构造要求设置箍筋。当截面宽度小于400 mm但不小于200 mm时,除配置普通箍筋外,可另增设斜向交叉构造钢筋。

习 题

6.1 列举 2008 年汶川地震中钢筋混凝土框架结构及剪力墙结构的典型震害。

6.2 抗震设计时,结构平面、竖向布置应遵循哪些原则?

6.3 什么情况下应考虑设置防震缝? 防震缝的最小缝宽应满足哪些要求?

6.4 对钢筋混凝土结构划分抗震等级的目的是什么? 划分的主要依据是什么?

6.5 我国规范采用了哪些抗震措施来引导结构及构件将来在地震中发生延性破坏?

6.6 钢筋混凝土框架结构在哪些部位应加密箍筋? 加密箍筋的主要目的是什么?

6.7 为何对钢筋混凝土剪力墙结构底部设置加强部位?

砌体房屋抗震设计

《砌体结构设计规范》
GB 50003—2011

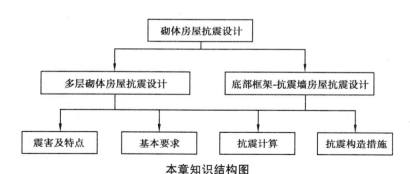

本章知识结构图

本章主要介绍多层砌体房屋、底部框架-抗震墙砌体房屋的震害特点、基本要求、抗震计算和抗震构造措施等。

7.1 多层砌体房屋的震害及分析

砌体房屋是指采用普通砖(包括烧结、蒸压、混凝土普通砖)、多孔砖(包括烧结、混凝土多孔砖)和混凝土小型空心砌块等砌体承重的多层房屋。砌体房屋通过块体和砂浆砌筑而成,整体性相对较差,其抗剪、抗拉和抗弯强度较低,容易发生脆性破坏。

砌体房屋震害

砌体房屋的宏观震害现象主要表现为墙体开裂、局部倒塌或倒塌等。

墙体开裂主要是因地震作用引起的内力超过砌体房屋墙体的承载力而发生的破坏,与地震动特性和砌体房屋的结构特性相关。墙体开裂主要表现为斜裂缝、水平裂缝、整片墙体甩落或墙角破坏等。当水平地震作用方向与墙体近似平行时,可能发生墙体的主拉应力达到其极限强度而产生斜裂缝。由于地震的反复作用,容易在墙体上形成交叉裂缝,如图7.1所示。当地震作用方向与墙体近似垂直时,可能出现出平面破坏从而造成大面积的墙体甩落,如图7.2所示。在水平和竖向地震共同作用下,墙体在剪力和拉力共同作用下容易出现水平裂缝,如图7.3所示。而在扭转地震作用下,房屋的端部尤其是墙角处容易出现裂缝甚至发生局部倒塌,如图7.4所示。

图 7.1　墙体的交叉裂缝

图 7.2　外纵墙大面积甩落

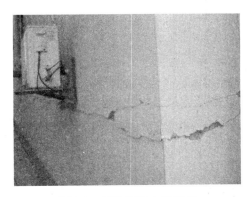

图 7.3　墙体底部水平裂缝

图 7.4　墙角破坏

　　倒塌主要是由于砌体房屋某层或局部因墙体(或竖向构件)严重开裂或甩落后失去竖向承载力而导致的破坏,如图7.5所示。

(a)底层倒塌

(b)局部倒塌

图 7.5　砌体房屋的倒塌破坏

历次地震震害调查表明砌体房屋有以下震害特点：

①没有经过合理抗震设计的砌体房屋整体抗震性能差，但仍具有一定的抗倒塌能力。未经抗震设计的多层砖房，在Ⅵ度区内主体结构基本完好或轻微破坏，而女儿墙、出屋面小烟囱等破坏严重；在Ⅶ度区内主体结构轻微破坏，小部分达到中等破坏；Ⅷ度区内多数结构达到中等破坏；Ⅸ度区多数结构出现严重破坏；Ⅹ度及以上地区大多数房屋倒塌。

②经过抗震设防或加固的砌体房屋的震害轻于没有经过抗震设计的砌体房屋的震害。经过抗震设计且施工质量得到保证的多层砌体房屋具有较好的抗震能力，其平均震害比未进行抗震设计的砌体房屋减轻1~2个等级，在Ⅷ度区内不出现中等以上破坏、在Ⅹ度区不出现倒塌。

③砌体房屋中受力复杂和约束减弱处更容易破坏。如房屋两端、转角、楼梯间、外廊、女儿墙及突出的屋顶间等部位的震害一般较重。

④结构布置对砌体房屋的震害影响较大。一般横墙承重房屋的震害轻于纵墙承重房屋的震害。刚性楼盖房屋的上层破坏轻，下层破坏重；柔性楼盖房屋的上层破坏重，下层破坏轻。预制楼板结构的震害通常重于现浇楼板结构的震害。

⑤地基条件对砌体房屋的震害也有影响。一般而言，坚实地基上的房屋震害轻于软弱地基和非均匀地基上的房屋的震害。

7.2　多层砌体房屋的抗震设计基本要求

合理的结构布置、良好的抗震体系和相应的抗震措施是结构抗震性能的重要保证。在罕遇地震下，多层砌体房屋容易发生倒塌，多层砌体房屋的抗倒塌主要通过总体结构布置和细部构造措施来保证。

▶　7.2.1　建筑布置和结构体系要求

①由于纵墙一般较长、开洞较多，地震时容易发生破坏。因此应优先采用横墙承重或纵横墙共同承重的结构布置。

②当采用纵横墙共同承重的结构布置时，要求纵横墙布置宜均匀对称，沿平面内宜对齐，沿竖向应上下连续，且纵横向墙体的数量不宜相差过大；平面轮廓凹凸尺寸不宜过大，当较大时，房屋转角处应采取加强措施；楼板局部大洞口的尺寸不宜过大，且不应在墙体两侧同时开洞；房屋错层的楼板高度超过500 mm时，应按两层计算，错层部位的墙体应采取加强措施；同一轴线上的窗间墙宽度宜均匀且墙面洞口不宜过大；在房屋宽度方向的中部应设置内纵墙，其累计长度不宜太小。

③当房屋立面高差在6 m以上、房屋有错层且楼板高差较大、各部分结构刚度和质量截然不同时，宜设置防震缝，缝两侧均应设置墙体，缝宽应根据烈度和房屋高度确定，可采用70~100 mm。

④楼梯间不宜设置在房屋的尽端和转角处。

⑤不应在房屋转角处设置转角窗。

⑥横墙较少、跨度较大的房屋,宜采用现浇钢筋混凝土楼、屋盖。

7.2.2 整体尺寸限定

1)房屋总高度与层数

多层砌体房屋的抗震能力与房屋的总高度直接相关。震害调查表明:随层数增多,砌体房屋的破坏程度也随之加重,倒塌率随房屋的层数近似成正比增加。因此,对房屋的高度与层数要给以一定的限制。《抗震规范》对砌体房屋的总高度与层数的限值见表7.1。

对医院、教学楼等横墙较少的房屋,总高度应比表7.1的规定相应降低3 m,层数应相应减少一层;对各层横墙很少的房屋,还应再减少一层。横墙较少指同一楼层内开间大于4.2 m的房间占该层总面积的40%以上。横墙很少指同一楼层内开间不大于4.2 m的房间占该层总面积不到20%且开间大于4.8 m的房间占该层总面积的50%以上。

采用蒸压灰砂砖和蒸压粉煤灰砖的砌体房屋,当其抗剪强度仅达到普通黏土砖砌体的70%时,房屋的层数应比普通砖房减少一层,总高度应减少3 m;当其抗剪强度达到普通黏土砖砌体的取值时,房屋层数和总高度要求与普通砖房屋相同。

6、7度时,横墙较少的丙类抗震设防的多层砌体房屋,当按规定采取加强措施并满足抗震承载力要求时,其高度和层数应允许仍按表7.1规定采用。

表 7.1 房屋的层数和总高度(m)限值

房屋类别		最小厚度/mm	烈　度										
			6		7				8				9	
			0.05g		0.10g		0.15g		0.20g		0.30g		0.40g	
			高度(m)	层数	高度(m)	层数	高度(m)	层数	高度(m)	层数	高度(m)	层数	高度(m)	层数
多层砌体房屋	普通砖	240	21	7	21	7	21	7	18	6	15	5	12	4
	多孔砖	240	21	7	21	7	18	6	18	6	15	5	9	3
	多孔砖	190	21	7	18	6	15	5	15	5	12	4	—	—
	小砌块	190	21	7	21	7	18	6	18	6	15	5	9	3
底部框架-抗震墙砌体房屋	普通砖 多孔砖	240	22	7	22	7	19	6	16	5	—		—	
	多孔砖	190	22	7	19	6	16	5	13	4	—		—	
	小砌块	190	22	7	22	7	19	6	16	5	—		—	

注:①房屋的总高度指室外地面到檐口或主要屋面板板顶的高度,半地下室可从地下室室内地面算起,全地下室和嵌固条件好的半地下室可从室外地面算起;带阁楼的坡屋面应算到山尖墙的1/2高度处。

②室内外高差达到0.6 m时,房屋总高度可比表中数据适当增加,但不应多于1 m。

③乙类的多层砌体房屋应允许按本地区设防烈度查表,但层数减少一层且总高度应降低3 m。不应采用底部框架-抗震墙砌体房屋。

④本表小砌块砌体房屋不包括配筋混凝土空心小型砌块砌体房屋。

2)房屋的高宽比

当房屋的高宽比较大时,地震中易发生整体弯曲破坏。多层砌体房屋不做整体弯曲验算,但为了保证房屋的稳定性,房屋总高度和总宽度的最大比值宜满足表 7.2 的要求。

表 7.2　房屋最大高宽比

烈度	6	7	8	9
最大高宽比	2.5	2.5	2.0	1.5

注:①单面走廊房屋的总宽度不包括走廊宽度。

②建筑平面接近正方形时,其高宽比宜适当减小。

▶ 7.2.3　局部尺寸限定

1)层高限制

普通砖、多孔砖和小砌块砌体承重房屋的层高,不应超过 3.6 m。当使用功能确有需要时,采用约束砌体等加强措施的普通砖砌体墙体时,房屋的层高不应超过 3.9 m。当底层采用约束砌体抗震墙时,底层的层高不应超过 4.2 m。

2)抗震横墙的间距

多层砌体房屋的横向地震力主要由横墙承担,抗震横墙数量和间距对房屋的抗震性能影响大,横墙数量多、间距小,结构的空间刚度大,抗震性能好,反之抗震性能差。横墙间距的大小还与楼盖传递水平地震力的需求相关,过大时,楼盖刚度小,可能不足以将水平地震力传递到相邻墙体,即不容易协调各墙体的共同受力。我国现行的《抗震规范》规定多层砌体房屋的抗震横墙间距不应超过表 7.3 中的规定值。

表 7.3　多层砌体房屋抗震横墙最大间距　　　　　　　　　　　单位:m

房　屋　类　别		烈　　度			
		6	7	8	9
多层砌体	现浇和装配整体式钢筋混凝土	15	15	11	7
	装配式钢筋混凝土	11	11	9	4
	木	9	9	4	—
底部框架-抗震墙	上部各层	同多层砌体房屋			—
	底部或底部两层	18	15	11	—

注:①多层砌体房屋顶层,除木屋盖外的最大横墙间距可适当放宽,但应采取相应加强措施;

②多孔砖抗震横墙厚度为 190 mm 时,最大横墙间距应比表中数值减少 3 m。

3)房屋的局部尺寸

为避免出现薄弱部位,防止局部的破坏发展成为整栋房屋的破坏,多层砌体房屋的局部尺寸应符合表 7.4 的要求。

表7.4 房屋的局部尺寸限值　　　　　　　　单位:m

部位	烈度			
	6	7	8	9
承重窗间墙最小宽度	1.0	1.0	1.2	1.5
承重外墙尽端至门窗洞边的最小距离	1.0	1.0	1.2	1.5
非承重外墙尽端至门窗洞边的最小距离	1.0	1.0	1.0	1.0
内墙阳角至门窗洞边的最小距离	1.0	1.0	1.5	2.0
无锚固女儿墙(非出入口处)的最大高度	0.5	0.5	0.5	0.0

注:①局部尺寸不足时,应采取局部加强措施弥补,且最小宽度不宜小于1/4层高和本表所列数据的80%;
　　②出入口处的女儿墙应有锚固。

7.3　多层砌体房屋的抗震计算

　　多层砌体房屋的抗震计算主要是对墙体抗侧力能力的验算,具体而言是对砌体房屋薄弱层的墙段的抗震验算。多层砌体房屋的抗震计算基本步骤包括:地震作用与楼层剪力计算、墙体(或墙段)的地震剪力分配、墙体(或墙段)的抗震验算。

▶ 7.3.1　地震作用与楼层剪力计算

1)计算简图

　　计算多层砌体房屋的地震作用时,应以防震缝所划分的结构单元作为计算单元。在计算单元中,各楼层的集中质点设在楼、屋盖标高处,各楼层质点的重力荷载代表值包括:楼、屋盖上的重力荷载代表值和上、下各半层墙体(含构造柱)的自重。多层砌体房屋的抗震计算简图如图7.6所示。计算简图中底部固定端的取值:当基础埋置较浅时取为基础顶面;当基础埋置较深时取为室外地坪下0.5m;当有整体刚度很大的全地下室时,取地下室顶板顶面标高;当地下室刚度较小或半地下室时取地下室室内地坪标高,且地下室顶板算一层楼面。

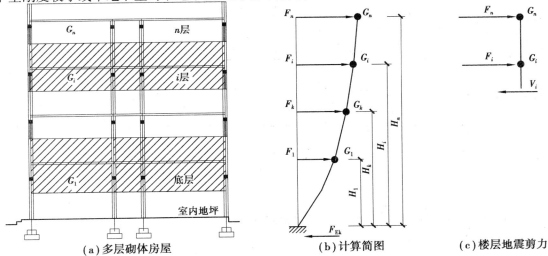

(a)多层砌体房屋　　　　　(b)计算简图　　　　　(c)楼层地震剪力

图7.6　多层砌体房屋的计算简图

2)楼层水平地震剪力计算

多层砌体房屋层数一般不超过7层,质量与刚度沿高度分布一般比较均匀,以剪切变形为主。在抗震计算时一般只考虑单向水平地震作用,可以采用底部剪力法进行地震作用的计算。多层砌体房屋横向或纵向承重墙数量较多,房屋的侧向刚度大,其基本周期一般处于设计反应谱的平台段对应的周期范围内,水平地震影响系数取最大值。多层砌体房屋所受到的总水平地震作用标准值为:

$$F_{Ek} = \alpha_{max} G_{eq} \tag{7.1}$$

则楼层质点 i 的水平地震作用标准值 F_i 为:

$$F_i = \frac{G_i H_i}{\sum\limits_{j=1}^{n} G_i H_i} F_{Ek} \quad (i = 1, 2, \cdots, n) \tag{7.2}$$

作用于第 i 层的楼层地震剪力标准值 V_i 为 i 层以上各层所受到的地震作用标准值之和,即:

$$V_i = \sum\limits_{j=i}^{n} F_i \tag{7.3}$$

对于突出屋面的屋顶间、女儿墙、烟囱等,考虑鞭梢效应的影响,其地震作用应乘以增大系数3。但增大的2倍不应往下传递,即计算房屋下层层间地震剪力时不考虑上述地震作用增大部分的影响。

【例7.1】 如图7.7所示四层砖砌体房屋,横墙承重,楼梯间突出屋顶。已知抗震设防烈度为8度,设计基本地震加速度为0.20g,各层的重力荷载代表值分别为: $G_1 = 5\,500$ kN, $G_2 = 4\,200$ kN, $G_3 = 4\,200$ kN, $G_4 = 3\,300$ kN, $G_5 = 250$ kN。试计算该砌体房屋各楼层的地震剪力。

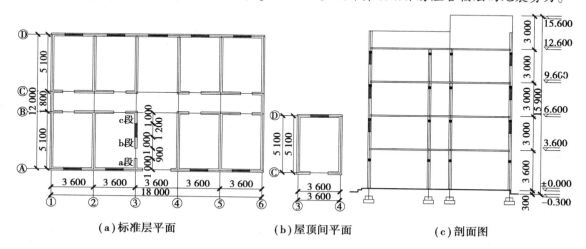

(a)标准层平面　　**(b)屋顶间平面**　　**(c)剖面图**

图 7.7　多层砌体房屋平面图及剖面图

【解】(1)计算结构底部总水平地震作用(底层剪力)标准值。

已知设防烈度为8度,设计基本地震加速度0.20g,则查表3.6得 $\alpha_{max} = 0.16$。

$$F_{Ek} = \alpha_{max} G_{eq} = 0.85 \times 0.16 \times \sum\limits_{i=1}^{n} G_i = 2\,373 \text{ kN}$$

（2）计算楼层地震作用标准值和地震剪力标准值。

房屋的嵌固端取在室外地面下 500 mm 处，则由剖面图可确定底层的计算高度为 4 400 mm，其余各层的计算高度为层高。由式（7.2）和式（7.3）计算各楼层地震作用及地震剪力标准值，出屋面楼梯间的地震剪力考虑鞭梢效应放大 3 倍，计算过程及结果如表 7.5 所示。

表 7.5　砌体房屋楼层地震作用及地震剪力标准值计算

楼层	G_i （kN）	H_i （m）	G_iH_i （kN·m）	$G_iH_i\Big/\sum_{i=1}^{5}G_iH_i$	F_i （kN）	V_i （kN）
屋顶间	250	16.4	4 100	0.03	66	66×3 = 198
4	3 300	13.4	44 220	0.30	712	778
3	4 200	10.4	43 680	0.30	704	1 482
2	4 200	7.4	31 080	0.21	501	1 983
1	5 500	4.4	24 200	0.16	390	2 373
$\sum$	17 450		147 280		2 373	

▶ 7.3.2　墙体（或墙段）地震剪力分配

1）墙体的侧移刚度

当砌体房屋仅发生平移而不发生转动时，可将墙体视作下端固定、上端嵌固的构件。将下端固定、上端嵌固的墙体在顶端单位力作用下所产生的侧移称为墙体的侧移柔度，其倒数为侧移刚度（即使墙体顶部发生单位侧移需在顶部施加的集中力），如图 7.8 所示。墙体在侧向力作用下的变形一般包含弯曲变形与剪切变形两部分，其中：

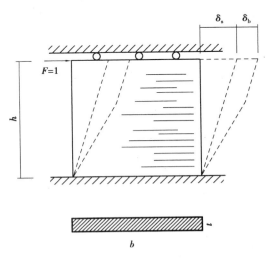

图 7.8　墙体的侧移

剪切变形：

$$\delta_s = \frac{\xi h}{AG} = \frac{\xi h}{btG} \tag{7.4}$$

弯曲变形：

$$\delta_b = \frac{h^3}{12EI} = \frac{1}{Et}\left(\frac{h}{b}\right)^3 \tag{7.5}$$

式中：A, I——墙体的水平截面面积和惯性矩；

$\quad h, b, t$——墙体的高度、宽度和厚度；

$\quad E, G$——砌体的弹性模量与剪切模量，一般取 $G = 0.4E$；

$\quad \xi$——截面剪应力不均匀系数，对矩形截面取 1.2。

则墙体在侧向力作用下的总变形为：

$$\delta_b = \frac{1}{Et}\left[\left(\frac{h}{b}\right)^3 + 3\left(\frac{h}{b}\right)\right] \tag{7.6}$$

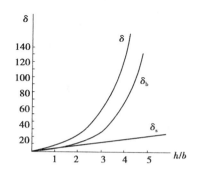

由式(7.6)可见，墙体在侧向力作用下的总变形与墙体的高宽比 h/b 相关，如图 7.9 所示。当 $h/b \le 1$ 时，墙体变形以剪切变形为主；当 $h/b > 4$ 时，墙体变形以弯曲变形为主；当 $1 < h/b \le 4$ 时，墙体变形中弯曲变形和剪切变形均占相当比例。将以上特点引入到墙体的侧移刚度计算，即：

图 7.9 墙体侧移变形与高宽比关系

当 $h/b \le 1$ 时，仅考虑剪切变形，则墙体的侧移刚度为：

$$K = \frac{1}{\delta_s} = \frac{Et}{3(h/b)} \tag{7.7}$$

当 $1 < h/b \le 4$ 时，同时考虑弯曲及剪切变形，则墙体的侧移刚度为：

$$K = \frac{1}{\delta_b + \delta_s} = \frac{Et}{(h/b)^3 + 3(h/b)} \tag{7.8}$$

当 $h/b > 4$ 时，墙体主要发生弯曲变形，且侧移很大（刚度很小），在抗震计算时可不考虑墙体的侧移刚度，取 $K = 0$。

对于开有门窗洞口的墙体而言，不仅应考虑门窗间墙体变形的影响，还应考虑洞口上、下水平墙带变形的影响，如图 7.10 所示。因此，计算开有洞口的墙体的侧移刚度时，常根据洞口情况将墙体沿墙高划分为 n 条墙带，墙体顶端单位力作用下的侧移为各水平墙带侧移之和，即：

$$\delta = \sum_{i=1}^{n} \delta_i = \sum_{i=1}^{n} \frac{1}{K_i} \tag{7.9}$$

则带洞口墙体的侧移刚度为：

$$K = \frac{1}{\delta} = \frac{1}{\sum_{i=1}^{n} \delta_i} = \frac{1}{\sum_{i=1}^{n}(1/K_i)} \tag{7.10}$$

对开有规则洞口的墙体[图 7.10(a)]，将墙体划分为上、下无洞口的墙带和窗间墙段组成的墙带。对无洞口墙带,因其高宽比 $h/b \leq 1$,该墙带的刚度按式(7.7)计算;窗间墙墙带的刚度 K_i 等于各窗间墙段刚度 K_{ir} 之和,K_{ir} 根据墙段的高宽比确定。

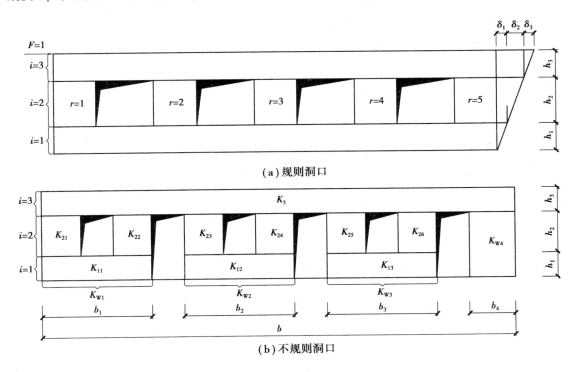

图 7.10 多洞口墙体

对于开有不规则洞口的墙体[图 7.10(b)],在规则洞口墙体划分的墙带基础上,再沿墙带的长度方向,根据门洞及窗洞的布置特点,将墙带划分为几个墙片,墙片刚度的确定方法类似于规则洞口墙体的方法,墙片由墙段组成。如图 7.10(b)所示,将带有窗洞和门洞的墙带再划分为 4 个墙片,其侧移刚度分别为 K_{w1},K_{w2},K_{w3},K_{w4},则墙体刚度为:

$$K = \cfrac{1}{\cfrac{1}{K_{w1}+K_{w2}+K_{w3}+K_{w4}}+\cfrac{1}{K_3}} \tag{7.11}$$

式中:

$$K_{w1}=\cfrac{1}{\cfrac{1}{K_{11}}+\cfrac{1}{K_{21}+K_{22}}},K_{w2}=\cfrac{1}{\cfrac{1}{K_{12}}+\cfrac{1}{K_{23}+K_{24}}},K_{w3}=\cfrac{1}{\cfrac{1}{K_{13}}+\cfrac{1}{K_{25}+K_{26}}}$$

与墙体侧移刚度类似,墙段的侧移刚度根据各墙段的高宽比 h/b 确定。墙段的高宽比指墙段高度与墙段长度之比。当仅考虑剪切变形时,按式(7.7)计算;当同时考虑弯曲及剪切变形时,按式(7.8)计算;当主要为弯曲变形时,则侧移刚度取为 0。计算高宽比 h/b 时,墙段高度 h 取值:窗间墙取窗洞高;门间墙取门洞高;门窗间墙取窗洞高;尽端墙取紧靠尽端的门洞或窗洞高。

2)楼层地震剪力的分配

楼层地震剪力 V_i 一般假定由各层与 V_i 方向一致的各抗震墙体共同承担。即横向地震作用全部由横墙承担,纵向地震作用全部由纵墙承担。其在各墙体间的分配主要取决于楼盖的刚度和各墙体的抗侧移刚度。横向地震剪力分配时根据楼盖水平刚度将楼盖分为刚性楼盖、中等刚度楼盖和柔性楼盖;而纵向地震剪力分配时,由于一般楼盖纵向刚度较大,通常不管楼盖具体是哪种形式,都将其视作刚性楼盖。

(1)刚性楼盖

刚性楼盖是指抗震横墙间距满足表 7.3 的现浇钢筋混凝土楼盖或装配整体式钢筋混凝土楼盖。在横向水平地震作用下,刚性楼盖在其水平面内产生的变形很小,将楼盖在其平面内视为绝对刚性的连续梁,各横墙视作梁的弹性支座,如图 7.11 所示。当结构和荷载均对称时,在地震作用下,刚性楼盖只发生平移,各弹性支座的位移相等,即各横墙的水平位移相等。

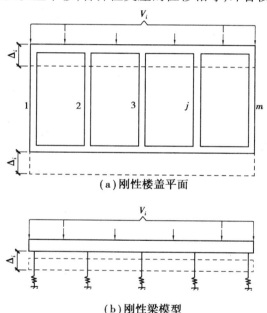

(a)刚性楼盖平面

(b)刚性梁模型

图 7.11　刚性楼盖计算简图

设第 i 层共有 m 道横墙,其中第 j 道横墙承受的地震剪力为 V_{ij},则:

$$\sum_{j=1}^{m} V_{ij} = V_i \tag{7.12}$$

V_{ij} 为第 j 道横墙的侧移刚度 K_{ij} 与楼层层间侧移 Δ_i 的乘积

$$V_{ij} = K_{ij}\Delta_i \tag{7.13}$$

代入式(7.12)有:

$$\Delta_i = \frac{V_i}{\sum\limits_{j=1}^{m} K_{ij}} \tag{7.14}$$

代入式(7.13)有:

$$V_{ij} = \frac{K_{ij}}{\sum\limits_{j=1}^{m} K_{ij}} V_i \tag{7.15}$$

即刚性楼盖砌体房屋的各横墙地震剪力按横墙的侧移刚度比例进行分配。

一般同层墙体的材料及高度相同(即弹性模量 E 和墙高 h 相同),当只考虑剪切变形时,将式(7.7)代入式(7.15)并令 $A_{ij}=b_{ij}t_{ij}$ 有:

$$V_{ij} = \frac{A_{ij}}{\sum\limits_{j=1}^{m} A_{ij}} V_i \tag{7.16}$$

即对刚性楼盖,当各抗震墙的高度、材料相同且各抗震墙均满足 $h/b<1$ 时,其楼层地震剪力可按各抗震墙的横截面面积比进行分配。

(2)柔性楼盖

柔性楼盖是指木结构楼盖等。由于柔性楼盖的水平刚度小,在水平地震作用下楼盖平面内的变形除平移外还有弯曲变形,楼盖平面内各处水平位移不相等。可近似将柔性楼盖视作简支于各横墙的多跨简支梁,如图7.12所示。各片横墙产生的水平位移取决于其从属面积上楼盖重力荷载代表值所引起的地震作用。则第 i 层第 j 道横墙所承担的地震剪力可根据该墙从属面积上重力荷载代表值的比例进行分配,即:

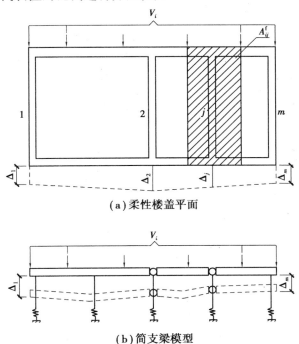

(a)柔性楼盖平面

(b)简支梁模型

图 7.12　柔性楼盖计算简图

$$V_{ij} = \frac{G_{ij}}{G_i} V_i \tag{7.17}$$

式中:G_{ij}——第 i 层第 j 道横墙从属面积上的重力荷载代表值;

G_i——第 i 层楼盖总重力荷载代表值。

当楼盖单位面积上的重力荷载代表值相同时,上述计算可进一步简化为按各墙承担的竖向荷载从属面积的比例进行分配,即:

$$V_{ij} = \frac{A_{ij}^{\mathrm{f}}}{A_i^{\mathrm{f}}} V_i \qquad (7.18)$$

式中:A_{ij}^{f}——第 i 层第 j 道墙体的荷载从属面积,一般等于该墙两侧相邻墙之间各一半建筑面积之和(图 7.12);

A_i^{f}——第 i 层楼盖总面积。

(3)中等刚度楼盖

装配式钢筋混凝土楼盖属于中等刚度楼盖,其刚度介于刚性楼盖和柔性楼盖之间。因而各道横墙所承担的地震作用,不仅与横墙的侧移刚度相关,还与楼盖的水平变形有关。墙体分配的地震剪力一般取刚性楼盖和柔性楼盖两种计算结果的平均值,即:

$$V_{ij} = \frac{1}{2}\left(\frac{K_{ij}}{\sum_{j=1}^{m} K_{ij}} + \frac{G_{ij}}{G_i} \right) V_i \qquad (7.19)$$

当墙高相同,所用材料相同,各墙体 $h/b<1$,且楼盖上重力荷载分布均匀时:

$$V_{ij} = \frac{1}{2}\left(\frac{A_{ij}}{A_i} + \frac{A_{ij}^{\mathrm{f}}}{A_i^{\mathrm{f}}} \right) V_i \qquad (7.20)$$

3)墙段间地震剪力的分配

墙段宜按门窗洞口划分。对设置构造柱的小开口墙段按毛墙面计算的刚度,可根据开洞率乘以表 7.6 的墙段洞口影响系数来计算。开洞率为洞口面积与墙体毛面积之比,相邻洞口之间净宽小于 500 mm 的墙段视为洞口。

表 7.6 墙段洞口影响系数

开洞率	0.10	0.20	0.30
影响系数	0.98	0.94	0.88

注:洞口中线偏离墙段中线大于墙段长度的 1/4 时,表中影响系数折减 0.9;门洞的洞顶高度大于层高 80%时,表中数据不适用;窗洞高度大于 50%层高时,按门洞对待。

当墙体存在规则门窗洞口时[图 7.10(a)],上部墙带为水平实心墙带,在水平地震作用下洞间墙段产生的侧移值应相等。因此洞间各墙段所承担的地震剪力可按各墙段的侧移刚度 K_{jr} 的比例进行分配。设第 j 道墙上共有 s 个墙段,则第 r 个墙段所分配的地震剪力为:

$$V_{jr} = \frac{K_{jr}}{\sum_{r=1}^{s} K_{jr}} V_{ij} \qquad (7.21)$$

当墙体存在不规则门窗洞口时[图 7.10(b)],可以采用两次分配法确定各洞口间墙段的地震剪力,即先确定各单元墙片的地震剪力,再计算单元墙片中各墙肢的地震剪力。如图 7.10(b)所示,将作用于墙体的地震剪力按单元墙片侧移刚度式(7.11)进行分配,再将作用于墙片的地震剪力按墙段的侧移刚度分配至各墙段。

▶ **7.3.3 墙段的抗震验算**

当墙段所受的地震剪力确定后,则可进行墙段的抗震验算。其包括验算墙段的确定、墙段的抗剪承载力计算、墙段截面抗剪验算等。

1)验算的墙段

理论上所有的墙段都应进行抗震验算。为减小计算工作量,一般只需对纵、横向的不利墙段即承受地震剪力较大的墙段、竖向压应力较小的墙段、局部截面较小的墙段进行截面验算。

2)墙段的抗震抗剪承载力

砌体抗震抗剪承载力的计算有两种半理论半经验方法,分别为主拉应力强度理论和剪切摩擦强度理论。

主拉应力强度理论将砌体视为各向同性的弹性材料,认为当地震剪应力 τ 与竖向荷载正应力 σ_0 共同作用在砌体阶梯形截面上产生的主拉应力不大于砌体的抗剪强度 f_V 时,砌体不发生破坏。即:

$$\sigma_1 = -\frac{\sigma_0}{2} + \sqrt{\left(-\frac{\sigma_0}{2}\right)^2 + \tau^2} \leqslant f_V \tag{7.22}$$

由式(7.22)有:

$$\tau \leqslant f_V \sqrt{1 + \frac{\sigma_0}{f_V}} \tag{7.23}$$

剪切摩擦强度理论认为,砌体阶梯形截面的地震剪应力 τ 满足式(7.24)时不会发生破坏:

$$\tau \leqslant f_V + \mu\sigma_0 \tag{7.24}$$

式中:μ——砌体阶梯形截面上的摩擦系数。

从静力试验和计算分析的结果对比来看,当砂浆强度等级高于 M2.5 且 $1 < \sigma_0/f_V \leqslant 4$ 时,主拉应力强度理论和剪切摩擦强度理论结果相近;在 f_V 较低且 σ_0/f_V 相对较大时,两者的结果差异较大。

《抗震规范》对砖砌体的抗震抗剪承载力采用主拉应力强度公式。对砌块砌体房屋,由于震害经验较少,其抗震抗剪承载力采用基于试验结果的剪切摩擦强度公式。

引入正应力影响系数,将两种方法用同样的表达式给出,即地震作用下砌体沿阶梯形截面破坏的抗震强度设计值统一表示为:

$$f_{VE} = \xi_N f_V \tag{7.25}$$

式中:f_V——非抗震设计的砌体抗剪强度设计值,可按《砌体结构设计规范》(GB 50003)采用;

ξ_N——砌体抗震抗剪强度的正应力影响系数。

对砖砌体,根据主拉应力强度理论,砌体抗震抗剪强度的正应力影响系数表示为:

$$\xi_N = \frac{1}{1.2} \sqrt{1 + 0.45 \frac{\sigma_0}{f_V}} \tag{7.26}$$

对于混凝土小砌块砌体,根据剪切摩擦强度理论,砌体抗震抗剪强度的正应力影响系数表示为:

$$\xi_N = \begin{cases} 1 + 0.25\sigma_0 / f_V & (\sigma_0 / f_V \leqslant 5) \\ 2.25 + 0.17(\sigma_0 / f_V - 5) & (\sigma_0 / f_V > 5) \end{cases} \tag{7.27}$$

将 ξ_N 按式(7.26)和式(7.27)计算列于表7.7中。

表7.7　砌体强度的正应力影响系数

砌体类别	σ_0 / f_V							
	0.0	1.0	3.0	5.0	7.0	10.0	12.0	≥16.0
普通砖、多孔砖	0.80	0.99	1.25	1.47	1.65	1.90	2.05	—
混凝土小砌块		1.23	1.69	2.15	2.57	3.02	3.32	3.92

注:σ_0 为对应于重力荷载代表值的砌体截面平均压应力。

3)墙段截面的抗剪承载力验算

墙段材料不同,墙体构造措施不同,墙段截面的抗剪承载力验算公式不同。下面分别介绍普通砖(多孔砖)墙段和小砌块墙段的截面抗剪承载力验算。

(1)普通砖、多孔砖墙体

$$V \leqslant \frac{f_{vE}A}{\gamma_{RE}} \tag{7.28}$$

式中:V——墙体(或墙段)的水平地震剪力设计值,为地震剪力标准值的1.3倍;

A——墙体(或墙段)的横截面面积;

γ_{RE}——承载力抗震调整系数,一般承重墙体 $\gamma_{RE} = 1.0$;两端均有构造柱、芯柱约束的承重墙体 $\gamma_{RE} = 0.9$;自承重墙体 $\gamma_{RE} = 0.75$。

(2)水平配筋普通砖、多孔砖墙体

$$V \leqslant \frac{1}{\gamma_{RE}}(f_{vE}A + \xi_s f_y A_s) \tag{7.29}$$

式中:A——墙体横截面面积,多孔砖取毛截面面积;

f_y——钢筋抗拉强度设计值;

A_s——层间墙体竖向截面的水平钢筋截面总面积,配筋率应不小于0.07%且不大于0.17%;

ξ_s——钢筋参与工作系数,可按表7.8采用。

表7.8　钢筋参与工作系数

墙体高宽比	0.4	0.6	0.8	1.0	1.2
ζ_s	0.10	0.12	0.14	0.15	0.12

当按式(7.29)验算不满足时,可在墙体(或墙段)中部设置截面不小于240 mm×240 mm(墙厚190 mm时为240 mm×190 mm)且间距不大于4 m的构造柱来提高抗剪承载力,则可按下列简化方法验算构造柱约束砌体的抗震承载力:

$$V \leqslant \frac{1}{\gamma_{RE}}[\eta_c f_{vE}(A - A_c) + \xi_c f_t A_c + 0.08 f_{yc} A_{sc} + \xi_s f_{yh} A_{sh}] \tag{7.30}$$

式中：A_c——墙体（或墙段）中部构造柱的横截面总面积。对横墙和内纵墙，当 $A_c > 0.15A$ 时，
取 $0.15A$；对外纵墙，$A_c > 0.25A$ 时取 $0.25A$；

f_t——墙体（或墙段）中部构造柱混凝土的轴心抗拉强度设计值；

A_{sc}——墙体（或墙段）中部构造柱的纵向钢筋截面总面积。配筋率应不小于 0.6%，大于
1.4% 时取 1.4%；

f_{yh}，f_{yc}——墙体水平钢筋、构造柱纵向钢筋的抗拉强度设计值；

ξ_c——墙体（或墙段）中部构造柱参与工作系数；居中设一根构造柱时取 0.5；构造柱数
量多于一根时取 0.4；

η_c——墙体（或墙段）约束修正系数，一般取 1.0，构造柱间距不大于 3.0 m 时取 1.1；

A_{sh}——层间墙体竖向截面的总水平钢筋面积，无水平钢筋时取 0.0。

（3）小砌块墙体

小砌块墙体多采用芯柱配筋方式，其抗震承载力验算表达式为：

$$V \leqslant \frac{1}{\gamma_{RE}} [f_{VE}A + (0.3f_tA_c + 0.05f_yA_s)\xi_c] \tag{7.31}$$

式中：f_t——芯柱混凝土轴心抗拉强度设计值；

A_c——芯柱截面总面积；

A_s——芯柱钢筋截面总面积；

ξ_c——芯柱参与工作系数，按表 7.9 查取，表中填孔率系指芯柱根数（含构造柱和填实孔
洞数量）与孔洞总数之比。

表 7.9 芯柱影响系数

填孔率 ρ	$\rho < 0.15$	$0.15 \leqslant \rho < 0.25$	$0.25 \leqslant \rho < 0.5$	$\rho \geqslant 0.5$
ζ_c	0	1.0	1.10	1.15

【例 7.2】 结构同例 7.1。该结构采用现浇钢筋混凝土楼（屋）盖，所有墙厚均为 240 mm，
墙体砖的强度等级为 MU15，混合砂浆为 M7.5。底层③轴线上开有两个窗洞，尺寸分别为 0.9 m×
1.5 m 和 1.2 m×1.5 m，已知该墙肢半高处截面的平均压应力 $\sigma_0 = 0.8$ N/mm²。试进行底层③
轴线上 b 墙肢的抗震强度验算。

【解】 （1）墙体地震剪力的分配

该结构抗震横墙间距满足表 7.15 要求，楼（屋）盖为现浇钢筋混凝土板，为刚性楼盖。因
墙高相同、墙体材料相同，该结构底层所有墙体的高宽比都小于 1，可只考虑剪切变形，可按式
（7.16）计算底层③轴线墙体所分配的地震剪力。例 7.1 中已计算出底部剪力 $V_1 = 2\ 373$ kN。

$A_{1,3} = (5.1+0.24-0.9-1.2)×0.24$ m² $= 0.78$ m²

$A_1 = (5.34×7+12.24×2)×0.24$ m² $+0.78$ m² $= 15.63$ m²

则 $A_{1,3} = 2\ 373$ kN×0.78 m²/ 15.63 m² $= 118.42$ kN

（2）墙肢地震剪力的分配

该墙体为有规则洞口的墙体，则底层③轴线上 a、b、c 墙肢的地震剪力按各墙肢的侧移刚
度采用式（7.21）分配，侧移刚度根据高宽比不同分别按式（7.7）或式（7.8）计算。

墙肢 a：

$h/b = 1.5/1.12 = 1.34 > 1$　　按弯剪变形考虑 $K_a = 1/(1.34^3 + 3 \times 1.34) = 0.156$

墙肢 b：

$h/b = 1.5/1.0 = 1.5 > 1$　　按弯剪变形考虑 $K_b = 1/(1.5^3 + 3 \times 1.5) = 0.127$

墙肢 c：

$h/b = 1.5/1.12 = 1.34 > 1$　　按弯剪变形考虑 $K_c = 1/(1.34^3 + 3 \times 1.34) = 0.156$

墙肢 b 分配的地震剪力为：

$V_b = 118.42 \times 0.127/(0.156 + 0.127 + 0.156) = 34.26 \text{ kN}$

（3）墙肢 b 抗震强度验算

根据《砌体结构设计规范》（GB 50003），砖砌体的抗剪强度值 $f_v = 0.14 \text{ N/mm}^2$；根据已知条件，墙肢 b 半高处的截面平面压应力 $\sigma_0 = 0.8 \text{ N/mm}^2$，则 $\sigma_0/f_v = 5.72$，查表 7.7 线性插值得砌体强度的正应力影响系数 $\zeta_N = 1.54$，按式（7.25）计算墙体的抗震抗剪承载力：

$$f_{vE} = 1.54 \times 0.14 = 0.224 \text{ N/mm}^2$$

一般承重墙体，$\gamma_{RE} = 1.0$，按式（7.28）有：

$$V = 0.22 \times 1\,000 \times 240/1\,000 = 52.8 \text{ kN} > 34.26 \times 1.3 = 44.54 \text{ kN}$$

墙肢 b 满足抗震要求。

7.4　多层砌体房屋的抗震构造措施

结构抗震构造措施的主要目的是弥补抗震计算的不足，实现抗震设计目标，提高结构的整体性和抗震性能。多层砌体房屋的抗震构造措施主要有设置构造柱、圈梁，做好连接构造以及加强楼梯间等。

▶ 7.4.1　钢筋混凝土构造柱和芯柱

在多层砌体房屋中设置钢筋混凝土构造柱或芯柱的主要作用是约束墙体，使之有较高的变形能力，提高结构的整体性和延性，有效防止地震下房屋的倒塌；构造柱或芯柱还能提高砌体的抗剪承载力，构造柱可使抗剪承载力提高 10%~30%，提高程度与墙体的高宽比、竖向压应力和开洞情况相关。

1）构造柱

构造柱应设置在震害较严重、连接构造比较薄弱和应力集中等位置。根据抗震等级、房屋层数和部位不同，构造柱的设置大致分四个档次：第一档是楼、电梯间四角，楼梯斜梯段上下端对应的墙体处；外墙四角和对应转角；错层部位横墙与外纵墙相交处；大房间内外墙交接处，较大洞口两侧；第二档是在第一档基础上，隔开间横墙（或单元墙）与外墙交接处；第三档是在第一档基础上，每开间横墙（轴线）与外纵墙交接外；第四档是在第一档基础上，横墙（轴线）与内外纵墙交接处。

表 7.10 列出了多层砌体房屋构造柱的设置要求。对外廊式或单面走廊式的多层砌体房屋，应根据房屋增加一层后的层数按表设置构造柱。横墙较少的房屋，应根据房屋增加一层

构造柱构造要求

后的层数按表设置构造柱;横墙较少的外廊、单面走廊式房屋,当6度不超过四层、7度不超过三层和8度不超过二层时,应按增加二层的层数并按表设置构造柱;各层横墙很少的房屋,应按增加二层的层数并按表设置构造柱。单面走廊两侧的纵墙均应按外墙处理。

表7.10 多层砖砌体房屋构造柱的设置要求

房屋层数				各种层数和烈度均设置的部位	随层数或烈度变化而设置的部位
6度	7度	8度	9度		
四、五	三、四	二、三		楼、电梯间四角,楼梯斜梯段上下端对应的墙体处;外墙四角和对应转角;	隔12 m或单元横墙与外墙交接处;楼梯间对应的另一侧内横墙与外纵墙交接处
六	五	四	二	错层部位横墙与外纵墙交接处;	隔开间横墙(轴线)与外墙交接处;山墙与内纵墙交接处
七	≥六	≥五	≥三	较大洞口两侧;大房间内外墙交接处	内墙(轴线)与外墙交接处;内墙的局部较小墙垛处;内纵墙与横墙(轴线)交接处

注:较大洞口,内墙指不小于2.1 m的洞口;外墙在内外墙交接处已设置构造柱时应允许适当放宽,但洞口侧的墙体应加强。

采用蒸压灰砂砖和蒸压粉煤灰砖的砌体房屋,当砌体的抗剪强度仅达到普通黏土砖砌体的70%时,应根据增加一层的层数设置构造柱。当6度不超过四层、7度不超过三层和8度不超过二层时,应按增加二层的层数对待。各层横墙很少的房屋,应按增加二层的层数来设计构造柱。

构造柱的截面尺寸、材料、配筋、连接及施工要求等应满足以下要求:

①构造柱的最小截面尺寸可采用180 mm×240 mm(墙厚190 mm时为180 mm×190 mm)。构造柱混凝土强度等级不应低于C20。纵向钢筋宜采用4φ12,箍筋间距不宜大于250 mm,且宜在柱上下端适当加密。在6、7度区超过六层,8度区超过五层和9度区,构造柱纵筋宜采用4φ14,箍筋间距不宜大于200 mm。房屋四角的构造柱应适当加大截面及配筋。

②钢筋混凝土构造柱的施工,要求先砌墙、后浇柱,墙、柱连接处宜砌成马牙槎[图7.13(e)],并应沿墙高每隔500 mm设2φ6水平钢筋和φ4分布短筋平面内点焊组成的拉结网片或φ4点焊钢筋网片,每边伸入墙内不少于1 m(图7.13)。6、7度底部1/3楼层,8度时底部1/2楼层,9度时全部楼层,上述拉结钢筋网片沿墙体水平通长设置。

③构造柱与圈梁连接处,构造柱的纵筋应穿过圈梁,保证构造柱纵筋上下贯通[图7.13(e)]。

④构造柱可不单独设置基础,但应伸入室外地面下500 mm,或与埋深小于500 mm的基础圈梁相连[图7.13(e)]。

⑤当房屋高度和层数接近表7.1上限时,横墙内构造柱间距不宜大于层高的二倍;下部1/3楼层的构造柱间距宜适当减小;外纵墙开间大于3.9 m时,应另设加强措施;内纵墙的构

造柱间距不宜大于 4.2 m。

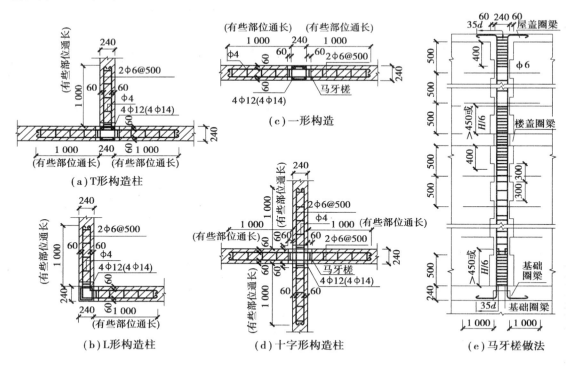

图 7.13 构造柱与墙体的拉结以及马牙槎做法

2)芯柱

为了增加多层小砌块房屋的整体性和延性,提高其抗倒塌能力,在墙体规定部位将砌块的竖孔浇筑成钢筋混凝土芯柱。也可设置替代芯柱的钢筋混凝土构造柱。

多层小砌块房屋芯柱的设置部位如表 7.11 所示。外廊式或单面走廊式的多层房屋、横墙较少的房屋、各层横墙很少的房屋,应分别增加层数后进行芯柱的设置,增加的层数与构造柱的规定对应相同。

表 7.11 多层小砌块房屋芯柱设置要求

房屋层数				设置部位	设置数量
6 度	7 度	8 度	9 度		
四、五	三、四	二、三		外墙转角,楼、电梯间四角,楼梯斜梯段上下端对应的墙体处; 大房间内外墙交接处; 错层部位横墙与外纵墙交接处; 隔 12 m 左右或单元横墙与外纵墙交接处	外墙转角,灌实 3 个孔; 内外墙交接处,灌实 4 个孔; 楼梯斜梯段上下端对应的墙体处,灌实 2 个孔;
六	五	四		同上; 隔开间横墙(轴线)与外纵墙交接处	

房屋层数				设置部位	设置数量
6度	7度	8度	9度		
七	六	五	二	同上； 各内墙（轴线）与外墙交接处	外墙转角，灌实5个孔； 内外墙交接处，灌实4个孔； 内墙交接处，灌实4~5个孔； 洞口两侧，各灌实1个孔
	七	≥六	≥三	同上； 横墙内芯柱间距不大于2 m	外墙转角，灌实7个孔； 内外墙交接处，灌实5个孔； 内墙交接处，灌实4~5个孔； 洞口两侧各灌实1个孔

注：外墙转角、内外墙交接处、楼电梯间四角等部位，应允许采用钢筋混凝土构造柱替代部分芯柱。

混凝土小砌块房屋的芯柱应满足以下构造要求：

①芯柱截面不宜少于120 mm×120 mm，芯柱混凝土强度等级不应低于Cb20；

②竖向钢筋应贯通墙身且应与每层圈梁连接。插筋不应小于1Φ12；对6、7度时超过五层、8度时超过四层和9度时，插筋不应少于1Φ14；

③芯柱应伸入室外地面下500 mm或与埋深小于500 mm的基础圈梁相连；

④为提高墙体抗震承载力而设置的芯柱，宜在墙体内均匀布置，最大净跨不宜大于2 m；

⑤芯柱与墙连接处应设置拉结钢筋网片，网片可采用Φ4的钢筋点焊而成，沿墙高每隔600 mm设置，并应沿墙体水平通长设置。6、7度底部1/3楼层，8度时底部1/2楼层，9度时全部楼层，上述拉结钢筋网片沿墙高的间距不大于400 mm。

▶ 7.4.2 圈梁

圈梁是砌体房屋的一种经济有效的抗震措施，可以提高房屋的抗震能力，减轻震害。圈梁的主要作用有：

①加强纵墙与横墙之间、墙体与楼（屋）盖间的连接，提高了墙体的稳定性和结构的整体性；

②与构造柱一起可以有效地约束墙体斜裂缝的发展，保证墙体的整体性和变形能力，提高了墙体的抗剪能力；

③可以有效地抵抗由于地震或其他原因引起的地基不均匀沉降对房屋的破坏作用。

装配式钢筋混凝土楼（屋）盖或木楼（屋）盖的多层砖砌体房屋，横墙承重时应按表7.12

圈梁构造要求

的要求设置圈梁。纵墙承重时,应每层设置圈梁且抗震横墙上的圈梁间距应比表 7.12 的要求适当加密。现浇或装配整体式钢筋混凝土楼(屋)盖的多层砖砌体房屋,当楼(屋)盖与墙体有可靠连接时可不设圈梁。

表 7.12　多层砖砌体房屋现浇钢筋混凝土圈梁设置要求

墙类	烈度		
	6、7	8	9
外墙及内纵墙	屋盖处及每层楼盖处	屋盖处及每层楼盖处	屋盖处及每层楼盖处
内横墙	同上; 屋盖处间距不应大于 4.5 m; 楼盖处间距不应大于 7.2 m; 构造柱对应部位	同上; 各层所有横墙,且间距不应大于 4.5 m; 构造柱对应部位	同上; 各层所有横墙

圈梁应满足以下构造要求:
①应采用现浇钢筋混凝土圈梁。
②圈梁应闭合,遇有洞口应上下搭接。圈梁宜与预制板设在同一标高或紧靠板底。
③圈梁在表 7.12 要求间距范围内无横墙时,应利用梁或板缝中配筋替代圈梁。
④圈梁的截面高度不应小于 120 mm,配筋应符合表 7.13 的要求。为加强基础整体性和刚性而设置的基础圈梁,其截面高度不应小于 180 mm,配筋不应少于 4Φ12。

表 7.13　圈梁配筋要求

配筋	烈度		
	6、7	8	9
最小纵筋	4Φ10	4Φ12	4Φ14
最大箍筋间距(mm)	250	200	150

混凝土小砌块房屋的现浇钢筋混凝土圈梁的设置位置与多层砌体房屋的要求相同。圈梁的宽度不应小于 190 mm,配筋不应少于 4Φ12,箍筋间距不应大于 200 mm。

▶ 7.4.3　连接

1)墙体间的拉结

多层砖砌体房屋,6、7 度时长度大于 7.2 m 的大房间,以及 8、9 度时外墙转角及内外墙交接处,应沿墙高每隔 500 mm 配置 2Φ6 的通长钢筋和 Φ4 的分布短筋平面内点焊组成拉结网片或 Φ4 的点焊网片。

多层小砌块房屋,6 度时超过 5 层、7 度时超过 4 层、8 度时超过 3 层和 9 度时在底层和顶层的窗台标高处,沿纵横墙应设置通长的水平现浇钢筋混凝土带;其截面高度不小于 60 mm,纵筋不少于 2Φ10,并应有分布拉结钢筋;其混凝土强度等级不应低于 C20。

2)楼板与墙体及楼板间的连接

现浇钢筋混凝土楼(屋)面板伸进纵、横墙内的长度不应小于 120 mm。对装配式钢筋混凝土楼板或屋面板,当圈梁未设在板的同一标高时,板端伸进外墙的长度不应小于 120 mm,板端伸进内墙的长度不应小于 100 mm 或采用硬架支模连接,在梁上不应小于 80 mm 或采用硬架支模连接。当板的跨度大于 4.8 m 并与外墙平行时,靠外墙的预制板边应与墙或圈梁拉结,如图 7.14 所示。

房屋端部大房间的楼板,6 度时房屋的屋盖和 7~9 度时房屋的楼、屋盖,当圈梁设在板底时,钢筋混凝土预制板应相互拉结(图 7.15),并应与梁、墙或圈梁拉结。

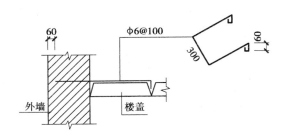

图 7.14 预制板边与外墙拉强

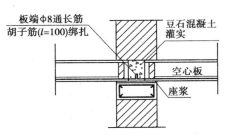

图 7.15 楼板与内墙或圈梁的拉结

3)屋架(梁)与墙(柱)的连接

楼、屋盖的钢筋混凝土梁或屋架应与墙、柱(包括构造柱)或圈梁可靠连接,不得采用独立砖柱。跨度不小于 6 m 的大梁的支承构件应采用组合砌体等加强措施,并满足承载力要求。

坡屋顶房屋的屋架应与顶层圈梁可靠连接,檩条或屋面板应与墙及屋架可靠连接,房屋出入口处的檐口瓦应与屋面构件锚固;采用硬山搁檩时,顶层内纵墙顶宜增砌支承山墙的踏步式墙垛,并设置构造柱,以防端山墙外闪。

▶ 7.4.4 楼梯间

历次地震中楼梯间的震害较重,曾多次发生楼梯间局部倒塌,当楼梯间设置于房屋端部时震害更重。而地震时楼梯间是疏散人员和进行救灾的要道。因此,对其抗震构造措施要给予足够的重视。

顶层楼梯间墙体应沿墙高每隔 500 mm 配置 2φ6 的通长钢筋和φ4 的分布短筋平面内点焊组成拉结网片或φ4 的点焊网片;7~9 度时其他各层楼梯间墙体应在休息平台或楼层半高处设置 60 mm 厚、纵向钢筋不应少于 2φ10 的钢筋混凝土带或配筋砂浆带,配筋砖带厚度不少于 3 皮,每皮的配筋不少于 2φ6,砂浆强度等级不应低于 M7.5 且不低于同层墙体的砂浆强度等级。

楼梯间及门厅内墙阳角处的大梁支承长度不应小于 500 mm,并应与圈梁连接。

装配式楼梯段应与平台板的梁可靠连接,8、9 度时不应采用装配式楼梯段;不应采用墙中悬挑式踏步或踏步竖肋插入墙体的楼梯,也不应采用无筋砖砌栏板。

突出屋顶的楼、电梯间,构造柱应伸到顶部,并与顶部圈梁连接,所有墙体应沿墙高每隔 500 mm 配置 2φ6 的通长钢筋和φ4 的分布短筋平面内点焊组成拉结网片或φ4 的点焊网片。

7.5 底部框架-抗震墙房屋抗震设计

▶ 7.5.1 概述

底部框架-抗震墙房屋主要指结构底层或底部两层采用钢筋混凝土框架-抗震墙的多层砌体房屋。这类结构主要应用于底部需要大空间而上部房屋开间较小的多层房屋,如底层设置商店、餐厅而上部为多层住宅、旅馆、办公楼等。

底部框架砌体
房屋震害

底部框架-抗震墙房屋的震害特点为:震害大多发生在底层;一般上层震害轻而底层震害重;通常底层各构件震害表现为墙比柱重、柱比梁重。其主要原因是该类结构底柔上刚,竖向刚度发生突变,在刚度相对薄弱的底层形成变形集中。因此底部框架-抗震墙砌体房屋的总高度和层数不宜超过表7.1的限值。

为了防止底部框架-抗震墙房屋底部因变形集中而发生严重的震害,要求底部框架部分不得采用纯框架,必须加设抗震墙,并对侧向刚度比加以限定。

8度时底部应采用钢筋混凝土抗震墙,6、7度时应采用钢筋混凝土抗震墙或配筋小砌块砌体抗震墙。6度且总层数不超过四层的底层框架-抗震墙砌体房屋,允许采用嵌砌于框架之间的约束普通砖砌体或小砌块砌体抗震墙,但应计入砌体墙对框架的附加轴力和附加剪力并进行底层的抗震验算。底部抗震横墙的间距应满足表7.3的要求。

底部框架-抗震墙房屋抗震墙的数量根据其侧向刚度比确定。底层框架-抗震墙房屋的纵横两个方向,第二层计入构造柱影响的侧向刚度与底层侧向刚度的比值,6、7度时不应大于2.5,8度时不应大于2,且均不应小于1.0。对于底部两层框架-抗震墙砌体房屋,底层与底部第二层侧移刚度应接近,第三层计入构造柱影响的侧向刚度与底层侧向刚度的比值,6、7度时不应大于2,8度时不应大于1.5,且均不宜小于1.0。

第二层与底层侧向刚度比值按下式计算:

$$\gamma = \frac{K_2}{K_1} = \frac{\sum K_{wm2}}{\sum K_c + \sum K_{wc}}$$

$$\gamma = \frac{K_2}{K_1} = \frac{\sum K_{wm2}}{\sum K_c + \sum K_{wm1}} \tag{7.32}$$

式中:K_1,K_2——底层、二层的侧移刚度;

K_{wm1},K_{wm2}——底层框架内的单片砖抗震墙、二层抗侧力单片砖墙体的侧移刚度,按式(7.7)或(7.8)计算;

K_{wc}——底层单片钢筋混凝土抗震墙的侧移刚度。应同时考虑剪切变形和弯曲变形的影响,近似按式(7.8)计算;

K_c——底层单柱的侧移刚度,按改进的反弯点法计算。

▶ **7.5.2 抗震计算**

底部框架-抗震墙砌体房屋与多层砌体房屋的抗震计算方法相同,即采用底部剪力法计算底部框架-抗震墙房屋的地震作用,同样取水平地震影响系数 $\alpha_1 = \alpha_{max}$,顶部附加地震影响系数 $\delta_n = 0$。底部框架-抗震墙以上的砌体房屋部分的抗震计算与多层砌体房屋相同,本节主要介绍底部框架-抗震墙部分的抗震计算。

1)底层地震剪力设计值

为了减轻底部的薄弱程度,《抗震规范》规定,底层框架-抗震墙砌体房屋的底层地震剪力设计值应将底部剪力法所得底层地震剪力再乘以增大系数,即

$$V_1 = \xi \alpha_{max} G_{eq} \tag{7.33}$$

式中:ξ 为地震剪力增大系数,与第二层与底层侧移刚度之比 γ 有关,$\xi = \sqrt{\gamma}$,当计算的 $\xi < 1.2$ 时,取 $\xi = 1.2$;$\xi > 1.5$ 时,取 $\xi = 1.5$。

对于底部两层框架房屋的底层与第二层,其纵、横向地震剪力设计值亦均应乘以增大系数 ξ。

2)底层抗侧力构件的内力分配及抗震计算

底部框架柱和抗震墙的设计按两道防线的思想进行:在结构弹性阶段,不考虑框架柱的抗剪贡献,而由抗震墙承担全部纵向或横向的地震剪力。在结构进入弹塑性阶段后,考虑到抗震墙的损伤,由抗震墙和框架柱共同承担地震剪力。

抗震墙承担的地震剪力按其抗侧刚度比例进行分配,则第 i 片抗震墙分配的地震剪力为:

$$V_{wci} = \frac{K_{wci}}{\sum K_{wci}} V_1 \text{ 或 } V_{wmi} = \frac{K_{vmi}}{\sum K_{wmi}} V_1 \tag{7.34}$$

根据试验研究结果,钢筋混凝土抗震墙开裂后的有效侧向刚度约为初始弹性刚度的30%,砖抗震墙或小砌块砌体抗震墙的有效侧向刚度约为弹性刚度的20%,则第 i 根柱所承担的地震剪力为:

$$V_{ci} = \frac{K_{ci}}{0.3 \sum K_{wci} + \sum K_{ci}} V_1 \text{ 或 } V_{ci} = \frac{K_{ci}}{0.2 \sum K_{wmi} + \sum K_{ci}} V_1 \tag{7.35}$$

上部砖砌体部分的地震作用将对结构底层的顶部产生地震倾覆力矩 M_1,其在底层抗震墙和框架柱之间按抗震墙和框架柱的有效侧向刚度的比例进行分配。框架柱的设计应考虑地震倾覆力矩引起的附加轴力。

如图 7.16 所示,作用于整个结构底层的顶部的地震倾覆力矩 M_1 可按下式计算:

$$M_1 = \sum_{i=2}^{n} F_i (H_i - H_1) \tag{7.36}$$

底层框架-抗震墙砌体房屋采用嵌砌于框架之间的普通砖或小砌块砌体抗震墙时,底层框架柱的轴向力和剪力,应计入砖墙或小砌块墙引起的附加轴向力 N_f 和附加剪力 V_f,分别按下式计算:

$$N_f = V_w H_f / l$$
$$V_f = V_w \tag{7.37}$$

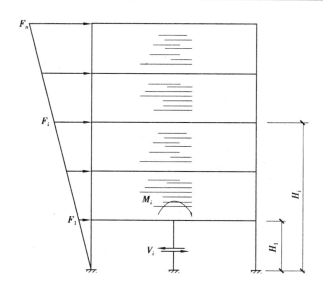

图 7.16　底层地震倾覆力矩和地震剪力

式中: V_{w}——墙体承担的剪力设计值,柱两侧有墙时可取二者的较大者;

　　　　H_{f}, l——框架的层高和跨度。

3) 底部框架柱、框架梁、钢筋混凝土墙的抗震验算

底部框架柱、托墙梁、钢筋混凝土抗震墙按第 6 章的内容进行抗震验算。底部混凝土框架的抗震等级,6、7、8 度应分别按三、二、一级采用;底部混凝土抗震墙的抗震等级,6、7、8 度应分别按三、三、二级采用。

4) 底部嵌砌于框架之间的普通砖抗震墙或小砌块墙及两端框架柱的抗震计算

底部嵌砌于框架之间的普通砖抗震墙或小砌块墙及两端框架柱,其抗震受剪承载力应按下式验算:

$$V \leqslant \frac{1}{\gamma_{\mathrm{REc}}} \frac{\sum (M_{\mathrm{yc}}^{\mathrm{u}} + M_{\mathrm{yc}}^{\mathrm{l}})}{H_0} + \frac{1}{\gamma_{\mathrm{REw}}} f_{\mathrm{vE}} A_{\mathrm{w0}} \tag{7.38}$$

式中: V——嵌砌普通砖墙或小砌块墙及两端框架柱的剪力设计值;

　　　　A_{w0}——砖墙或小砌块墙水平截面的计算面积,无洞口时取实际截面的 1.25 倍,有洞口时取截面净面积,但不计入宽度小于洞口高度 1/4 的墙肢截面面积;

　　　　$M_{\mathrm{yc}}^{\mathrm{u}}, M_{\mathrm{yc}}^{\mathrm{l}}$——底层框架柱上、下端的正截面受弯承载力设计值,可按现行国家标准《混凝土结构设计规范》(GB 50010)非抗震设计的相关公式取等号计算;

　　　　H_0——底层框架柱的计算高度,两侧均有砌体墙时取柱净高的 2/3,其余情况取柱净高;

　　　　γ_{REc}——底层框架柱承载力抗震调整系数,可采用 0.8;

　　　　γ_{REw}——嵌砌普通砖墙或小砌块墙承载力抗震调整系数,可采用 0.9。

▶ 7.5.3　抗震构造措施

1) 材料强度要求

框架柱、抗震墙和托墙梁的混凝土强度等级,不应低于 C30;过渡层砌体块材的强度等级不应低于 MU10,砖砌体砌筑砂浆的强度等级不应低于 M10;砌块砌体砌筑砂浆的强度等级不应低于 Mb10。

2)底部框架-抗震墙房屋的上部抗震构造措施

底部框架-抗震墙房屋的上部结构的构造与一般多层砌体房屋相同。但构造柱的截面不宜小于 240 mm×240 mm(墙厚 190 mm 时为 240 mm×190 mm),构造柱的纵向钢筋不宜少于 4φ14,箍筋间距不宜大于 200 mm;芯柱每孔插筋不应小于 1φ14,芯柱间沿墙高应每隔 400 mm设φ4 的焊接钢筋网片。构造柱应与每层圈梁连接,或与现浇楼板可靠拉结。

与底部框架-抗震墙相邻的上一层砌体楼层称为过渡层。过渡层的震害较重,因此过渡层抗震措施应适当加强。

上部砌体墙的中心线宜与底部的框架梁、抗震墙的中心线相重合;构造柱或芯柱宜与框架柱上下贯通;过渡层应在底部框架柱、混凝土抗震墙或约束砌体抗震墙的构造柱所对应处设置构造柱或芯柱,墙体内的构造柱间距不宜大于层高,芯柱最大间距不宜大于 1 m;过渡层构造柱的纵向钢筋,6、7 度时不宜少于 4φ16,8 度时不宜少于 4φ18;过渡层芯柱的纵向钢筋,6、7 度时不宜少于每孔 1φ16,8 度时不宜少于每孔 1φ18;一般情况下,构造柱或芯柱纵向钢筋应锚入下部的框架柱或混凝土抗震墙内,当纵向钢筋锚固在托墙梁内时,托墙梁的相应位置应加强。

3)底部框架-抗震墙房屋的下部抗震构造措施

(1)楼盖

过渡层的底板应采用现浇钢筋混凝土板,板厚不应小于 120 mm;并应少开洞、开小洞,当洞口尺寸大于 800 mm 时,洞口周边应设置边梁。

钢筋混凝土托墙梁的截面宽度不应小于 300 mm,梁的截面高度不应小于跨度的 1/10。箍筋的直径不应小于 8 mm,间距不应大于 200 mm;梁端在 1.5 倍梁高且不小于 1/5 梁净跨范围内,以及上部墙体的洞口处和洞口两侧各 500 mm 且不小于梁高的范围内,箍筋间距不应大于 100 mm。沿梁高应设腰筋,数量不应少于 2φ14,间距不应大于 200 mm。梁的主筋和腰筋应按受拉钢筋的要求锚固在框架柱内,且支座上部的纵向钢筋在柱内的锚固长度应符合钢筋混凝土框支梁的有关要求。

(2)钢筋混凝土抗震墙

抗震墙周边应设置梁(或暗梁)和边框柱(或框架柱)组成的边框;梁的截面宽度不宜小于抗震墙厚度的 1.5 倍,截面高度不宜小于抗震墙厚度的 2.5 倍;边框柱的截面高度不宜小于抗震墙厚度的 2 倍。抗震墙的厚度不宜小于 160 mm,且不应小于墙净高的 1/20;抗震墙宜开设洞口形成若干墙段,各墙段的高宽比不宜小于 2。抗震墙的竖向和横向分布钢筋配筋率均不应小于 0.30%,并应采用双排布置;双排分布钢筋间拉筋的间距不应大于 600 mm,直径不应小于 6 mm。抗震墙应设边缘构件。

(3)约束砖砌体抗震墙

约束砖砌体抗震墙的墙厚不应小于 240 mm,应先砌墙后浇框架。墙长大于 4 m 时,洞口两侧应在墙内增设钢筋混凝土构造柱。沿框架柱每隔 500 mm 高配置 2φ8 的水平钢筋和φ4 的分布短筋平面内点焊组成的拉结网片,并沿砖墙的水平灰缝通长设置;在墙体半高处尚应设置与框架柱相连的钢筋混凝土水平系梁。

（4）约束小砌块砌体抗震墙

约束小砌块砌体抗震墙的墙厚不应小于 190 mm，应先砌墙后浇框架。墙长大于 4 m 时，洞口两侧应在墙内增设芯柱。沿框架柱每隔 400 mm 高配置 2 ϕ 8 的水平钢筋和 ϕ 4 的分布短筋平面内点焊组成的拉结网片，并沿墙体的水平灰缝通长设置；在墙体半高处尚应设置与框架柱相连的钢筋混凝土水平系梁，系梁不应小于 190 mm×190 mm，纵筋不应小于 4 ϕ 12，箍筋直径不应小于 ϕ 6，间距不应大于 200 mm。

（5）底部框架-抗震墙砌体房屋的框架柱

框架柱的截面不应小于 400 mm×400 mm，圆柱直径不应小于 450 mm；柱的轴压比：6、7、8 度时分别不宜大于 0.85、0.75、0.65；柱的纵向钢筋最小总配筋率：当钢筋的强度标准值低于 400 MPa 时，中柱在 6、7 度时不应小于 0.9%，8 度时不应小于 1.1%；边柱、角柱和混凝土抗震墙端柱在 6、7 度时不应小于 1.0%，8 度时不应小于 1.2%；柱的箍筋直径：6、7 度时不应小于 8 mm，8 度时不应小于 10 mm，并应全高加密箍筋，间距不大于 100 mm；柱的最上端和最下端组合的弯矩设计值应乘以增大系数，一、二、三级的增大系数应分别按 1.5、1.25、1.15 取用。

习 题

7.1 多层砌体房屋的层数和总高度限值与哪些因素相关？

7.2 简述多层砌体房屋的抗震计算步骤。

7.3 多层砌体房屋中设置圈梁、构造柱的作用是什么？

7.4 底部框架-抗震墙房屋的"两道抗震防线"思想是如何体现的？

多层和高层钢结构房屋抗震设计

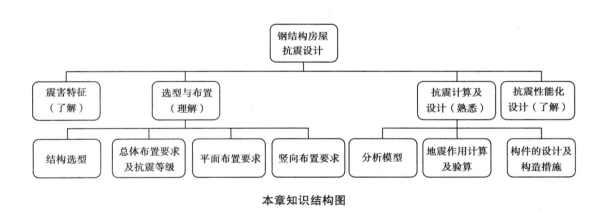

本章知识结构图

本章分析了多层和高层钢结构房屋的主要震害特征(了解),从概念设计的角度阐述了钢结构房屋的结构选型与布置(理解),然后讲述了钢结构房屋的抗震计算及设计(熟悉),依次阐述了计算模型选取、地震作用计算方法及变形控制、构件(包括钢梁、钢柱、中心支撑、剪力墙板、连接等)的抗震设计方法及构造要求;最后,介绍了钢结构房屋的抗震性能化设计(了解)。

8.1 钢结构房屋的震害特征

钢结构具有强度高、延性好、质量小的优点。总体来说,在同等场地、烈度条件下,钢结构房屋的震害较钢筋混凝土结构房屋和砌体房屋的震害轻。近几十年发生的几次大地震累积了钢结构房屋的震害资料,如在 1985 年 9 月 19 日墨西哥地震、1994 年 1 月 17 日美国 Northridge 地震、1995 年 1 月 17 日日本阪神地震、1999 年 9 月 21 日台湾集集地震、2008 年 5 月 12 日中国汶川地震等地震中取得了一些震害资料,其中日本阪神地震中的钢结构房屋震害资料最为丰富。阪神地震后,日本建筑学会近畿钢结构委员会对 988 幢钢结构房屋的震害进行了统计(表 8.1)[17];同时对几个强震区的钢结构房屋震害进行了统计(表 8.2)[19]。

表 8.1 1995 年日本阪神地震中 988 幢钢结构房屋震害情况[17]

破坏程度	倒塌	严重破坏	中等破坏	小破坏
幢数	90	332	266	300
所占比例(%)	9.1	33.6	26.9	30.4

黄炳生_日本神户地震中建筑钢结构的震害及启示

表 8.2 1995 年日本阪神地震中几个强震区的钢结构房屋震害情况[19]

破坏程度	倒塌、大破坏	中破坏	小破坏	轻微破坏	共计
幢数	476	339	498	474	1 787
所占比例(%)	26.6	19.0	27.9	26.5	—

崔鸿超_日本兵库县南部地震震害综述

多层和高层钢结构在地震中的破坏形式有以下四种:维护结构破坏、节点连接破坏、构件破坏、结构倒塌。

1)维护结构破坏

钢结构的轻微破坏表现为维护结构或室内装修破坏,在汶川地震中,钢结构房屋的震害多为钢结构厂房的局部破坏,即围护结构破坏、吊顶及室内装饰破坏或设备倒塌,如图 8.1 所示。

(a)轻钢结构厂房的维护结构破坏　　　(b)都江堰某钢结构厂房吊顶破坏

图 8.1 汶川地震中的钢结构厂房的震害

新西兰地震钢结构震害

2)节点连接破坏

节点连接破坏主要有两种形式,一种是支撑与杆件连接节点的破坏[图 8.2(a)、(b)],另一种是梁柱连接破坏[图 8.2(c)]。由于节点传力集中、构造复杂、施工难度大,容易造成应力集中、强度不均衡的现象。再加上可能出现焊缝缺陷、构造缺陷,节点破坏就更容易出现。

(a)柱间支撑杆件与节点连接破坏　　　　　　(b)某厂房水平支撑与屋架连接节点破坏

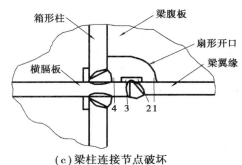

(c)梁柱连接节点破坏

图 8.2　节点连接破坏

1994 年美国 Northridge 地震和 1995 年日本阪神地震造成了很多梁柱刚性连接破坏,震害调查发现,梁柱连接破坏大多数发生在梁的下翼缘处,而上翼缘破坏较少。这可能有两种原因:一是楼板与梁共同变形导致下翼缘应力增大;二是下翼缘在腹板位置焊接的中断是一个显著的焊缝缺陷。

3)构件破坏

构件破坏的主要形式有以下三种:

①支撑压屈。支撑构件为结构提供了较大的侧向刚度,当地震强度较大时,支撑承受的轴向力(反复拉压)增加。如果支撑的长度、局部加劲板构造与主体结构的连接构造等出现问题,就会出现破坏或失稳。当支撑所受的压力超过其屈曲临界力时,即发生压屈破坏,如图8.3(a)、(b)所示。

②梁柱局部失稳。框架梁或柱的局部屈曲是因为梁或柱在地震作用下反复受弯,以及构件的截面尺寸和局部构造如长细比、板件宽厚比设计不合理造成的,如图8.3(c)所示。

③柱出现水平裂缝或断裂破坏。1995 年日本阪神地震中,位于阪神地震区芦屋滨的 52 栋高层钢结构住宅,有 57 根钢柱出现开裂,如图8.3(d)及图8.3(e)所示。分析其原因为,竖向地震使柱中出现动拉力,由于应变速率高,使材料变脆;加上截面弯矩和剪力的影响,造成柱的水平断裂。

Kobe地震钢结构
破坏类型

（a）水平支撑屈曲

（b）屋架下弦水平支撑屈曲

（c）屋顶塔架折断

（d）钢柱柱身水平裂缝

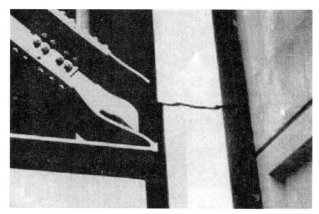
（e）钢柱柱身在与支撑连接处出现水平裂缝

图 8.3　钢结构构件破坏

4）结构倒塌

倒塌是地震中结构最严重的破坏形式。钢结构尽管抗震性能好，但在地震中也有倒塌发生。1985 年墨西哥大地震中有 10 栋钢结构房屋倒塌，1995 年阪神地震中也有不少钢结构房屋倒塌。当结构布置不当、设计不当或构造存在缺陷时就可能造成结构倒塌。

钢结构振动台
试验

8.2　钢结构选型与布置

▶ 8.2.1　结构选型

1）框架结构

框架体系为由梁与柱构成的结构体系。一般由沿房屋纵横方向设置的多榀平面框架构成。框架结构的抗侧力能力主要取决于梁柱构件和节点的强度与延性。节点一般采用刚性连接。相对而言，框架体系的抗侧刚度较

钢框架建造
3D动画

小,地震作用下的水平位移较大。由于单跨框架的抗侧刚度小,同时冗余度低,《抗震规范》规定甲、乙类建筑和高层的丙类建筑不应采用单跨框架,多层的丙类建筑不宜采用单跨框架。

2)框架-支撑结构

框架-支撑体系是在框架体系中沿结构的纵、横两个方向均匀布置一定数量的支撑所形成的结构体系。包括框架-中心支撑结构、框架-偏心支撑结构和框架-屈曲约束支撑结构。支撑能提高框架的侧向刚度,但支撑受压会屈曲,将导致结构承载力降低。

支撑体系的布置可根据建筑功能及结构要求来确定,一般布置在边框架及电梯井周围等处。支撑框架在两个方向均宜均匀对称布置。为保证楼盖的刚度,支撑框架之间楼盖的长宽比不宜大于3。

中心支撑的斜杆两端均直接连在梁柱节点上,一般宜采用抗震性能较好的十字交叉支撑[图8.4(a)],也可采用单斜杆支撑[图8.4(b)]、人字支撑[图8.4(c)]或V形支撑[图8.4(d)],不宜采用K形支撑[图8.4(e)]。这是因为在地震作用下,K形支撑中的斜杆与柱相交处存在较大的侧向集中力,在柱上形成较大的侧向弯矩,使柱更容易侧向失稳。当中心支撑采用只能受拉的单斜杆时,应同时设置不同倾斜方向的两组单斜杆[图8.4(b)],且每组中不同方向单斜杆的截面面积在水平方向的投影面积之差不得大于10%。

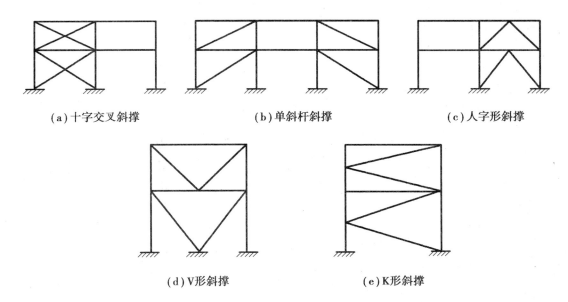

(a)十字交叉斜撑　　　　　　(b)单斜杆斜撑　　　　　　(c)人字形斜撑

(d)V形斜撑　　　　　　　　(e)K形斜撑

图8.4　框架-中心支撑结构体系示例

中心支撑的轴线应交汇于梁柱构件轴线的交点,当偏离交点时,偏心距不应超过支撑杆件的宽度,并在受力分析时应计入由此产生的附加弯矩。

抗震等级为三、四级且高度不大于50 m的钢结构宜采用中心支撑。

偏心支撑的斜杆至少应有一端偏离了梁柱节点,连在梁上,布置如图8.5所示。偏心支撑框架的设计原则是强柱、强支撑和弱消能梁段,即在大震时消能梁段屈服形成具有稳定滞回性能的塑性铰,消能梁段进入应变硬化阶段,支撑斜杆、柱和其余梁段仍保持弹性,从而保证结构具有稳定的承载能力和良好的耗能性能。大量研究表明,偏心支撑具有弹性阶段刚度接近中心支撑框架,弹塑性阶段的延性和消能能力接近于延性框架的特点,是一种良好的抗震结构。

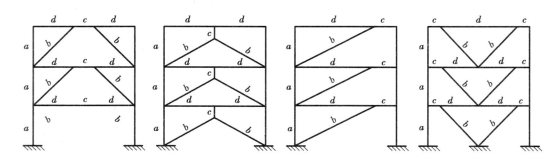

图 8.5　框架-偏心支撑结构体系示例

a—柱;*b*—支撑;*c*—消能梁段;*d*—其他梁段

屈曲约束支撑的功能及作用详见第 9 章。

3)框架-剪力墙板结构

框架-剪力墙板结构是以钢框架为主体,并配置一定数量的抗震墙板。抗震墙板可以根据需要布置在任何位置上。抗震墙板主要有以下三种类型:

①钢板抗震墙板。钢板抗震墙板一般采用厚钢板,其上下、左右两边缘可分别与框架梁和框架柱连接,一般采用高强螺栓连接。钢板抗震墙板承担沿框架梁、柱周边的剪力,不承担框架梁上的竖向荷载。

钢板剪力墙图片

②内藏钢板支撑剪力墙墙板。内藏钢板支撑剪力墙是以钢板为基本支撑,外包钢筋混凝土墙,一般做成预制墙板。预制墙板仅在钢板支撑斜杆的上下端节点处与钢框架梁相连,节点部位之外的墙板部分不与钢框架相连。由于钢支撑有外包混凝土,故可不考虑支撑平面内和平面外的屈曲。

③带竖缝的钢筋混凝土抗震墙板。普通整块钢筋混凝土墙板由于初期刚度过高,地震时易斜向开裂,发生脆性破坏而退出工作,造成后期框架超载而破坏,为此在墙板中设置若干条竖缝,将墙板分割成一系列延性较好的壁柱,即形成带竖缝的钢筋混凝土墙板。多遇地震时,墙板处于弹性状态,侧向刚度大,墙板承担主要的水平剪力。罕遇地震时,墙板处于弹塑性状态而在壁柱上产生裂缝,壁柱屈服后刚度降低,变形增大,起到了耗能减震的作用。

4)筒体结构

筒体结构体系具有较强的抗侧力,能形成较大的使用空间,对于高层及超高层建筑是一种经济有效的结构形式。根据筒体的布置及数量的不同,筒体结构体系可分为框筒[图 8.6(a)]、框筒-内柱[图 8.6(b)]、筒中筒[图 8.6(c)]、框架-筒体[图 8.6(d)]、束筒[图 8.6(e)]及桁架筒(图 8.7)等体系。框筒实际上是密柱框架结构,由于梁跨小、刚度大,使周圈柱近似构成一个整体受弯的薄壁筒体[图 8.6(a)]。

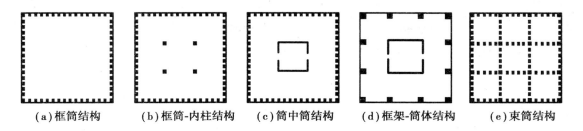

| （a）框筒结构 | （b）框筒-内柱结构 | （c）筒中筒结构 | （d）框架-筒体结构 | （e）束筒结构 |

图 8.6　筒体结构形式

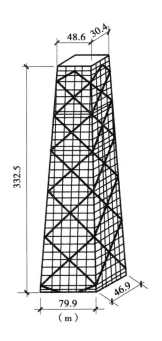

图 8.7　桁架筒体系（示例）

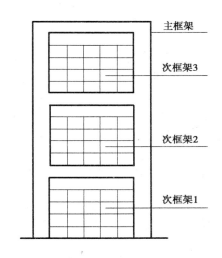

图 8.8　巨型框架结构体系

5)巨型框架结构

巨型框架结构体系由柱距较大的立体桁架梁柱构成,如图 8.8 所示。立体桁架梁沿纵横向布置,并形成一个空间桁架层,在两层空间桁架层之间设置次框架结构,以承担空间桁架层内的各层楼面荷载,并将其通过次框架结构的柱子传递给立体桁架梁及柱。

上述五种结构体系各有其优缺点,一般应尽量选择有多道抗震防线的结构体系,如框架-支撑体系、框架-抗震墙板体系、筒体体系等。1995 年的阪神地震表明,未设置支撑的钢结构,其柱、梁柱节点破坏严重。

▶　8.2.2　总体布置要求及抗震等级

《抗震规范》规定的各种结构体系的钢结构民用房屋的最大适用高度列于表 8.3 中。平面和竖向均不规则的钢结构,适用的最大高度宜适当降低。

表 8.3　钢结构房屋的最大适用高度　　　　　　　单位:m

结构体系	设防烈度				
	6 度(0.05g) 7 度(0.10g)	7 度(0.15g)	8 度		9 度(0.40g)
			(0.20g)	(0.30g)	
框架	110	90	90	70	50
框架-中心支撑	220	200	180	150	120
框架-偏心支撑(延性墙板)	240	220	200	180	160
筒体(框筒、筒中筒、束筒)和 巨型框架	300	280	260	240	180

注:①房屋高度指室外地面到主要屋面板板顶的高度(不包括局部突出屋顶部分);
　　②超过表内高度的房屋,应进行专门研究和论证,采取有效的加强措施;
　　③表内的筒体不包括混凝土筒。

　　房屋的高宽比,特别是高层建筑的高宽比,会影响结构的抗侧刚度、抗弯刚度和整体抗倾覆能力等重要性能,同时还会影响风荷载作用下建筑物内人员的舒适感。因此钢结构房屋的高宽比不宜过大,平面总宽度不宜过小。《抗震规范》规定的钢结构房屋的最大适用高宽比列于表 8.4 中。计算高宽比的房屋高度从室外地面起算,对于有大底盘的塔形建筑从大底盘顶部起算。

表 8.4　钢结构民用房屋的最大适用高宽比

烈度	6、7 度	8 度	9 度
最大高宽比	6.5	6.0	5.5

　　钢结构房屋应根据抗震设防类别、烈度和房屋高度采用不同的抗震等级,并应符合相应的计算和构造措施要求。抗震设防类别为标准设防类(丙类)的钢结构房屋的抗震等级应按表 8.5 确定。甲、乙类设防建筑结构的抗震设防标准,按现行国家标准《建筑工程抗震设防分类标准》(GB 50223)的规定处理,即一般情况下,甲、乙类设防建筑结构的抗震等级按较丙类提高一级考虑。

表 8.5　钢结构房屋的抗震等级

房屋高度	6 度	7 度	8 度	9 度
≤50 m	—	四	三	二
>50 m	四	三	二	一

注:①高度接近或等于高度分界时,应允许结合房屋不规则程度和场地、地基条件等来确定抗震等级;
　　②一般情况,构件的抗震等级应与结构相同;当某个部位各构件的承载力均满足 2 倍地震作用组合下的内力要求时,7~9 度的构件抗震等级应允许按降低一度确定。

　　从抗侧刚度和适用高度的角度出发,《抗震规范》规定,抗震等级为一、二级的结构宜设置偏心支撑、带竖缝钢筋混凝土抗震墙板、内藏钢支撑钢筋混凝土墙板或屈曲约束支撑等消能支撑及筒体体系。

结构抗震布置一般还应满足以下要求：

①由于单跨框架结构的抗侧力较小，冗余度较少，因此规定高层建筑不应采用单跨框架结构，多层建筑不宜采用单跨框架结构。

②高层钢结构宜选用风压和横风向振动效应较小的建筑体型，并应考虑相邻高层建筑对风荷载的影响。

③高度超过 50 m 的钢结构房屋应设置地下室。当采用天然地基时，其基础埋置深度不宜小于房屋总高度的 1/15；当采用桩基时，桩承台埋深不宜小于房屋总高度的 1/20。钢框架柱应至少延伸到地下一层，其竖向荷载应直接传至基础。

④钢框架-筒体结构，在必要时可设置由筒体外伸臂或外伸臂和周边桁架组成的加强层。

► 8.2.3　结构平面布置要求

多高层钢结构房屋的平面布置要求与其他结构体系（如钢筋混凝土结构等）相同，一般应满足下列要求：

①建筑平面宜简单规则，平面布置宜对称，建筑的开间、进深宜统一，并使结构各层的抗侧刚度中心与质量中心接近或重合，同时各层刚心与质心接近在同一竖直线上，高层钢结构两个主轴方向的动力特性宜相近。支撑布置平面上宜均匀、分散。

②由于高层钢结构房屋在地震作用下的侧移较大，因此高层钢结构不宜设置防震缝，如必须设置伸缩缝，则应同时满足防震缝的要求，防震缝缝宽应不小于相应钢筋混凝土结构房屋的 1.5 倍。

③楼盖宜采用压型钢板现浇混凝土组合楼板或钢筋混凝土楼板，对 6、7 度时不超过 50 m 的钢结构，尚可采用装配整体式钢筋混凝土楼板，也可采用装配式楼板或其他轻型楼盖；楼板与钢梁应采用栓钉或其他元件进行可靠连接，或采取其他保证楼盖整体性的措施。当楼板有较大或较多的开孔时，可增设水平钢支撑以加强楼板的水平刚度。

► 8.2.4　结构竖向布置要求

多高层钢结构的竖向布置应满足下列要求：

①楼层刚度大于其相邻上层刚度的 70%，且连续三层总的刚度降低不超过 50%。

②相邻楼层质量之比不超过 1.5（屋顶层除外）。

③立面收进尺寸的比例 $L_1/L \geqslant 0.75$。

④任意楼层抗侧力构件的总受剪承载力大于其相邻上层的 80%。

⑤框架-支撑结构中，支撑（或抗震墙板）宜竖向连续布置，除底部楼层和外伸刚臂所在楼层外，支撑的形式和布置在竖向宜一致。设置地下室时，支撑应延伸至基础或在地下室相应位置设置剪力墙；支撑无法连续时应适当增加错开支撑并加强错开支撑之间的上下楼层的水平刚度。

8.3 钢结构抗震计算及设计

▶   **8.3.1 分析模型**

钢结构的分析模型应正确反映构件及其连接在不同地震动水准下的工作状态。整个结构的弹性分析可采用线性方法,弹塑性分析可根据构件预期的工作状态,分别采用增加阻尼的等效线性化方法、静力或动力非线性设计方法。

1）楼盖刚度确定

在对钢结构房屋进行地震作用计算及在地震作用下的内力与位移分析时,一般可假定楼板在自身平面内为绝对刚性。对整体性较差、开孔面积大、有较长外伸段的楼板,宜采用楼板平面内的实际刚度进行计算。

2）模型选择

多高层钢结构的抗震计算可采用平面抗侧力结构的空间协同计算模型。当结构布置规则、质量及刚度沿高度分布均匀、可不计扭转效应时,可采用平面结构计算模型;当结构平面或立面不规则、体型复杂,无法划分平面抗侧力单元时,以及筒体结构,应采用空间结构计算模型。

3）二阶效应

在罕遇地震下应计入重力二阶效应。一般来说,钢结构房屋延性较好,允许的侧移较大。当钢结构房屋在地震作用下的重力附加弯矩大于初始弯矩的10%时,应计入重力二阶效应的影响。其中,重力附加弯矩指任一楼层以上全部重力荷载与该楼层地震平均层间位移的乘积,初始弯矩指该楼层地震剪力与楼层层高的乘积。进行二阶效应的弹性分析时,应按现行国家标准《钢结构设计规范》(GB 50017)的有关规定,在每层柱顶附加假想水平力。

4）杆件变形

多高层钢结构在地震作用下的内力与位移计算,除考虑梁柱的弯曲变形和剪切变形外尚应考虑柱的轴向变形。一般可不考虑梁的轴向变形,但当梁同时作为腰桁架或桁架的弦杆时,则应考虑轴力的影响。

5）节点域变形

对框架梁,可不按柱轴线处的内力而按梁端截面的内力设计。对工字形截面柱,宜计入梁柱节点域剪切变形对结构侧移的影响;对箱形柱框架、中心支撑框架和不超过50 m的钢结构,其层间位移计算可不计入梁柱节点域剪切变形的影响,近似按框架轴线进行分析。

钢框架-支撑结构的斜杆可按端部铰接杆计算。

▶ ### 8.3.2　地震作用计算、侧移验算及内力组合

1)结构自振周期

对于质量及刚度沿高度分布比较均匀的高层钢结构,基本自振周期 T_1 可按顶点位移法计算,计算公式见附录 C。初步设计时,基本周期 T_1 也可按经验公式 $0.1n$ 估算,n 为不包括地下室及屋顶小塔楼的建筑物层数。

2)阻尼比

钢结构的阻尼比较小,在多遇地震计算时的阻尼比取法如下:

①高度不大于 50 m 时,阻尼比取 0.04;高度大于 50 m 且小于 200 m 时,可取 0.03;高度为 200 m 及其以上时,取 0.02。

②当偏心支撑框架部分承担的地震倾覆力矩大于结构总地震倾覆力矩的 50% 时,其阻尼比可比上述各种取值相应增加 0.005。

计算罕遇地震下的地震响应时,考虑到结构已进入弹塑性状态,阻尼比取为 0.05。

3)设计反应谱

钢结构的设计反应谱需按阻尼比调整。钢结构地震影响系数曲线中的部分系数计算见表 8.6(其中,η_2、γ、η_1 计算公式见第 3 章),钢结构房屋的水平地震影响系数最大值 α_{max} 列于表 8.7 中。

表 8.6　钢结构地震影响系数曲线中的部分系数取值

	$H \leq 50$ m ($\zeta = 0.04$)	$50 < H < 200$ ($\zeta = 0.03$)	$H \geq 200$ m ($\zeta = 0.02$)
阻尼调整系数 η_2	1.069	1.156	1.268
曲线下降段的衰减指数 γ	0.919	0.942	0.971
直线下降段的下降斜率调整系数 η_1	0.022	0.024	0.026

表 8.7　钢结构房屋的水平地震影响系数最大值 α_{max}

地震影响	6 度 0.05g	7 度 0.10g(0.15g)	8 度 0.20g(0.30g)	9 度 0.40g
$H \leq 50(\zeta = 0.04)$	0.043	0.086(0.128)	0.171(0.257)	0.342
$50 < H < 200(\zeta = 0.03)$	0.046	0.093(0.139)	0.185(0.278)	0.396
$H \geq 200(\zeta = 0.02)$	0.051	0.101(0.152)	0.203(0.304)	0.502
罕遇地震($\zeta = 0.05$)	0.28	0.50(0.72)	0.90(1.20)	1.40

4)多遇地震作用计算

钢结构在多遇地震下的地震作用计算可根据实际房屋高度及规则性等情况,采用底部剪

力法、不考虑扭转耦联的振型分解反应谱法、考虑扭转耦联的振型分解反应谱法以及时程分析法等方法。

5）罕遇地震作用计算

高层钢结构第二阶段的抗震验算应采用时程分析法对结构进行弹塑性时程分析。其结构计算模型可以采用杆系模型、剪切型层模型或剪弯协同工作模型。在采用杆系模型时，柱、梁的恢复力模型可采用二折线型，其滞回模型可不考虑刚度退化。钢支撑和消能梁段等构件的恢复力模型，应按杆件特性确定。采用层模型分析时，应采用计入有关构件弯曲、轴向、剪切变形影响的等效层剪切刚度，层恢复力模型的骨架曲线可采用静力弹塑性方法进行计算，可简化为二折线或三折线，并尽量与计算所得骨架曲线接近。

6）层间侧移验算

在小震下，过大的层间变形会造成非结构构件的破坏；而在大震下，过大的变形会造成结构的破坏或倒塌。因此，需对多遇地震下结构的弹性层间侧移进行限制，使其不超过层高的1/250；在罕遇地震下，层间侧移不应超过层高的1/50。

7）地震作用下的内力调整

框架作为框架-支撑（抗震墙板）结构体系中的第二道抗震防线，其抗震承载力对于支撑（抗震墙板）进入屈服，结构进入弹塑性阶段的承载力具有非常重要的意义。因此框架-支撑（抗震墙板）结构体系中的纯框架自身应具有一定的承载能力。在进行多遇地震下的抗震计算时，框架-支撑（抗震墙板）结构体系中的框架部分按刚度分配计算得到的地震层剪力应不小于结构底部总地震剪力的25%和框架部分计算最大层剪力的1.8倍的较小者。

钢结构转换层下的钢框架柱，地震内力应乘以增大系数，其值可采用1.5。

8）内力组合及抗震验算

内力调整之后，就要对构件在各工况下的内力标准值进行组合，以得到设计值，组合方法和具体要求详见第4章。

得到设计内力之后，接下来要进行的就是构件的抗震验算了。构件的抗震验算除根据构件自身的受力特点进行外，还需考虑抗震的延性设计要求，如对计算所得的设计内力进行抗震调整、采取延性框架的保障措施等。一般来说，钢结构构件（梁、柱、支撑等）的抗震设计包括三部分内容：构件的强度验算；构件的稳定验算；为保证构件截面的塑性变形能够充分开展、同时满足构件的局部失稳不先于构件的整体失稳所需的对构件的宽厚比、长细比等进行的构造限制。

▶ 8.3.3 钢梁抗震设计及构造要求

钢梁的抗震破坏主要表现在梁的侧向整体失稳和局部失稳，钢梁的强度及变形性能根据其板件宽厚比、侧向支撑长度及弯矩梯度、节点的构造等的不同而有很大的差别。在抗震设计中，为了满足抗震要求，钢梁必须具有良好的延性性能，因此必须正确设计截面尺寸，合理布置侧向支撑，注意连接构造，保证其能充分发挥变形能力。

1）梁的强度

钢梁在反复荷载下的极限荷载将比单调荷载作用时小，但考虑到楼板的约束作用将使梁的承载能力有明显的提高,因此,钢梁抗震承载力计算方法与在静力荷载作用下相同,计算时取截面塑性发展系数为 1.0,承载力抗震调整系数 $\gamma_{RE} = 0.75$。

2)梁的整体稳定性

钢梁的抗震整体稳定性验算公式与静力荷载作用时相同,承载力抗震调整系数 $\gamma_{RE} = 0.8$。

当梁设有侧向支撑,并符合《钢结构设计规范》(GB 50017)规定的受压翼缘自由长度与其宽度之比的限制时,可不验算整体稳定性。按 7 度及以上抗震设防的高层钢结构,梁受压翼缘侧向支承点间的距离与梁翼缘宽度之比,尚应符合该规范关于塑性设计时的长细比要求。当钢框架梁的上翼缘采用抗剪连接件与组合楼板连接时,也可不用验算地震作用下的整体稳定性。

3)框架梁、柱板件宽厚比要求

一般来说,板件宽厚比越大,板件越易发生局部屈曲,构件反复受荷时的承载能力与耗能能力将降低。所以要对框架梁、柱板件的宽厚比进行限定。这种考虑是以强柱弱梁为前提,考虑柱仅在后期出现少量塑性铰,不需要很高的转动能力,并参照国内外的工程实践经验综合制定的。

一般框架柱的转动变形能力要求比框架梁低,因此框架柱的板件宽厚比限值可比框架梁适当大一些。

《抗震规范》要求钢结构框架梁、柱板件宽厚比不应超过表 8.8 规定的限值。

表 8.8 框架梁、柱板件宽厚比限值

板件名称		抗震等级			
		一级	二级	三级	四级
柱	工字形截面翼缘外伸部分	10	11	12	13
	工字形截面腹板	43	45	48	52
	箱形截面腹板	33	36	38	40
梁	工字形和箱形截面翼缘外伸部分	9	9	10	11
	箱形截面翼缘在两腹板间的部分	30	30	32	36
	工字形截面和箱形截面腹板	$72-120\dfrac{N_b}{Af}$ ≤ 60	$72-100\dfrac{N_b}{Af}$ ≤ 65	$80-110\dfrac{N_b}{Af}$ ≤ 70	$85-120\dfrac{N_b}{Af}$ ≤ 75

注:①表列数值适用于 Q235 钢,采用其他牌号钢材时,应乘以 $\sqrt{235/f_{ay}}$,f_{ay} 为钢材的名义屈服强度;

②表中,N_b 为梁的轴向力,A 为梁的截面面积,f 为梁的钢材抗拉强度设计值,N_b/Af 为梁的轴压比。

▶ 8.3.4 钢柱抗震设计及构造要求

同钢梁的抗震设计类似,钢柱的抗震设计也包括强度验算、整体稳定性验算和构造措施三部分内容。

1)框架柱承载力极差调整

基于延性设计理念,强柱弱梁型框架屈服时产生塑性变形而耗能的构件比强梁弱柱型框架多,而在同样结构顶点位移的条件下,强柱弱梁型框架的最大层间变形比强梁弱柱型框架小,因此强柱弱梁型框架的抗震性能较强梁弱柱型框架更为优越。要使框架体系满足强柱弱梁的要求,则框架柱在任一节点处需满足下列公式要求。

等截面梁与柱连接时,节点左右梁端和上下柱端的全塑性承载力应满足:

$$\sum W_{pc}(f_{yc} - N/A_c) \geq \eta \sum W_{pb} f_{yb} \tag{8.1}$$

梁端扩大、加盖板或采用 RBS(骨形)的梁与柱连接时

$$\sum W_{pc}(f_{yc} - N/A_c) \geq \sum (\eta W_{pb1} f_{yb} + V_{pb} s) \tag{8.2}$$

式中:W_{pc},W_{pb}——交汇于节点的柱和梁的塑性截面模量;

W_{pb1}——框架梁塑性铰所在截面的梁的全塑性截面模量;

N——地震组合下的柱轴向压力设计值;

A_c——柱截面面积;

f_{yc},f_{yb}——柱和梁的钢材屈服强度;

η——强柱系数:一级取 1.15,二级取 1.10,三级取 1.05;

V_{pb}——梁塑性铰剪力;

s——塑性铰至柱面的距离,塑性铰可取梁端部变截面翼缘的最小处。一般对骨形(RBS)连接,s 取$(0.5 \sim 0.75)b_f + (0.65 \sim 0.85)h_b/2$(其中,$b_f$ 和 h_b 分别为梁翼缘宽度和梁截面高度);梁端扩大型和加盖板时,s 取梁净跨的 1/10 和梁高二者的较大值。

以下三种情况下无须满足式(8.1)和式(8.2)强柱弱梁的要求:

①当柱所在楼层的受剪承载力比相邻上一层的受剪承载力高 25%;

②柱轴压比不超过 0.4,或柱轴力符合 $N_2 \leq \varphi A_c f_{yc}$ 时(N_2 为 2 倍地震作用下的组合轴力设计值);

③与支撑斜杆相连的节点。

2)节点域设计

在框架中间节点,当两边的梁端弯矩方向相同,或梁端弯矩方向不同但弯矩不等时,节点域的柱腹板将受到剪力的作用,使节点区发生剪切变形。为了较好地发挥节点域的耗能作用,需保证节点域的柱腹板有一定的抗剪承载力。同时节点域的柱腹板厚度不能太大,腹板太厚影响地震能量的吸收。节点域柱腹板的抗剪屈服承载力、稳定性及受剪承载力应符合以下要求:

(1)节点域的屈服承载力

节点域的屈服承载力应符合下式要求:

$$\psi(M_{pb1} + M_{pb2})/V_p \leq (4/3) f_{yv} \tag{8.3}$$

工字形截面柱 $V_p = h_{b1} h_{c1} t_w$

箱形截面柱 $V_p = 1.8 h_{b1} h_{c1} t_w$

圆管截面柱 $V_p = (\pi/2) h_{b1} h_{c1} t_w$

(2)节点域的稳定性及受剪承载力

为了保证大震作用下柱和梁连接处柱腹板不致局部失稳,工字形截面柱和箱形截面柱的

节点域的腹板厚度应按下列公式验算：

$$t_w \geq (h_b + h_c)/90 \tag{8.4}$$

节点域的受剪承载力应满足下式要求：

$$(M_{b1} + M_{b2})/V_p \leq (4/3)f_v/\gamma_{RE} \tag{8.5}$$

式中：M_{pb1}, M_{pb2}——节点域两侧梁的全塑性受弯承载力；

V_p——节点域的体积；

ψ——折减系数，一、二级抗震等级取 0.7，三、四级抗震等级取 0.6；

f_v——钢材的抗剪强度设计值；

f_{yv}——钢材的屈服抗剪强度，取钢材屈服强度的 0.58 倍；

h_{b1}, h_{c1}——梁翼缘厚度中点间的距离，柱翼缘（或钢管直径线上管壁）厚度中点间的距离；

t_w——柱在节点域的腹板厚度；

M_{b1}, M_{b2}——节点域两侧梁的弯矩设计值；

γ_{RE}——节点域承载力抗震调整系数，取 0.75。

3）框架柱的长细比限值

框架柱的长细比关系到钢结构的整体稳定。研究表明，钢结构刚度很大时，轴向力也会相应增大。竖向地震对框架柱的影响很大。由于几何非线性（P-δ 效应）的影响，柱的弯曲变形能力与柱的轴压比及长细比有关，柱的轴压比与长细比越大，弯曲变形能力越小。因此，为保障钢框架遭遇地震时的变形能力，需对框架柱的轴压比及长细比进行限制。

《抗震规范》规定的多高层钢结构框架柱的长细比限值见表 8.9。

表 8.9　框架柱长细比限值

抗震等级	一级	二级	三级	四级
长细比限值	$60\sqrt{235/f_{ay}}$	$80\sqrt{235/f_{ay}}$	$100\sqrt{235/f_{ay}}$	$120\sqrt{235/f_{ay}}$

注：f_{ay} 为钢材的名义屈服强度。

4）框架柱的板件宽厚比要求

《抗震规范》要求钢结构框架柱板件宽厚比不应超过表 8.8 规定的限值。

▶ **8.3.5　中心支撑设计及构造要求**

1）支撑斜杆的截面要求

支撑斜杆宜采用双轴对称截面，当采用单轴对称截面时（例如双角钢组合 T 形截面），应采取防止绕对称轴屈曲的构造措施。

2）中心支撑构件的承载力验算

当中心支撑框架的斜杆轴线偏离梁柱轴线交点不超过支撑杆件的宽度时，仍可按中心支撑框架分析，支撑构件按端部铰接杆件进行分析，但应计及由此产生的附加弯矩。

中心支撑框架的支撑斜杆在地震作用下将受反复轴力的作用，支撑既可能受拉也可能受压。由于轴心受力钢构件的抗压承载力要小于其抗拉承载力,因此支撑斜杆的抗震应按受压构件进行设计。试验发现支撑在反复轴力作用下有下列特点:

①支撑首次受压屈曲后,第二次屈曲荷载明显下降,其后每次的屈曲荷载还将逐渐下降,但下降幅度趋于收敛。

②支撑受压屈曲后的抗压承载力的下降幅与支撑长细比有关。支撑长细比越大,下降幅度越大;支撑长细比越小,下降幅度越小。

考虑支撑在地震反复轴力作用下的上述受力特征,中心支撑框架支撑斜杆在多遇地震作用效应组合下的抗震受压承载力按下式进行验算:

$$N/\varphi A_{\text{br}} \le \psi f/\gamma_{\text{RE}} \tag{8.6}$$

其中:

$$\psi = 1/(1 + 0.35\lambda_{\text{n}}) \tag{8.7}$$

$$\lambda_{\text{n}} = (\lambda/\pi) \sqrt{f_{\text{ay}}/E} \tag{8.8}$$

式中:N——多遇地震作用效应组合下支撑斜杆的轴向力设计值;

φ——轴心受压构件的稳定系数;

A_{br}——支撑斜杆的截面面积;

ψ——受循环荷载时的强度降低系数;

f, f_{ay}——钢材强度设计值和屈服强度;

$\lambda, \lambda_{\text{n}}$——支撑斜杆的长细比和正则化长细比;

E——弹性模量;

γ_{RE}——支撑稳定破坏时的承载力抗震调整系数,取 0.80。

人字形支撑和 V 形支撑的横梁在支撑连接处应保持连续,在验算横梁时,该横梁应承受支撑斜杆传来的内力,并按不计入支撑支点作用的简支梁验算重力荷载和支撑屈曲时不平衡力作用下的承载力。不平衡力应按受拉支撑的最小屈服承载力或受压支撑最大屈曲承载力的 0.3 倍计算。必要时,可将人字形和 V 形支撑沿竖向交替设置或采用拉链柱,以减小支撑横梁的截面,但顶层和出屋面房间的梁除外。

《高层民用建筑钢结构技术规程》(JGJ 99—2015)规定,一、二、三级抗震等级的钢结构,可以采用带有消能装置的中心支撑体系,如图 8.9 所示。此时,支撑斜杆的承载力应为消能装置滑动或屈服时承载力的 1.5 倍。

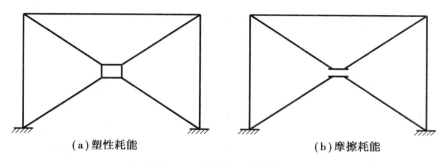

(a)塑性耗能   (b)摩擦耗能

图 8.9 耗能中心支撑体系

3）支撑杆件的长细比

支撑杆件按压杆设计时，长细比不应大于 $120\sqrt{235/f_{ay}}$；中心支撑斜杆一、二、三级时不得采用拉杆设计，四级采用拉杆时，其长细比不宜大于 180。

4）支撑杆件的板件宽厚比或径厚比要求

支撑杆件的板件宽厚比或径厚比综合考虑了国外的震害经验及相关研究成果，不应大于表 8.10 规定的限值。采用节点板连接时，应注意节点板的强度和稳定性。

表 8.10　中心支撑板件宽厚比限值

板件名称	抗震等级			
	一级	二级	三级	四级
翼缘外伸部分	8	9	10	13
工字形截面腹板	25	26	27	33
箱形截面壁板	18	20	25	30
圆管外径与壁厚比	38	40	40	42

注：表列数值适用于 Q235 钢，采用其他牌号钢材应乘以 $\sqrt{235/f_{ay}}$，圆管应乘以 $235/f_{ay}$。

5）框架-中心支撑结构的框架部分的设计要求

框架-中心支撑结构的框架部分的设计，当房屋高度不高于 100 m 且框架部分按计算分配的地震作用不大于结构底部总地震剪力的 25% 时，一、二级的抗震构造措施可按框架结构降低一级的相应要求采用，其他抗震构造措施应符合纯框架结构的相关规定。

▶ 8.3.6　剪力墙板设计及构造要求

带竖缝的钢筋混凝土墙板可仅承受水平荷载产生的剪力，不承受竖向荷载产生的压力。

钢板剪力墙可采用非加劲钢板或加劲钢板两种形式。《高层民用建筑钢结构技术规程》（JGJ 99—2015）要求：非抗震设计及抗震等级为四级的高层民用建筑钢结构，采用的钢板剪力墙可不设置加劲肋；抗震等级为三级及以上时，宜采用带竖向及（或）水平加劲肋的钢板剪力墙，可采用竖向加劲肋不连续的构造和布置；竖向加劲肋宜两面设置或两面交替设置，横向加劲肋宜单面或两面交替设置。设置加劲肋的目的是减少加劲肋区格内的钢板宽厚比，防止局部失稳，提高板的临界应力。

▶ 8.3.7　连接设计及构造要求

1）连接抗震设计的原则

钢结构的连接对结构的受力有着重要的影响，是保证钢结构安全的重要部位。如钢结构震害特征分析中所指出，连接破坏是钢结构最常见的震害类型。许多钢结构都是由于连接首先破坏而导致建筑物整体破坏的，因此，连接设计是钢结构设计的重要环节，需精心对待。

钢构件螺栓
连接方式

钢结构的连接,根据具体情况可采用焊接、高强螺栓连接或栓焊混合连接。节点的焊接连接,根据情况可采用全熔透或部分熔透焊缝。对于要求与母材等强的焊接连接及框架节点塑性区段的焊接连接,必须采用全熔透焊缝。

为了满足"小震不坏,中震可修,大震不倒"的抗震设防目标,应按钢结构进入弹塑性阶段进行连接设计。连接的承载力应高于构件截面的承载力,以保证连接不先于构件破坏,保证构件能充分发挥作用。为此,对于钢结构的所有连接,除应按地震组合内力进行弹性设计验算外,还应进行"强连接弱构件"原则下的极限承载力验算。即对连接应作二阶段设计,在第一阶段,钢结构抗侧力体系构件连接的承载力设计值,不应小于相邻构件的承载力设计值,高强度螺栓连接不得有滑移产生。第一阶段要求按构件承载力而不是设计内力进行连接计算,是考虑设计内力较小时将导致连接件型号和数量偏少,或焊缝的有效截面尺寸偏小,给第二阶段连接设计带来困难。另外,高强度螺栓滑移对钢结构连接的弹性设计来说是不允许的。在第二阶段,连接的极限承载力应大于相连构件的屈服承载力。

2) 梁与柱连接的极限承载力验算

梁与柱刚性连接的极限承载力,应按下列公式验算:

$$M_u^j \geqslant \alpha M_p \tag{8.9}$$

$$V_u^j \geqslant \alpha \left(\sum M_p / l_n \right) + V_{Gb} \tag{8.10}$$

式中:M_p——梁的塑性受弯承载力;

M_u^j, V_u^j——连接的极限受弯、受剪承载力;

α——连接系数,可按表 8.11 采用;

l_n——梁的净跨(梁贯通时取该楼层柱的净高);

V_{Gb}——梁在重力荷载代表值(9 度高层建筑尚应包括竖向地震作用标准值)作用下,按简支梁分析的梁端截面剪力设计值。

在柱贯通型连接中,当梁翼缘用全熔透焊缝与柱连接并用引弧板时,可不验算连接的受弯承载力。

3) 支撑连接的承载力验算

支撑与框架的连接以及梁、柱、支撑的拼接处,连接在支撑轴线方向的极限承载力,应分别符合式(8.11)、式(8.12)、式(8.13)的要求:

支撑连接和拼接

$$N_{ubr}^j \geqslant \alpha A_{br} f_y \tag{8.11}$$

梁的拼接

$$M_{ub,sp}^j \geqslant \alpha M_p \tag{8.12}$$

柱的拼接

$$M_{uc,sp}^j \geqslant \alpha M_{pc} \tag{8.13}$$

式中:M_p, M_{pc}——梁的塑性受弯承载力和考虑轴力影响时柱的塑性受弯承载力;

A_{br}——支撑杆件的截面面积;

N_{ubr}^j——支撑连接或拼接的极限受压(拉)承载力;

$M_{ub,sp}^j$——梁拼接的极限受弯承载力;

$M_{uc,sp}^{j}$——柱拼接的极限受弯承载力；

α——连接系数,可按表 8.11 采用。

表 8.11 钢结构连接抗震设计的连接系数 α

母材牌号	梁柱连接		支撑连接,构件拼接		柱脚	
	焊接	螺栓连接	焊接	螺栓连接		
Q235	1.40	1.45	1.25	1.30	埋入式	1.2
Q345	1.30	1.35	1.20	1.25	外包式	1.2
Q345GJ	1.25	1.30	1.15	1.20	外露式	1.1

注:①屈服强度高于 Q345 的钢材,按 Q345 的规定采用;

②屈服强度高于 Q345GJ 的 GJ 钢材,按 Q345GJ 的规定采用;

③翼缘焊接、腹板栓接时,连接系数分别按表中的相应连接形式取用。

4)柱脚与基础的连接承载力验算

柱脚与基础的连接承载力,应按下式验算

$$M_{u,base}^{j} \geqslant \alpha M_{pc} \tag{8.14}$$

式中:$M_{u,base}^{j}$——柱脚的极限受弯承载力,其余符号含义同前。

5)梁与柱连接的构造要求

梁与柱的连接是钢结构设计中的关键环节。连接的好坏,构造处理是否得当,关系到整体结构的抗震性能。1994 年美国加州地震和 1995 年日本阪神地震中,钢框架梁柱节点破坏严重,因这两个国家节点的构造不同,破坏特点也不完全相同。《抗震规范》基于我国钢框架梁柱节点连接的实际做法,参照震害,提出改进措施,对梁柱节点的构造进行如下规定:

①梁与柱的连接宜采用柱贯通型。

②柱在两个互相垂直的方向都与梁刚接时,柱宜采用箱形截面,并在梁翼缘连接处设置隔板。隔板采用电渣焊时,柱壁板厚度不宜小于 16 mm,小于 16 mm 时可改用工字型柱或采用贯通式隔板。当柱仅在一个方向与梁刚接时宜采用工字形截面,并将柱腹板置于刚接框架平面内。

框架梁采用悬臂梁段与柱刚性连接时,悬臂梁段与柱应采用全焊接连接,此时上下翼缘焊接孔的形式宜相同;梁的现场拼接可采用翼缘焊接、腹板螺栓连接或全部螺栓连接。

罕遇地震作用下,框架节点将进入塑性,因此需保证节点的整体性。当梁与柱刚性连接时,要求柱在梁翼缘上下各 500 mm 的范围内,柱翼缘与柱腹板间或箱形柱壁板间的连接焊缝应采用全熔透坡口焊缝。

6)柱与柱的连接构造要求

钢框架宜采用工字型柱或箱形柱,箱形柱宜为焊接柱。框架柱的接头一般应处于柱受力较小的部位,《抗震规范》规定框架柱接头宜位于框架梁上方 1.3 m 附近,或柱净高的一半,可取二者较小值。上下柱的对接接头应采用全熔透焊缝,柱拼接接头上下各 100 mm 范围内,工字形柱翼缘与腹板间及箱形柱角部壁板间的焊缝,应采用全熔透焊缝。

8.4 钢结构抗震性能化设计方法

近年来,钢结构的应用急剧增加,结构形式日益丰富,不同钢结构体系的延性差异较大。为贯彻国家提出的"鼓励用钢、合理用钢"的经济政策,《钢结构设计标准》(GB 50017—2017)(以下简称为《钢结构标准》)中增加了钢结构构件和节点的抗震性能化设计内容。抗震性能化设计适用于抗震设防烈度不高于 8 度(0.20g),结构高度不高于 100 m 的框架结构、支撑结构和框架-支撑结构的构件和节点的抗震性能化设计。钢结构性能化抗震设计的准则为:验算本地区多遇地震作用下的构件承载力和结构弹性变形(小震不坏)、根据其延性验算设防地震作用下的承载力(中震可修)、验算罕遇地震作用下的弹塑性变形(大震不倒)。

钢结构抗震性能化设计方法的具体思路及步骤为:

(1)宏观选定钢结构构件的塑性耗能区的性能目标

钢结构的抗震性能化设计思路是进行塑性机构控制,一般非塑性耗能区的构件和节点,其承载力设计要求取决于结构体系及构件塑性耗能区的性能。按性能化设计的各种钢结构形式的塑性耗能区列于表 8.12。

表 8.12 不同钢结构体系的塑性耗能区

结构体系	框架结构(除单层和多层的顶层)	支撑结构	框架-中心支撑结构	框架-偏心支撑结构
塑性耗能区	框架梁的端部	成对设置的支撑	成对设置的支撑及框架梁端	耗能梁段、框架梁端

确定了各种结构体系中钢构件的塑性耗能区之后,其塑性耗能区的抗震性能化设计目标应根据建筑的抗震设防类别、设防烈度、场地条件、结构类型和不规则性,结构构件在整个结构中的作用、使用功能和附属设施功能的要求、投资大小、震后损失和修复难易程度等,综合分析比较选定。《钢结构标准》中将构件塑性耗能区的抗震承载性能等级及其在不同地震动水准下的性能目标分为 7 种(见表 8.13),从性能 1—性能 7,其性能目标依次降低。

表 8.13 构件塑性耗能区的抗震承载性能等级和目标

承载性能等级	地震动水准		
	多遇地震	设防地震	罕遇地震
性能 1	完好	完好	基本完好
性能 2	完好	基本完好	基本完好~轻微变形
性能 3	完好	实际承载力满足高性能系数的要求	轻微变形
性能 4	完好	实际承载力满足较高性能系数的要求	轻微变形~中等变形
性能 5	完好	实际承载力满足中性能系数的要求	中等变形

续表

承载性能等级	地震动水准		
	多遇地震	设防地震	罕遇地震
性能6	基本完好	实际承载力满足低性能系数的要求	中等变形~显著变形
性能7	基本完好	实际承载力满足最低性能系数的要求	显著变形

注:①完好指承载力设计值满足弹性计算内力设计值的要求;
　②基本完好即允许耗能构件的损坏处于日常维修范围内,可采用耗能构件刚度适当折减的计算模型进行弹性分析,并且承载力设计值满足内力设计值要求或承载力标准值要求。
　③轻微变形指层间侧移约1/200时塑性耗能区的变形。
　④显著变形指层间侧移为1/50~1/40时塑性耗能区的变形。

（2）多遇地震验算

按现行国家标准《抗震规范》的规定进行整体结构多遇地震作用验算,结构承载力及侧移应满足其规定。此时,允许塑性耗能区进入塑性状态,比如允许偏心支撑的耗能梁段在多遇地震作用下进入弹塑性状态。在进行多遇地震承载力验算时,仅需对塑性耗能区的构件的刚度进行折减,按折减后的刚度形成等效弹性模型进行多遇地震的内力分析和验算。

（3）设定塑性耗能区的承载性能等级

根据表8.14,按照抗震设防烈度、结构层数,结构高度,选择钢构件塑性耗能区的承载性能等级。

表8.14　塑性耗能区承载性能等级参考选用表

设防烈度	单层	$H \leqslant 50$ m	50 m $< H \leqslant 100$ m
6度（0.05g）	性能3~7	性能4~7	性能5~7
7度（0.10g）	性能3~7	性能5~7	性能6~7
7度（0.15g）	性能4~7	性能5~7	性能6~7
8度（0.20g）	性能4~7	性能6~7	性能7

（4）设防地震下的承载力抗震验算

在设防地震水平下,建立合适的结构计算模型(等效弹性模型或弹塑性模型)进行结构分析,根据设定的性能等级进一步设定塑性耗能区的性能系数,选择塑性耗能区截面,使其实际承载性能等级与设定的性能系数尽量接近。在设防地震下进行结构整体承载力验算时,其他构件取其承载力标准值,而塑性耗能区的构件的承载力应计入性能系数。

（5）确定延性等级并采取相应的抗震措施

在性能设计中,承载力性能等级与延性等级需进行合理设置,以满足低承载力—高延性或高承载力—低延性的设计思路。因此需根据设防类别及塑性耗能区的最低承载性能等级(在第(3)步中确定)按表8.15确定构件的延性等级并采取相应的抗震措施。构件的延性等级分为5级(Ⅰ级到Ⅴ级),Ⅰ级延性等级的延性最高,Ⅴ级延性等级的延性最低。

表 8.15　结构构件最低延性等级

设防类别	塑性耗能区最低承载性能等级						
	性能 1	性能 2	性能 3	性能 4	性能 5	性能 6	性能 7
适度设防类 （丁类）	—	—	—	Ⅴ级	Ⅳ级	Ⅲ级	Ⅱ级
标准设防类 （丙类）	—	—	Ⅴ级	Ⅳ级	Ⅲ级	Ⅱ级	Ⅰ级
重点设防类 （乙类）	—	Ⅴ级	Ⅳ级	Ⅲ级	Ⅱ级	Ⅰ级	—
特殊设防类 （甲类）	Ⅴ级	Ⅳ级	Ⅲ级	Ⅱ级	Ⅰ级	—	—

（6）罕遇地震下结构的弹塑性变形验算

当塑性耗能区的最低承载性能等级为性能 5、性能 6 或性能 7 时，需对结构进行弹塑性层间位移角验算，应满足《抗震规范》的弹塑性层间位移角限值。当所有构造要求均满足结构构件延性等级为Ⅰ级的要求时，弹塑性层间位移角限值可增加 25%。

习　题

8.1　钢结构在地震中的破坏有何特点？

8.2　钢框架柱发生水平断裂破坏的可能原因是什么？

8.3　在高层钢结构的抗震设计中，为何宜采用多道抗震防线？

8.4　高层钢结构抗震设计中，"强柱弱梁"的设计原则是如何实现的？

8.5　中心支撑钢框架抗震设计应注意哪些问题？

8.6　钢结构抗震性能化设计适用于哪些抗震设防烈度下的哪些结构体系？

9

结构控制初步

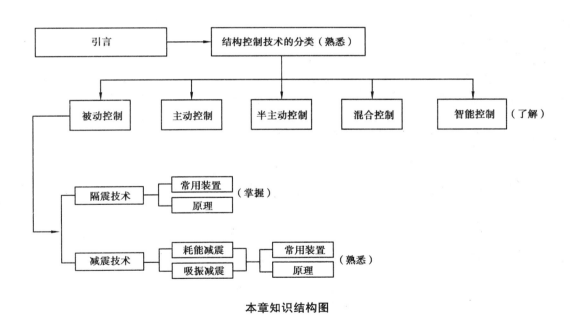

本章知识结构图

9.1 概　述

前几章讲述的结构抗震设计的理论、方法和措施均建立在提高结构和构件的抗震承载能力和变形能力的基础上。结构遭遇相当于(或大于)设防烈度的地震袭击时,通常依靠结构和构件的塑性变形来耗散地震输入结构的能量,塑性变形对结构而言实际是一种损伤。传统的抗震设计方法一方面要利用结构的塑性变形能力(延性)来减轻地震反应,另一方面又要使结构不发生严重的损伤(如倒塌),这实质上可认为是对相互矛盾的目标进行某种妥协或折衷。1989 年美国加州 Loma Prieta 地震、1994 年美国加州 Northridge 地震、1995 年日本阪神地震、1999 年土耳其 Duzce 地震和台湾集集地震以及 2008 年中国汶川大地震都表明传统的抗震设计方法虽然对提高结构抵御地震灾害的能力发挥了较大的作用,但也存在结构安全性难以保证、适应性受到限制、经济性欠佳、震后修复难度大、修复所需时间较长等一系列问题。再者,对于一般性建筑物,由于建筑物装修与内部设备的破坏,会造成巨大的经济损失;对于某些生命线工程(如电力、通信部门的核心建筑),由于结构及内部设备的破坏会导致生命线网络的瘫痪,所造成的损失更是难以估量。因此,以传统抗震设计理论为基础,人们一直在寻求结构抗震的新理论和新技术。而结构控制的理论与实践,便是这种努力的结果。

结构控制是在结构中设置控制系统,使结构和控制系统共同抵御外界动荷载的作用,达到控制结构形态,减轻结构动力响应的目的。控制技术最初在机械、宇航、船舶等领域得到广泛应用,而在土木工程领域的研究、应用则始于 20 世纪 70 年代左右。此后,结构控制技术得到了迅速发展,几十年来的理论和实践表明:结构控制技术可以有效地减轻结构在风和地震作用下的反应和损伤,有效地提高结构的抗震能力和防灾性能。

依据是否需要外界能源,结构控制技术主要分为被动控制、主动控制、半主动控制、混合控制,以及近年来提出的智能控制。

1)被动控制

被动控制也称无源控制,它不需要外部输入能量,通过控制系统改变受控结构的动力特性以达到减轻动力响应的目的,主要包括隔震和减震两大类技术。被动控制因其构造简单、造价低、易于维护且无须外部能源支持等优点而成为目前开发应用的热点,许多被动控制技术已日趋成熟,并已在实际工程中得到广泛应用。

(1)隔震

通过某种隔离装置将地震动与结构隔开,以达到减小结构振动的目的。根据隔震层的不同位置,隔震方法主要包括基底隔震、地下室隔震和楼层隔震等类型。

(2)减震

通过设置一定的耗能装置或附加子结构来吸收或消耗地震传递给主体结构的能量,从而减轻结构的振动。减震方法主要包括消能减震、吸振减震、冲击减震等类型。

2)主动控制

主动控制是一种需要外部能源驱动的控制技术,它通过自动控制系统主动地对结构施加控制力,以达到减小结构振动的目的。

3)半主动控制

半主动控制是以被动控制为基础,利用控制机构来主动调节系统内部的参数,对被动控制系统的工作状态进行切换,使结构控制处于最优状态。与主动控制相比,半主动控制所需的外部能量较少,容易实施且更为经济,而控制效果又与主动控制相近,因此,半主动控制具有较好的应用潜力。

4）混合控制

混合控制也称杂交控制，是上述三类控制的混合应用，在结构上同时施加主动和被动控制，整体分析其响应，既克服纯被动控制的应用局限，也减小控制力，进而减小外部控制设备的功率、体积、能源和维护费用。

5）智能控制

以智能控制理论为基础，将结构设计成具有感知、辨识、优化和控制功能的智能系统（结构），使其能够感知外界和内部状态、性能的变化，并根据变化的具体特征对引起变化的因素进行辨识，进而采取最优或近优控制策略以使系统对上述因素做出合理的响应。

目前，各种控制技术发展迅速，被动控制技术相对比较成熟且已基本进入实用阶段，而其他控制技术则处于研究、探索并部分应用于工程实践的时期。

9.2 隔震原理与方法

▶ 9.2.1 隔震原理

隔震技术

这里主要介绍基底隔震技术，其基本思想是在基础顶面设置隔震层，使结构与基础分离开，限制地震动向结构传递，达到减小结构振动的目的。国内外大量试验和工程经验表明：隔震一般可使结构的水平地震加速度反应降低 60%左右，从而提高建筑物及其内部设施和人员的地震安全性，保证建筑物震后可继续使用。隔震的技术原理可通过图 9.1 说明：首先，隔震层通常具有较大的阻尼，从而使结构所受地震作用较非隔震结构有较大的衰减；其次，隔震层具有较小的侧移刚度，从而大大延长了结构物的周期，使结构加速度反应得到进一步降低［图 9.1（a）］。与此同时，结构位移反应会在一定程度上增加［图 9.1（b）］。

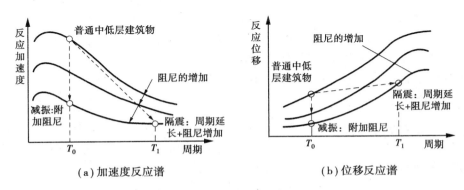

（a）加速度反应谱　　　　　　　　　　（b）位移反应谱

图 9.1　隔震原理示意图

考虑以上技术原理，在进行基底隔震结构设计时应注意：①在满足必要的竖向承载力的前提下，隔震装置的水平刚度应尽可能小，以使结构周期尽可能远离地震动的卓越周期范围；

②保证隔震结构在强风作用下不致有太大的位移。为此,通常要求在隔震结构系统底部安装风稳定装置或用阻尼器与隔震装置联合构成基底隔震系统。

▶ 9.2.2 隔震结构分析模型

隔震结构体系的动力分析模型可根据具体情况选用单质点模型、多质点模型甚至空间分析模型。当上部结构的侧移刚度远大于隔震层的水平刚度时,可近似认为上部结构是一个刚体,从而将隔震结构简化为单质点模型进行分析,其动力平衡方程形式为:

$$m\ddot{x} + C\dot{x} + K_h x = -m\ddot{x}_g \tag{9.1}$$

式中:m——结构的总质量;

C, K_h——隔震层的阻尼系数和水平刚度;

$\ddot{x}, \dot{x}, x$——上部简化刚体相对于地面的加速度、速度与位移;

$\ddot{x}_g$——地面运动加速度。

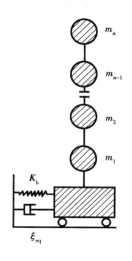

图 9.2 隔震结构计算简图

当需要分析上部结构各楼层的地震反应时,可以采用多质点模型或空间分析模型。这些模型可视为在常规结构分析模型底部加入了隔震层模型的结果。例如,对变形特征为剪切型的结构,可采用多质点模型,隔震层可用一个水平刚度为 K_h,阻尼比为 ξ_{eq} 的结构层简化(图 9.2)。其中,水平动刚度计算式为:

$$K_h = \sum_{i=1}^{N} K_i \tag{9.2}$$

式中:N——隔震支座数量;

K_i——第 i 个隔震支座的水平动刚度。

等效粘滞阻尼比计算式为:

$$\xi_{eq} = \frac{\sum_{i=1}^{N} K_i \xi_i}{K_h} \tag{9.3}$$

式中:ξ_i——第 i 个隔震支座的等效粘滞阻尼比。

一般情况下,采用时程分析方法进行隔震结构体系的地震反应分析,输入地震波的反应谱特性和数量,应符合《抗震规范》的规定;当处于发震断层 10 km 以内时,输入地震波应考虑近场影响系数,5 km 以内取 1.5,5 km 以外取 1.25;砌体结构及基本周期与其相当的结构可按基于反应谱理论简化方法计算。

▶ 9.2.3 常用隔震装置

1)橡胶支座隔震

| 新型支座(1) | 新型支座(2) | 新型支座(3) |

橡胶支座是最常见的隔震装置。常见的橡胶支座分为钢板叠层橡胶支座、铅芯橡胶支座、石墨橡胶支座、高阻尼叠层橡胶支座等类型。

钢板叠层橡胶支座由橡胶片和薄钢板叠合而成(图9.3)。由于薄钢板对橡胶片的横向变形有限制作用,因而使支座竖向刚度较纯橡胶支座大大增加。支座的橡胶层总厚度越小,所能承受的竖向荷载越大。为了提高叠层橡胶支座的阻尼,发明了铅芯橡胶支座(图9.4),这种隔震支座在叠层橡胶支座中间钻孔灌入铅芯而成,铅芯可以提高支座大变形时的吸能能力。一般来说,普通叠层橡胶支座内阻尼较小,常需配合阻尼器一起使用,而铅芯橡胶支座由于集隔震器与阻尼器于一身,因而可以独立使用。在天然橡胶中加入石墨,也可以大幅度橡胶支座的阻尼,但石墨橡胶支座在实际中应用还不多。高阻尼叠层橡胶支座采用高阻尼橡胶材料制造,高阻尼橡胶材料可以通过在天然橡胶或高阻尼合成橡胶(或共混橡胶)加入石墨制备。这种橡胶支座的阻尼特性可根据石墨加入量来调节,一般阻尼比可达10%~25%,因其兼具隔震器和阻尼器的作用,可在隔震系统中单独使用。

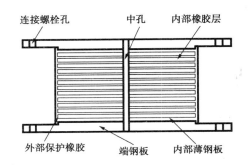

图9.3　标准叠层橡胶支座结构示意　　　　图9.4　铅芯叠层橡胶支座结构示意

通常使用的橡胶支座,水平刚度是竖向刚度的1%左右,且具有显著的非线性变形特征。当小变形时,其刚度很大,对建筑结构的抗风性能有利。当大变形时,橡胶的剪切刚度可下降至初始刚度的20%左右,这会进一步降低结构频率,减少结构反应。当橡胶剪应变超过50%以后,刚度又逐渐有所回升,这又起到安全阀的作用,对防止建筑的过量位移有好处。

2)其他隔震装置

除了比较成熟的橡胶支座隔震装置,国内外还研究、探索了其他各类隔震装置,以适应多种建筑结构的要求。

(1)滚动隔震

在基础与上部结构间铺设一层钢滚轴(图9.5)或滚珠(图9.6),当有地震作用时,滚轴或滚珠可以产生滚动,使基础与上部结构间产生相对位移,以此减轻上部结构振动。目前已经开发的双层双向的滚轴隔震器,可以达到水平双向隔震的目的。但这类装置也存在以下缺点:①由于滚轴或滚珠在常年压力作用下会产生变形,这可能导致地震来临时其不能产生理想的滚动,进而使隔震效果下降;②不能隔离竖向地震作用;③复位能力有限,需配合限位、复位装置共同使用。

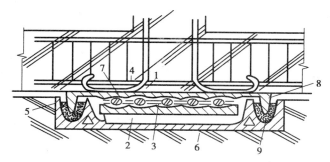

图 9.5 双排滚轴隔震装置

1—上部滚轴群；2—下部滚轴群；3—呈弧形沟槽的中间板；4—钢制连接件；
5—销子；6—底盘；7—盖板；8—盖板向中突壁；9—散粒物

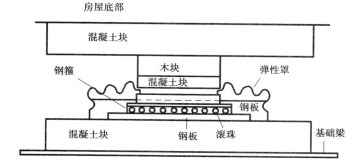

图 9.6 滚珠隔震装置

（2）摇摆支座隔震

我国山西省的悬空寺，历史上经历多次大地震而仍完整无损。分析认为是其特有的支撑木柱起到了摇摆支座隔震的作用。图 9.7 是一种摇摆隔震支座，在杯形基础内设一个上下两端有竖孔的双圆筒摇摆体。竖孔内穿预应力钢丝束并锚固在基础和上部盖板上，起到压紧摇摆体和提供复位力的作用。在摇摆体和基础壁之间填以沥青或散粒物，可为振动时提供阻尼。

（3）摩擦滑移隔震

摩擦滑移隔震是在基础与上部结构间铺设一层低摩擦材料，如石墨、砂、滑石粉或特制金属板等。由于基础和上部结构的断开以及摩擦材料摩擦系数很小，基础和上部结构可以产生较大的相对滑动，消耗地震能量，降低地震作用对上部结构的破坏，但是，它在地震过程中使上部结构和基础间产生很大位移，只有配合简易的复位装置，才有很好的应用前景。

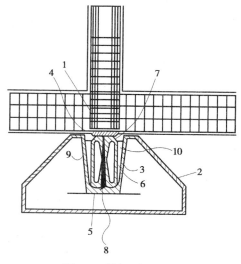

图 9.7 摇摆隔震支座

1—柱子；2—杯形基础；3—隔震支座；
4—上部承台；5—下部承台；6—摇摆倾动体；
7—预应力钢丝束；8—锚具；9—基础壁体；
10—粒状填充料

▶ 9.2.4 隔震设计步骤及内容

一般说来,隔震结构主要由4部分构成,即上部结构、隔震层、下部结构和基础,如图9.8所示。因此,隔震结构的设计自然就包含上部结构设计、隔震层设计、下部结构设计和基础设计4部分,4部分设计对应的总流程如图9.9所示。

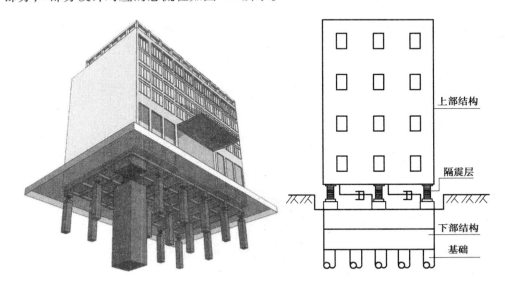

图9.8 隔震结构的构成

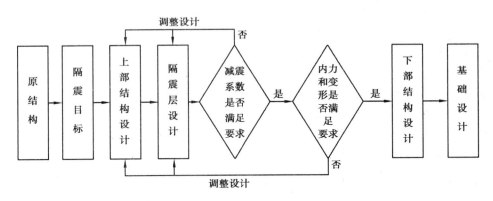

图9.9 隔震结构设计的总流程

首先,需要根据未采用隔震设计的原结构确定合适的隔震目标。

其次,根据隔震目标对应的抗震设防烈度进行上部结构设计,然后进行隔震层设计并计算减震系数,再验算减震系数是否满足隔震目标的要求,如果不满足要求,则需要调整上部结构和隔震层的设计直至满足要求。满足要求后,再验算上部结构和隔震层支座的变形和内力是否满足要求,如果变形和内力不满足规范要求,则需要继续调整上部结构和隔震层的设计直至满足规范要求。

变形和内力满足要求后,方可进行下部结构设计。

最后,在下部结构设计完成后进行基础设计。

1)上部结构设计

上部结构设计主要是根据隔震目标对应的设防烈度进行上部结构设计。隔震目标一般以抗震设防烈度降低不超过两度为宜。

计算上部结构的地震作用时,需要注意以下几点:

①对多层结构,水平地震作用沿高度可按重力荷载代表值分布。

②水平向地震影响系数最大值按下式计算:

$$\alpha_{\mathrm{maxl}} = \frac{\beta \alpha_{\max}}{\varphi} \tag{9.4}$$

式中:α_{maxl}——隔震后的水平地震影响系数最大值;

$\quad\quad \alpha_{\max}$——非隔震的水平地震影响系数最大值;

$\quad\quad \beta$——水平向减震系数;

$\quad\quad \varphi$——调整系数,其取值介于 0.75 和 0.85 之间。

③水平向减震系数 β 按以下规定计算:对于多层建筑,为按弹性计算所得的隔震与非隔震各层层间剪力的最大比值;对高层建筑结构,尚应计算隔震与非隔震各层倾覆力矩的最大比值,并与层间剪力的最大比值相比较,取二者的较大值。

④隔震层以上结构的总水平地震作用不得低于非隔震结构在 6 度设防时的总水平地震作用,并应进行抗震验算;各楼层的水平地震剪力尚应符合《抗震规范》对本地区设防烈度的最小地震剪力系数的规定。

⑤9 度时和 8 度且水平向减震系数不大于 0.3 时,隔震层以上的结构应计入竖向地震作用。

2)隔震层设计

(1)隔震层位置的确定

一般没有地下室的多层房屋,隔震层可以选在基础顶面,即在基础和上部结构之间设置隔震层。

对于有地下室的建筑,若地下室层高较小时,可以将隔震层设置在地下室层,根据地下室实际使用功能,隔震支座可以设置在地下室柱顶、柱中、柱底,多数情况下设置于地下室柱顶。

对于有人防要求的建筑,隔震层应设在人防地下室的上一层。

大底盘多塔结构,考虑到大底盘可能用作车库或者商场,大底盘层柱距较大,为不影响大底盘层的使用功能,可将隔震层设置在大底盘层上一层,即在上部结构与大底盘层之间。

隔震层层高通常需根据功能需求来确定,如果隔震层没有建筑使用功能,为了便于日后的维护和检修,建议净高不小于 800 mm。

(2)隔震支座的布置及验算

隔震支座一般设置在柱底或剪力墙底部,应设置在受力较大的位置,间距不宜过大,其规格、数量和分布应根据竖向承载力、侧向刚度和阻尼的要求通过计算确定。隔震层承受的水平剪力则决定了隔震层的水平刚度,隔震层的水平刚度在一定程度上又决定了减震系数。因此,隔震支座的选型和布置要考虑到多种因素。

设计中,隔震支座的验算一般包含 4 项内容:

①我国《抗震规范》规定:橡胶隔震支座在重力荷载代表值的竖向压应力不应超过表 9.1 的规定;在罕遇地震的水平和竖向地震同时作用下,拉应力不应大于 1 MPa。

表 9.1　橡胶隔震支座压应力限值

建筑类别	甲类建筑	乙类建筑	丙类建筑
压应力限值/MPa	10	12	15

②隔震支座的水平屈服荷载验算,要求:

$$\gamma_w V_{wk} \leq V_{Rw} \tag{9.5}$$

式中:V_{Rw}——抗风装置的水平承载力设计值。当抗风装置是隔震支座的组成部分时,取隔震支座的水平屈服荷载设计值;当抗风装置单独设置时,取抗风装置的水平承载力,可按材料屈服强度设计值确定;

γ_w——风荷载分项系数,取 1.4;

V_{wk}——风荷载作用下隔震层的水平剪力标准值。

③隔震支座的弹性恢复力应符合下列要求:

$$K_{100} t_r \geq V_{Rw} \tag{9.6}$$

式中:K_{100}——隔震支座在水平剪切应变 100%时的水平有效刚度;

t_r——隔震支座橡胶层总厚度;

V_{wk}——抗风装置的水平承载力设计值(见公式 9.5)。

④隔震层中各隔震支座在罕遇地震作用下的最大水平位移应满足下列要求:

$$u_i \leq [u_i] \tag{9.7}$$

$$u_i = \eta_i u_c \tag{9.8}$$

式中:u_i——罕遇地震作用下,第 i 个隔震支座考虑扭转的水平位移;

$[u_i]$——第 i 个隔震支座的水平位移限值;对橡胶隔震支座,不应超过该支座有效直径的 0.55 倍和支座各橡胶层总厚度 3.0 倍的二者的较小值;

u_c——罕遇地震下隔震层质心处或不考虑扭转的水平位移;

η_i——第 i 个隔震支座的扭转影响系数,应取考虑扭转和不考虑扭转时 i 支座计算位移的比值;当隔震层以上结构的质心与隔震层刚度中心在两个主轴方向均无偏心时,边支座的扭转影响系数不应小于 1.15。

3)下部结构设计

下部结构设计主要需注意以下几点:

①隔震层以下结构(包括支墩、柱子、墙体、地下室等)的地震作用和抗震验算,应按罕遇地震作用下隔震支座底部的水平剪力、竖向力及其偏心距进行验算。

②隔震层以下的结构(包括地下室和隔震塔楼下的底盘)中直接支承隔震层以上结构的相关构件,应满足嵌固刚度比和隔震后设防地震的抗震承载力要求,并按罕遇地震进行抗剪承载力验算。

③上部结构和隔震层传至下部结构顶面的水平地震作用,可按隔震支座的水平刚度分配;当考虑扭转时,尚应计及隔震层的扭转刚度。

④隔震层以下地面以上的结构在罕遇地震下的层间位移角限值应满足《抗震规范》12.2.9的要求。

4)基础设计

①隔震结构基础的设计与传统抗震结构的基础设计基本相同。

②隔震结构地基基础的抗震验算和地基处理仍应按本地区抗震设防烈度进行,甲、乙类建筑的抗液化措施应按提高一个液化等级确定,直至全部消除液化沉陷。

③需进行地基基础抗震验算和地基处理的隔震结构,按多遇地震作用进行基础及地基承载力的验算;当下部结构或地基基础需要考虑竖向地震作用时,也按多遇竖向地震作用进行验算。

9.3　减震原理与方法

隔震系统通过降低结构系统的固有频率、提高系统的阻尼来减小结构的加速度反应,从而大幅度降低结构的地震内力,这种设计方式也存在一些局限性,主要表现为隔震系统不宜用于软弱场地和高层建筑结构。为此,人们进一步研究、开发了各类减震装置,用于控制结构地震反应。下面,主要介绍耗能减震与吸振减震的基本原理和方法。

▶ 9.3.1　耗能减震原理

耗能减震是通过采用耗能构件以消耗地震传递给结构的能量为目的的减震手段。地震时,结构在任意时刻的能量方程满足:

$$E_t = E_k + E_e + E_s + E_f \tag{9.9}$$

式中:E_t——地震过程中输入结构的总能量;

　　E_k——结构体系的振动能量;

　　E_e——结构体系的弹性应变能;

　　E_s——结构主体的耗能,包括结构体系的阻尼耗能(一般占比很小,约5%)和滞回耗能;

　　E_f——附加耗能构件的能耗。

从能量的观点看,地震输入结构的能量 E_t 是一定的,因此,耗能装置耗散的能量越多,则结构本身需要消耗的能量就越小,这意味着结构地震反应的降低。另外,从动力学的观点看,耗能装置的作用,相当于增大了结构的阻尼,而结构阻尼的增大,必将使结构地震反应减小。

在风和小震作用下,耗能装置应具有较大的刚度,以保证结构的使用性能。在强烈地震作用下,耗能装置应率先进入非弹性状态,并大量消耗地震能量。有试验表明,耗能装置可做到消耗地震总输入能量的90%以上。

耗能减震结构的地震反应分析,原则上可以利用非线性时程反应分析方法。此时,通常需要耗能元件的试验数据,以确立结构动力方程中的阻尼矩阵。一般情况下,耗能部件对应的附加有效阻尼比可按下式估算:

$$\zeta_a = \frac{W_c}{4\pi W_s} \tag{9.10}$$

式中: ζ_a——耗能减震结构的附加有效阻尼比;

  W_c——所有耗能部件在结构预期位移下往复一周所消耗的能量;

  W_s——设置耗能部件的结构在预期位移下的总应变能。

我国《抗震规范》规定:耗能部件的附加有效阻尼比超过25%时,宜按25%计算。这一规定,主要是考虑在阻尼比超过20%时采用常规地震反应分析方法会引起较大误差。耗能减震结构的刚度可以取结构刚度与耗能部件刚度之和。

▶ 9.3.2 耗能减震装置

1)阻尼器

TMD实例

阻尼器通常安装在支撑处、框架与剪力墙的连接处、梁柱连接处以及上部结构与基础连接处等有相对变形或相对位移的地方。近三十年来,国内外相继开发了大量的阻尼器,主要有金属阻尼器、摩擦阻尼器、粘弹性阻尼器、粘滞阻尼器,前两种阻尼器的耗能特性主要与阻尼器两端的相对位移有关,称为位移相关型阻尼器,后两种阻尼器的耗能特性主要与阻尼器两端的相对速度有关,称为速度相关型阻尼器。此外,还结合以上各类耗能器的耗能机制和特性,开发了具有多种耗能机制的复合型阻尼器。

(1)金属阻尼器

金属阻尼器主要是由各种不同的金属材料(如软钢、低屈服点钢和铅等)制成,利用金属材料屈服时产生的塑性滞回变形来耗散能量的减震装置。根据屈服耗能机制的不同,金属阻尼器可分为面内弯曲型、面外弯曲型、剪切型、扭转型和轴向拉压型。其中,扭转型金属阻尼器应用较少,不作详述;屈曲约束支撑是典型的轴向拉压型金属阻尼器,后文有详细介绍。

面外弯曲型阻尼器也称加劲阻尼器,一般由多片互相平行的钢板和固定件组装而成(图9.10)。这类阻尼器主要是利用钢板平面外的弹塑性弯曲变形来耗散地震能量,由于单片钢板的弯曲屈服力和耗能能力有限,故需要根据耗能需求采用多片组合的形式。钢板的截面形状宜与截面内力相协调,尽量使钢板全长截面同时发生屈服,避免塑性变形集中。常见的钢板形状有X形、菱形开洞形、三角形等,其中X形钢板、菱形开洞形与固定件的连接方式均是两端固接;三角形的钢板与固定件的连接方式是一端固接一端铰接,如图9.11所示。

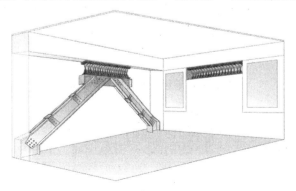

图9.10 加劲阻尼器布置示意图

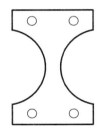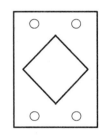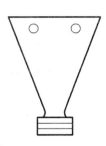

图 9.11　X 形、菱形开洞形和三角形金属阻尼器示意图

在金属阻尼器中,另外一类是面内弯曲型阻尼器,如图 9.12 所示。地震作用下,上下两端刚性区发生相对位移,使柔性区产生面内弯曲变形而耗能。相对于槽型阻尼器,蜂窝状阻尼器的开孔方式可以克服孔端的应力集中现象。

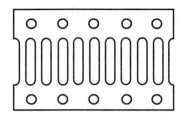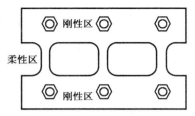

图 9.12　槽型软钢阻尼器、蜂窝状软钢阻尼器示意图

与弯曲型软钢阻尼器不同,剪切型软钢阻尼器利用钢板平面内的弹塑性剪切变形来耗散地震能量。如图 9.13 所示的剪切钢板阻尼器主要由核心剪切板、加劲肋,翼缘板和上下端板组成。加劲肋和翼缘板的作用是防止核心剪切板的局部失稳。

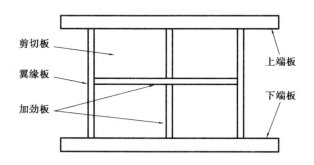

图 9.13　剪切钢板阻尼器示意图

（2）摩擦阻尼器

摩擦阻尼器一般有组合构件和摩擦片在一定外部预紧力的作用下,组成一个能产生滑动和摩擦力的机构,利用滑动摩擦力做功来耗散地震能量。图 9.14 是一种常见的摩擦阻尼器,主要由若干钢板和高强螺栓连接而成。通过调节高强螺栓的预应力,可调整钢板间摩擦力的大小。通过对钢板表面进行处理或加垫特殊摩擦材料,可以改善阻尼器的动摩擦性能。

（3）黏弹性阻尼器

黏弹性阻尼器主要由具有弹性和黏性双重特性高分子聚合物制成的黏弹性材料和约束钢板所组成,依靠黏弹性材料产生的剪切变形或拉压变形来耗能(图9.15)。在我国,北京饭店和北京火车站的抗震加固中就采用了黏弹性阻尼器。

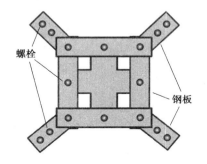

图 9.14　摩擦阻尼器

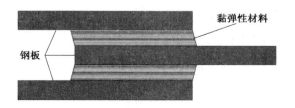

图 9.15　黏弹性阻尼器示意图

（4）黏滞阻尼器

黏滞阻尼器是一种速度相关型的耗能装置,它主要是利用液体的黏性提供阻尼力来耗散振动能量。常见的黏滞阻尼器有:黏滞流体阻尼器(图9.16)和黏滞阻尼墙(图9.17)。黏滞流体阻尼器一般是由缸筒、活塞、阻尼孔、黏滞流体材料和导杆等部分组成,利用活塞与缸筒之间相对运动时所产生的压力差,迫使黏滞流体材料从阻尼孔中通过,从而产生阻尼力并耗散能量。与黏滞阻尼器不同,黏滞阻尼墙是把黏滞液体放置在敞开的容器中,容器中的内钢板与黏滞流体之间的相对运动会产生阻尼力。因此,为获得有效的阻尼减震效果,黏滞液体需要有一定的黏度。

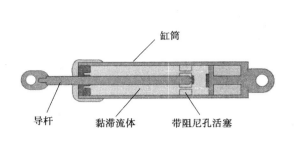

图 9.16　黏滞流体阻尼器

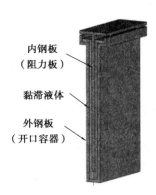

图 9.17　黏滞阻尼墙

2）耗能支撑

耗能支撑实质上是将各式阻尼器用在支撑系统上的耗能构件。

（1）耗能交叉支撑

耗能交叉支撑是指在交叉支撑处设置金属阻尼器,利用其耗能原理做成耗能交叉支撑,如图9.18所示。地震作用下,由于支撑刚度相对较大,大部分楼层变形集中于金属阻尼器上,带动金属阻尼器塑性变形耗能。

（2）摩擦耗能支撑

将摩擦阻尼器用于支撑构件,可做成摩擦耗能支撑。图9.19是在支撑杆或节点板上开长圆孔的简单摩擦耗能支撑的节点做法。摩擦耗能支撑在风载或小震下不滑动,能像一般支撑一样提供很大的刚度。而在大震下有支撑的滑动,使整体结构刚度降低,一般情况下使地震作用有所降低,同时还通过支撑的滑动摩擦消耗地震能量。

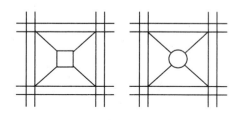

图9.18　耗能交叉支撑

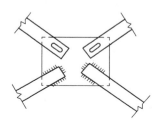

图9.19　摩擦耗能支撑节点

（3）耗能偏心支撑

偏心支撑是指结构体系中的支撑斜杆,至少一端与梁连接（偏离梁柱节点）,另一端可连接在梁柱节点处,亦可偏离节点与梁连接,如图9.20所示。偏心支撑结构在风载或小震的作用下,支撑不屈服,偏心支撑能提供很大的侧向刚度,即小震作用下提供足够的弹性刚度满足层间位移角限值的要求。在大震下,部分梁段发生剪切屈服耗能,耗散地震能量,即大震作用下提供足够的结构延性从而保证结构不倒塌。

图9.20　偏心支撑框架

（4）耗能隅撑

隅撑作为耗能构件,隅撑两端刚接在梁、柱或基础上,普通支撑简支在隅撑的中部,如图9.21所示,隅撑和普通支撑形成框架的支撑体系,约束框架的侧向变形。耗能隅撑具有与偏心支撑相似的减震性能。与耗能偏心支撑相比,不同的是耗能隅撑利用隅撑代替框架梁发生塑性变形,隅撑截面小,不是结构的主要构件,破坏后更换方便。

图9.21　隅撑结构

（5）屈曲约束支撑

普通支撑在地震作用下易发生屈曲破坏,导致结构抗侧刚度和承载力急剧下降,耗能能力有限。屈曲约束支撑可有效避免受压屈曲问题,其组成包括承受轴力并耗能的芯材、防止芯材屈曲的约束套管以及填充材料(图9.22)。该支撑在拉压作用下可以达到充分屈服,滞回曲线稳定饱满,在地震反复荷载下具有良好的滞回耗能性能。

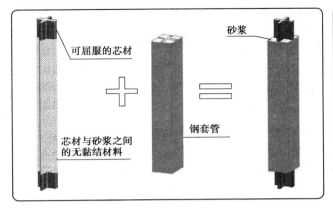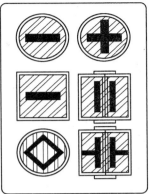

图9.22　屈曲约束支撑

3)耗能墙

耗能墙实质上是将阻尼器或耗能材料用于墙体所形成的耗能构件或耗能子结构。

(1)周边耗能墙

周边耗能墙是在框架填充墙的周边填充黏性材料。强烈地震时,墙周边出现非弹性缝并错动,以消耗地震能量。

(2)摩擦耗能墙

在竖缝剪力墙的竖缝中填以摩擦材料,可形成摩擦耗能墙体。在地震作用时,通过摩擦缝的反复错动,可以达到消耗地震能量的目的。以竖向预应力为手段,在墙顶面与梁底部接缝处做一条摩擦缝,也可以形成预应力摩擦剪力墙。

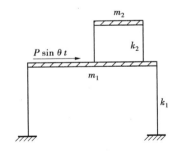

图9.23　吸振减震原理

▶ 9.3.3　吸振减震原理

吸振减震主要通过在主体结构上附加吸振子结构,使主体结构的能量向子结构转移,以减小主结构的振动。吸振子结构是包括质量系和弹簧系的小型振动系统,以质量系产生的惯性力作为控制力,通过弹簧系作用于主结构。吸振减震系统常与黏滞阻尼器联合使用,并以阻尼器命名。吸振减震系统的原理可用两自由度的、底层横梁上受简谐荷载作用的剪切型框架体系的受迫振动来说明(图9.23)。体系稳态振动响应(振幅)为:

$$Y_1 = \frac{(k_2 - \theta^2 m_2)P}{D_0}; Y_2 = \frac{k_2 P}{D_0} \tag{9.11}$$

式中,$D_0 = (k_1 + k_2 - q^2 m_1)(k_2 - q^2 m_2) - k_2^2$。由式(9.11)可知,当$k_2/m_2 = \theta^2$时,下层(主结构)质量$m_1$的位移为零,上层(吸振器)质量$m_2$的位移幅值为:$Y_2 = -P/k_2$。这说明:合理设计(在主结构上安装吸振子结构,使其频率接近输入频率)可以消除(或减小)主结构m_1的振动,从而保证主结构的安全。大量理论分析结果还表明:主结构的阻尼比越小,吸振装置的减震作用越大;质量比增加,减震作用增大。

▶ 9.3.4 吸减震装置

吸振减震

各种吸振减震装置可根据吸振子结构质量系的不同进行分类。

质量系为固体的吸振减震装置有:调频质量阻尼器(TMD)、摆式质量阻尼器等。其中,TMD 在高层建筑和桥梁上已有广泛应用,如高度 278 m 的美国纽约 C.C.中心大厦采用的 TMD 重达 370 t、波士顿的 J. Hancock 大楼采用了两个 300 t 的 TMD、我国台北的 101 大厦采用了重达 660 t 的 TMD、九江长江大桥使用 TMD 来减少吊杆的风致振动。摆式质量阻尼器适用于控制高耸结构的振动,主要有摆锤式、环状式和倒置环状式等几种类型。

质量系为液体的吸振减震装置有:调频液体阻尼器(TLD)、液压阻尼系统(HDS)、油阻尼器、质量泵等。质量泵利用液体震荡改变结构的质量分布。TLD 则通过浅水层的波浪效应或动水压力控制结构的振动,我国南京电视塔就使用了 TLD。研究表明,TLD 能有 30% 的减震效果,而且仅用 TLD 的一阶晃动等效力学模型就能满足工程的需要。

质量系同时包括固体和液体的装置,如液压质量控制系统(HMS),多安装于结构底层,可以降低 50%~70% 的结构振动,增加 3~4 倍的结构阻尼。

各种高效的被动阻尼控制装置正通过建立运动方程(状态方程),并进行仿真分析和振动台实验被陆续研制出来。质量系为气体的空气阻尼器也有吸震减震的效果。

9.4 结构主动控制初步

▶ 9.4.1 基本概念

主动控制是借鉴现代控制论思想而提出的一类振动控制方法,它是根据外界激励和结构响应预估所需的控制力,从而输入能量驱使作动器施加控制力或调节控制器性能参数,达到减震的效果。

(1)主动控制体系组成

主动控制体系一般由三部分组成:

①传感器。用于测量结构所受的地震激励及结构反应,并将测得的信息传送给控制系统中的控制器;

②控制器。一般为计算机,用于依据给定的控制算法,计算结构所需的控制力,并将控制信息传递给控制系统中的作动器;

③作动器。一般为加力装置,用于根据控制信息由外部能源提供结构所需的控制力。

(2)主动控制的分类

主动控制根据控制算法是否依赖结构反应或地震激励可分为三类(图9.24):

①开环控制,根据地震激励信息调整控制力;

②闭环控制,根据结构反应信息调整控制力;

③开闭环控制,根据地震激励和结构反应的综合信息调整控制力。

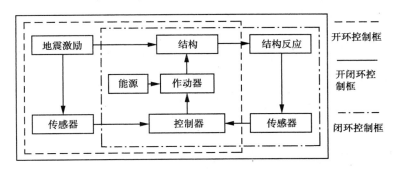

图 9.24　结构主动控制系统框图

▶ 9.4.2　控制原理

图 9.25 是主动控制结构(单自由度体系)的分析模型。

在地震动 $\ddot{x}_\mathrm{g}$ 作用下,结构产生相对位移 $x(t)$,根据地震动和结构反应信息,作动器对结构施加主动控制力 $u(t)$,因此,结构的运动方程为:

$$m\ddot{x} + c\dot{x} + kx = -m\ddot{x}_\mathrm{g} + u(t) \tag{9.12}$$

式中,$u(t)$ 是结构反应 x、$\dot{x}$、$\ddot{x}$ 和地震动 $\ddot{x}_\mathrm{g}$ 的函数,可表示为

$$u(t) = -m_1\ddot{x} - c_1\dot{x} - k_1x + m_0\ddot{x}_\mathrm{g} \tag{9.13}$$

式中,m_1、c_1、k_1、m_0 为控制力参数,可以不随时间改变。

将式(9.13)代入式(9.12)可得,

$$(m + m_1)\ddot{x} + (c + c_1)\dot{x} + (k + k_1)x = -(m - m_0)\ddot{x}_\mathrm{g} \tag{9.14}$$

由式(9.14)可知,对结构实施主动控制,相当于改变了结构的动力特性,增大了结构的刚度与阻尼,减小了地震作用,从而达到减震的目的。

在式(9.14)表达的主动控制力中,若 $m_1 = c_1 = k_1 = 0$,则为开环控制;若 $m_0 = 0$,则为闭环控制;若 m_1、c_1、k_1 及 m_0 皆不为零,则为开闭环控制。在闭环控制中,若 $m_1 = c_1 = 0$,则称为主动可调刚度控制;如果 $m_1 = k_1 = 0$,则称为主动可调阻尼控制;类似地,若 $c_1 = k_1 = 0$,则是主动可调质量控制。

最佳的控制力参数,可采用一般控制理论方法确定。常用的方法有:经典线性最优控制、线性瞬时最优控制、极点配置控制、界限状态控制、预测控制、自适应控制、非线性瞬时最优控制、随机最优控制和模糊控制。

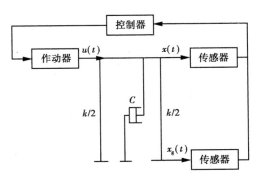

图 9.25　主动控制结构模型

▶ 9.4.3 结构主动控制装置

1）主动调频质量阻尼器（ATMD）

主动控制

ATMD 是在 TMD 基础上增加主动控制力而构成的减震装置，其应用集中于高层建筑与高耸结构。如 1990 年 8 月世界首例 A-TMD 应用于日本的成和大厦（地上 11 层，地下 1 层），顶部两台 TMD 分别控制水平和扭转振动（当风速为 20 m/s 时，顶层位移减少 50%～60%）。

2）主动拉索

主动拉索控制系统由连接在结构上的预应力钢拉索构成。在拉索上安装一套液压伺服系统。地震时，传感器把记录的结构反应信息传给液压伺服系统，系统根据一定规律对拉索施加控制力，使结构反应减小。

主动拉索控制系统的优点在于：①施加控制力所需能量相对较小；②拉索本身是结构的构件，因而不必对结构进行较大的改动。

习 题

9.1 试从抵御和减轻地震灾害的角度，简述结构控制和传统结构抗震的区别与联系。

9.2 简述结构控制技术的分类及特点。

9.3 简述结构隔震技术的特点及应用范围。

9.4 简述隔震和减震技术的区别与联系。

9.5 简述结构控制技术的发展趋势。

9.6 对于如图 9.26 所示设有空中连廊的建筑，可采取哪些技术措施来减小连廊的地震反应？

图 9.26 设有空中连廊的建筑

附　录

附录 A　中国地震烈度表

本标准采用 12 等级的地震烈度划分。本标准规定了地震烈度从 I 度到 XII 度,在地面上人的感觉、房屋震害程度、其他震害现象、水平向地震动参数的评定指标和使用说明,适用于地震烈度等级的评定。

表 A.1　中国地震烈度表(GB/T 17742—2008)

| 地震烈度 | 人的感觉 | 房屋震害 | | | 其他震害现象 | 水平向地震动参数 | |
		类型	震害程度	平均震害指数		峰值加速度 /(m·s⁻²)	峰值速度 /(m·s⁻¹)
I	无感	—	—	—	—	—	—
II	室内个别静止中的人有感觉	—			—	—	—
III	室内少数静止中的人有感觉	—	门、窗轻微作响	—	悬挂物微动	—	—
IV	室内多数人、室外少数人有感觉,少数人梦中惊醒	—	门、窗作响	—	悬挂物明显摆动,器皿作响	—	—
V	室内普遍、室外多数人有感觉,多数人梦中惊醒	—	门窗、屋顶、屋架颤动作响,灰土掉落,个别房屋墙体抹灰出现微细裂缝,个别屋顶烟囱掉砖	—	悬挂物大幅度晃动,不稳定器物摇动或翻倒	0.31 (0.22~0.44)	0.03 (0.02~0.04)

续表

地震烈度	人的感觉	房屋震害			其他震害现象	水平向地震动参数	
		类型	震害程度	平均震害指数		峰值加速度/(m·s⁻²)	峰值速度/(m·s⁻¹)
VI	多数人站立不稳，少数人惊逃户外	A	少数中等破坏，多数轻微破坏和/或基本完好	0~0.10	家具和物品移动；河岸和松软土出现裂缝，饱和砂层出现喷砂冒水；有的独立砖烟囱轻度裂缝	0.63 (0.45~0.89)	0.06 (0.05~0.09)
		B	个别中等破坏，少数轻微破坏，多数基本完好				
		C	个别轻微破坏，大多数基本完好	0~0.08			
VII	大多数人惊逃户外，骑自行车的人有感觉，行驶中的汽车驾乘人员有感觉	A	少数毁坏和/或严重破坏，多数中等和/或轻微破坏	0.11~0.30	物体从架子上掉落；河岸出现坍方；饱和砂层常见喷砂冒水，松软土地上地裂缝较多；大多数独立砖烟囱中等破坏	1.25 (0.90~1.77)	0.13 (0.10~0.18)
		B	少数中等破坏，多数轻微破坏和/或基本完好				
		C	少数中等和/或轻微破坏，多数基本完好	0.07~0.22			
VIII	多数人摇晃颠簸，行走困难	A	少数毁坏，多数严重和/或中等破坏	0.29~0.51	干硬土上出现裂缝；饱和砂层绝大多数喷砂冒水；大多数独立砖烟囱严重破坏	2.50 (1.78~3.53)	0.25 (0.19~0.35)
		B	个别毁坏，少数严重破坏，多数中等和/或轻微破坏				
		C	少数严重和/或中等破坏，多数轻微破坏	0.20~0.40			
IX	行动的人摔倒	A	多数严重破坏或/和毁坏	0.49~0.71	干硬土上多处出现有裂缝；可见基岩裂缝、错动；滑坡、坍方常见；独立砖烟囱多数倒塌	5.00 (3.54~7.07)	0.50 (0.36~0.71)
		B	少数毁坏，多数严重和/或中等破坏				
		C	少数毁坏和/或严重破坏，多数中等破坏	0.38~0.60			
X	骑自行车的人会摔倒，处不稳状态的人会摔离原地，有抛起感	A	绝大多数毁坏	0.69~0.91	山崩和地震断裂出现；基岩上拱桥破坏；大多数独立砖烟囱从根部破坏或倒毁	10.00 (7.08~4.14)	1.00 (0.72~1.41)
		B	大多数毁坏				
		C	多数毁坏和/或严重破坏	0.58~0.80			

地震烈度	人的感觉	房屋震害			其他震害现象	水平向地震动参数	
		类型	震害程度	平均震害指数		峰值加速度/(m·s⁻²)	峰值速度/(m·s⁻¹)
Ⅺ	—	A	绝大多数毁坏	0.89~1.00	地震断裂延续很长;大量山崩滑坡	—	—
		B					
		C		0.78~1.00			
Ⅻ	—	A	几乎全部毁坏	1.00	地面剧烈变化,山河改观	—	—
		B					
		C					

注:①表中给出的"峰值加速度"和"峰值速度"是参考值,括号内给出的是变动范围。

②评定地震烈度时,Ⅰ度~Ⅴ度应以地面上以及底层房屋中人的感觉及其他震害现象为主;Ⅵ度~Ⅹ度应以房屋震害为主,参照其他震害现象,当用房屋震害程度与平均震害指数评定结果不同时,应以综合房屋震害程度评定结果为主,并综合考虑不同类型房屋的平均震害指数;Ⅺ度和Ⅻ度应综合房屋震害和地表震害现象。

③房屋类型,包括以下三种类型:

A 类:木构架和土、石、砖墙建造的旧式房屋;

B 类:未经抗震设防的单层或多层砖砌体房屋;

C 类:按照Ⅶ度抗震设防的单层或多层砖砌体房屋。

④震害指数:房屋震害程度的定量指标,以 0.00 到 1.00 之间的数字来表示由轻到重的震害程度。

⑤农村可按自然村、城镇可按街区为单位进行地震烈度评定,面积以 1 km² 左右为宜。

⑥平均震害指数:同类房屋震害指数的加权平均值,即受各级震害的房屋所占的比率与其相应的震害指数的乘积之和。

⑦表中的数量词采用个别、少数、多数、大多数和绝大多数:其范围界定如下:"个别"为 10%以下;"少数"为 10%~45%;"多数"为 40%~70%;"大多数"为 60%~90%;"绝大多数"为 80%以上。

⑧房屋破坏等级分为基本完好、轻微破坏、中等破坏、严重破坏和毁坏五类,其定义和对应的震害指数 d 如下:

a.基本完好:承重和非承重构件完好,或个别非承重构件轻微损坏,不加修理可继续使用。对应的震害指数范围为 $0.00 \leqslant d < 0.10$。

b.轻微破坏:个别承重构件出现可见裂缝,非承重构件有明显裂缝,不需要修理或稍加修理即可继续使用。对应的震害指数范围为 $0.10 \leqslant d < 0.30$;

c.中等破坏:多数承重构件出现轻微裂缝,部分有明显裂缝,个别非承重构件破坏严重,需要一般修理后可使用。对应的震害指数范围为 $0.30 \leqslant d < 0.55$;

d.严重破坏:多数承重构件破坏较严重,个别非承重构件局部倒塌,房屋修复困难。对应的震害指数范围为 $0.55 \leqslant d < 0.85$;

e.毁坏:多数承重构件严重破坏,房屋结构濒于崩溃或已倒毁,已无修复可能。对应的震害指数范围为 $0.85 \leqslant d \leqslant 1.00$。

⑨当有自由场地强震动记录时,水平向地面峰值加速度和峰值速度可作为综合评定地震烈度的参考指标。

⑩以下三种情况的地震烈度评定结果,应做适当调整:

a.当采用高楼上人的感觉和器物反应评定地震烈度时,适当降低评定值;

b.当采用低于或高于Ⅶ度抗震设计房屋的震害程度和平均震害指数评定地震烈度时,适当降低或提高评定值;

c.当采用建筑质量特别差或特别好,并由房屋的震害程度和平均震害指数来评定地震烈度时,适当降低或提高评定值。

⑪当计算的平均震害指数值位于表 A.1 中地震烈度对应的平均震害指数重叠搭接区间时,可参考其他判别指标和震害现象综合判定地震烈度。

附录 B 我国部分城镇抗震设防烈度及设计地震动参数

本附录仅提供我国部分抗震设防区各县级及县级以上城镇的中心地区建筑工程抗震设计时所采用的抗震设防烈度、设计基本地震加速度值和所属的设计地震分组。

设计地震动参数
摘自建筑抗震
设计规范

注:本附录一般把"设计地震第一、二、三组"简称为"第一组、第二组、第三组"。

► B.1 首都和直辖市

1 抗震设防烈度为 8 度,设计基本地震加速度值为 0.20g:

第一组:北京(东城、西城、崇文、宣武、朝阳、丰台、石景山、海淀、房山、通州、顺义、大兴、平谷),延庆,天津(汉沽),宁河。

2 抗震设防烈度为 7 度,设计基本地震加速度值为 0.15g:

第二组:北京(昌平、门头沟、怀柔),密云,天津(和平、河东、河西、南开、河北、红桥、塘沽、东丽、西青、津南、北辰、武清、宝坻),蓟县,静海。

3 抗震设防烈度为 7 度,设计基本地震加速度值为 0.10g:

第一组:上海(黄浦、卢湾、徐汇、长宁、静安、普陀、闸北、虹口、杨浦、闵行、宝山、嘉定、浦东、松江、青浦、南汇、奉贤)。

第二组:天津(大港)。

4 抗震设防烈度为 6 度,设计基本地震加速度值为 0.05g:

第一组:上海(金山),崇明;重庆(渝中、大渡口、江北、沙坪坝、九龙坡、南岸、北碚、万盛、双桥、渝北、巴南、万州、涪陵、黔江、长寿、江津、合川、永川、南川),巫山,奉节,云阳,忠县,丰都,璧山,铜梁,大足,荣昌,綦江,石柱,巫溪*。

注:上标 * 指该城镇的中心位于本设防区和较低设防区的分界线,下同。

► B.2 河北省

1 抗震设防烈度为 8 度,设计基本地震加速度值为 0.20g:

第一组:唐山(路北、路南、古冶、开平、丰润、丰南),三河,大厂,香河,怀来等;

第二组:廊坊(广阳、安次)。

2 抗震设防烈度为 7 度,设计基本地震加速度值为 0.15g:

第一组:邯郸(丛台、邯山、复兴、峰峰矿区),任丘,河间,大城,滦县,蔚县等;

第二组:涿州,高碑店,涞水,固安,永清,文安,玉田,迁安,卢龙,滦南,唐海等。

3 抗震设防烈度为 7 度,设计基本地震加速度值为 0.10g:

第一组:张家口(桥西、桥东),万全,怀安,安平,饶阳,晋州,深州,辛集等;

第二组:石家庄(长安、桥东、桥西、新华、裕华、井陉矿区),保定,沧州,邢台等;

第三组:秦皇岛(海港、北戴河),清苑,遵化,安国,涞源,承德(鹰手营子*)。

4　抗震设防烈度为 6 度,设计基本地震加速度值为 0.05g:

第一组:围场,沽源;

第二组:正定,尚义,无极,平山,鹿泉,井陉县,元氏,南皮,吴桥,景县,东光;

第三组:承德(双桥、双滦),秦皇岛(山海关),承德县,隆化,宽城,青龙等。

▶ B.3　四川省

1　抗震设防烈度不低于 9 度,设计基本地震加速度值不小于 0.40g:

第二组:康定,西昌。

2　抗震设防烈度为 8 度,设计基本地震加速度值为 0.30g:

第二组:冕宁*。

3　抗震设防烈度为 8 度,设计基本地震加速度值为 0.20g:

第一组:茂县,汶川,宝兴;

第二组:松潘,平武,北川(震前),都江堰,道孚,泸定,甘孜,炉霍,喜德,普格,宁南,理塘;

第三组:九寨沟,石棉,德昌。

4　抗震设防烈度为 7 度,设计基本地震加速度值为 0.15g:

第二组:巴塘,德格,马边,雷波,天全,芦山,丹巴,安县,青川,江油,绵竹,什邡,彭州,理县,剑阁*;

第三组:荥经,汉源,昭觉,布拖,甘洛,越西,雅江,九龙,木里,盐源,会东,新龙。

5　抗震设防烈度为 7 度,设计基本地震加速度值为 0.10g:

第一组:自贡(自流井、大安、贡井、沿滩);

第二组:绵阳(涪城、游仙),广元(利州、元坝、朝天),乐山(市中、沙湾),宜宾,宜宾县,峨边,沐川,屏山,得荣,雅安,中江,德阳,罗江,峨眉山,马尔康;

第三组:成都(青羊、锦江、金牛、武侯、成华、龙泽泉、青白江、新都、温江),攀枝花(东区、西区、仁和),若尔盖,色达,壤塘,石渠,白玉,盐边,米易,乡城,稻城,双流,乐山(金口河、五通桥),名山,美姑,金阳,小金,会理,黑水,金川,洪雅,夹江,邛崃,蒲江,彭山,丹棱,眉山,青神,郫县,大邑,崇州,新津,金堂,广汉。

6　抗震设防烈度为 6 度,设计基本地震加速度值为 0.05g:

第一组:泸州(江阳、纳溪、龙马潭),内江(市中、东兴),宣汉,达州,达县,大竹,邻水,渠县,广安,华蓥,隆昌,富顺,南溪,兴文,叙永,古蔺,资中,通江,万源,巴中,阆中,仪陇,西充,南部,射洪,大英,乐至,资阳;

第二组:南江,苍溪,旺苍,盐亭,三台,简阳,泸县,江安,长宁,高县,珙县,仁寿,威远;

第三组:犍为,荣县,梓潼,筠连,井研,阿坝,红原。

► **B.4　云南省**

1　抗震设防烈度不低于9度,设计基本地震加速度值不小于0.40g:

第二组:寻甸,昆明(东川);

第三组:澜沧。

2　抗震设防烈度为8度,设计基本地震加速度值为0.30g:

第二组:剑川,嵩明,宜良,丽江,玉龙,鹤庆,永胜,潞西,龙陵,石屏,建水;

第三组:耿马,双江,沧源,勐海,西盟,孟连。

3　抗震设防烈度为8度,设计基本地震加速度值为0.20g:

第二组:石林,玉溪,大理,巧家,江川,华宁,峨山,通海,洱源,宾川,弥渡等;

第三组:昆明(盘龙、五华、官渡、西山),普洱,保山,马龙,呈贡,腾冲,施甸等。

4　抗震设防烈度为7度,设计基本地震加速度值为0.15g:

第二组:香格里拉,泸水,大关,永善,新平*;

第三组:曲靖,弥勒,陆良,富民,禄劝,武定,兰坪,云龙,景谷,宁洱,沾益等。

5　抗震设防烈度为7度,设计基本地震加速度值为0.10g:

第二组:盐津,绥江,德钦,水富,贡山;

第三组:昭通,彝良,鲁甸,福贡,永仁,大姚,元谋,姚安,牟定,墨江,绿春等。

6　抗震设防烈度为6度,设计基本地震加速度值为0.05g:

第一组:威信,镇雄,富宁,西畴,麻栗坡,马关;

第二组:广南;

第三组:丘北,砚山,屏边,河口,文山,罗平。

► **B.5　港澳特区和台湾省**

1　抗震设防烈度不低于9度,设计基本地震加速度值不小于0.40g:

第二组:台中;

第三组:苗栗,云林,嘉义,花莲。

2　抗震设防烈度为8度,设计基本地震加速度值为0.30g:

第二组:台南;

第三组:台北,桃园,基隆,宜兰,台东,屏东。

3　抗震设防烈度为8度,设计基本地震加速度值为0.20g:

第三组:高雄,澎湖。

4　抗震设防烈度为7度,设计基本地震加速度值为0.15g:

第一组:香港。

5　抗震设防烈度为7度,设计基本地震加速度值为0.10g:

第一组:澳门。

附录 C　结构自振周期与振型的计算方法

下面介绍几种计算结构基本周期的近似方法,计算量小,精度高,可以手算。

► C.1　能量法

能量法的理论基础是能量守恒原理,即一个无阻尼的弹性体系作自由振动时,其总能量(变形能与动量之和)在任何时刻均保持不变。

图 C.1 为一多质点弹性体系,设其质量矩阵和刚度矩阵分别为 $[M]$ 和 $[K]$。令 $\{x(t)\}$ 为体系自由振动 t 时刻质点的水平位移向量,因弹性体系自由振动是简谐运动,$\{x(t)\}$ 可表示为:

$$\{x(t)\} = \{\varphi\} \sin(\omega t + \varphi) \quad (C.1)$$

式中:$\{\varphi\}$——体系的振型位移幅向量;

ω、φ——体系的自振圆频率和初相位角。

则体系质点水平速度向量为:

$$\{\dot{x}(t)\} = \omega\{\varphi\} \cos(\omega t + \varphi) \quad (C.2)$$

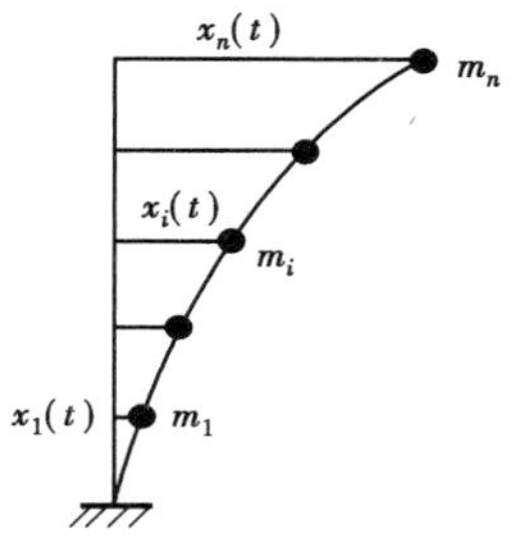

图 C.1　多质点弹性体系自由振动

当体系振动到达振幅最大值时,体系变形能达到最大值 U_{max},而体系的动能等于零。此时体系的振动能为:

$$E_d = U_{max} = \frac{1}{2}\{X(t)\}_{max}^T[K]\{X(t)\}_{max} = \frac{1}{2}\{\Phi\}^T[K]\{\Phi\} \quad (C.3)$$

当体系达到平衡位置时,体系质点振幅为零,但质点速度达到最大值 T_{max},而体系变形能等于零。此时,体系的振动能为:

$$E_d = T_{max} = \frac{1}{2}\{\dot{X}(t)_{max}^T[M]\{\dot{X}(t)\}_{max}\} = \frac{1}{2}\omega^2\{\Phi\}^T[M]\{\Phi\} \quad (C.4)$$

由能量守恒原理,$T_{max} = U_{max}$,得:

$$\omega^2 = \frac{\{\Phi\}^T[K]\{\Phi\}}{\{\Phi\}^T[M]\{\Phi\}} \quad (C.5)$$

当体系质量矩阵 $[M]$ 和刚度矩阵 $[K]$ 已知时,频率 ω 是振型 $\{\Phi\}$ 的函数,当所取的振型为第 i 阶振型 $\{\Phi_i\}$ 时,按式(C.5)求得的是第 i 阶的自振频率 ω_i。为求得体系基本频率 ω_1,需确定体系第一振型,注意到 $[K]\{\Phi_1\} = \{F_1\}$ 为产生第一阶振型 $\{\Phi_1\}$ 的力向量,如果近似将作用于个质点的重力荷载 G_i 当作水平力所产生的质点水平位移 u_i 作为第一振型位移,则:

$$\omega_1^2 = \frac{\{\Phi_1\}^T\{F_1\}}{\{\Phi_1\}^T[M]\{\Phi_1\}} = \frac{\sum_{i=1}^n G_i u_i}{\sum_{i=1}^n m_i u_i^2} = \frac{g\sum_{i=1}^n G_i u_i}{\sum_{i=1}^n G_i u_i^2} \quad (C.6)$$

注意到 $T_1 = \dfrac{2\pi}{\omega_1}$，$g = 9.8 \ \mathrm{m/s^2}$，则由式（C.6）可得：

$$T_1 = 2\sqrt{\dfrac{\displaystyle\sum_{i=1}^{n} G_i u_i^2}{\displaystyle\sum_{i=1}^{n} G_i u_i}} \tag{C.7}$$

式中，u_i 将各质点的重力荷载 G_i 视为水平力所产生的质点 i 处的水平位移，单位为 m。

▶ C.2 等效质量法

等效质量法的思想是用一个等效单质点体系来代替原来的多质点体系，如图 C.2 所示。等效原则为：

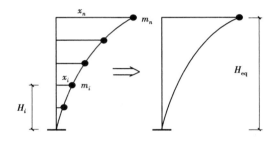

图 C.2 用单质点体系等效多质点体系

① 等效单质点体系的自振频率与原多质点体系的基本自振频率相等；

② 等效单质点体系自由振动的最大动能与原多质点体系的基本自由振动的最大动能相等。

多质点体系按第一振型振动的最大动能为：

$$U_{1\max} = \dfrac{1}{2}\sum_{i=1}^{n} m_i (\omega_1 x_i)^2 \tag{C.8}$$

等效单位质点的最大动能为：

$$U_{2\max} = \dfrac{1}{2} m_{\mathrm{eq}} (\omega_1 x_{\mathrm{eg}})^2 \tag{C.9}$$

由 $U_{1\max} = U_{2\max}$，可得等效单质点体系的质量为：

$$m_{\mathrm{eq}} = \dfrac{\displaystyle\sum_{i=1}^{n} m_i x_i^2}{x_{\mathrm{eq}}^2} \tag{C.10}$$

式中：x_i——体系按第一振型振动时，质点 m_i 处的最大位移；

x_{eq}——体系按第一振型振动时，相应于等效质点 m_{eq} 处的最大位移。

上式中，x_i、x_{eq} 可通过将体系各质点重力荷载当作水平力所产生的体系水平位移确定。

若体系为图 C.3 所示的连续质量悬臂梁结构体系，将其等效为位于结构顶部的单质点体系时，可将式（C.10）改写为：

$$m_{eq} = \frac{\int_0^l \overline{m}x^2 \mathrm{d}y}{x_{eq}^2} \qquad\qquad (C.11)$$

式中:$\overline{m}$——沿高度方向悬臂结构单位长度质量。

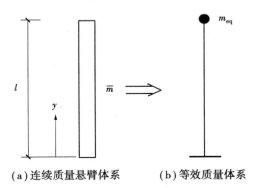

（a）连续质量悬臂体系　　　（b）等效质量体系

图 C.3　等效质量法计算简图

当悬臂结构为等截面的均质体系时,可近似采用水平均布荷载 $q = \overline{m}g$ 产生的水平侧移曲线作为第一振型曲线,即:

若为弯曲型结构

$$m_{eq} = \frac{\int_0^l \overline{m}x^2 \mathrm{d}y}{x_{eq}^2} \qquad\qquad (C.12)$$

$$x(y) = \frac{q}{24EI}(y^4 - 4ly^3 + 6l^2y^2) \qquad\qquad (C.13)$$

$$x_{eq} = x(l) = \frac{ql^4}{8EI} \qquad\qquad (C.14)$$

若为剪切型结构

$$x(y) = \frac{q}{GA}\left(ly - \frac{y^2}{2}\right) \qquad\qquad (C.15)$$

$$x_{eq} = x(l) = \frac{ql^2}{2GA} \qquad\qquad (C.16)$$

式中:I——悬臂结构截面惯性矩;

　　A——悬臂结构截面面积;

　　E,G——弹性模量、剪切模量。

将式(C.13)—式(C.16)代入式(C.11)可得:

弯曲型悬臂结构:

$$m_{eq} = 0.25\overline{m}\,l \qquad\qquad (C.17)$$

剪切型悬臂结构:

$$m_{eq} = 0.40\overline{m}\,l \qquad\qquad (C.18)$$

显然,对于弯剪型悬臂结构,等效单质点质量介于 $m_{eq}=(0.25\sim0.4)\overline{m}l$ 。确定等效单质点体系的质量 m_{eq} 后,即可按单质点体系计算原多质点体系的基本频率和基本周期:

$$\omega_1 = \sqrt{\frac{1}{m_{eq}\delta}} \tag{C.19}$$

$$T_1 = 2\pi\sqrt{m_{eq}\delta} \tag{C.20}$$

式中:δ——体系在等效质点处受单位水平力作用所产生的水平位移。

► C.3 顶点位移法

顶点位移法的基本思想是,将悬臂结构的基本周期用结构重力荷载作为水平荷载所产生的顶点位移 u_T 来表示。例如,对于质量沿高度均匀分布的等截面弯曲型悬臂杆,基本周期为:

$$T_1 = 1.78\sqrt{\frac{\overline{m}l^4}{EI}} \tag{C.21}$$

由式(C.14)和式(C.16)知,将重力分布荷载 $\overline{m}g$ 作为水平分布荷载产生的悬臂杆顶点位移为:

$$u_T = \frac{\overline{m}gl^4}{8EI} \tag{C.22}$$

将式(C.22)代入式(C.21)得:

$$T_1 = 1.6\sqrt{u_T} \tag{C.23}$$

同样,对于质量沿高度均匀分布的等截面剪切型悬臂杆,可得:

$$T_1 = 1.8\sqrt{u_T} \tag{C.24}$$

式(C.23)和式(C.24)可推用于质量和刚度沿高度非均匀分布的弯曲型和剪切型结构基本周期的近似计算。当结构为弯剪型时,可取:

$$T_1 = 1.7\sqrt{u_T} \tag{C.25}$$

注意:式(C.23)、式(C.24)、式(C.25)中结构顶点位移 u_T 的单位为 m。

附录 D 结构阻尼比的确定方法

结构阻尼比可以通过结构的振动试验确定,最常用的试验方法有自由振动试验和强迫振动试验两种。

► D.1 自由振动试验

这种振动试验是通过牵拉结构的顶部,使其产生一个初位移 $x(0)$,然后突然释放,结构就产生水平向的自由振动,用测振仪可以记录到结构顶点位移的衰减时程曲线,如图 D.1 所示。

由式(3.9)得到:

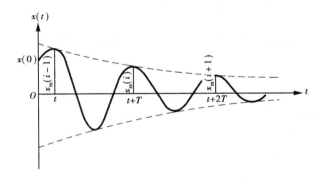

图 D.1　有阻尼单自由度弹性体系自由振动的位移时程曲线

$$x(t) = e^{-\zeta\omega t}\left[x(0)\cos\omega't + \frac{\dot{x}(0) + \zeta\omega x(0)}{\omega'}\sin\omega't\right] \tag{D.1}$$

$$x(t + T) = e^{-\zeta\omega(t+T)}\left[x(0)\cos\omega'(t + T) + \frac{\dot{x}(0) + \zeta\omega x(0)}{\omega'}\sin\omega'(t + T)\right] \tag{D.2}$$

式(D.1)除以(D.2),并整理得:

$$\zeta = \frac{1}{2\pi}\ln\frac{x(t)}{x(t + T)} = \frac{1}{2\pi}\ln\frac{x_m(i - 1)}{x_m(i)} \tag{D.3}$$

式中的 $\ln\dfrac{x(t)}{x(t+T)}$ 又称为振幅的对数递减率。只要将试验得到的振幅衰减时程曲线中的两个相邻振幅代入公式,即可求出体系的阻尼比。

▶ D.2　强迫振动试验

通常在结构顶部安装一台可调振动频率的起振机,使结构产生各种频率的水平向简谐振动,用测振仪可以得到结构振幅—频率关系曲线(如图 D.2 所示)。根据结构共振原理,图中振幅最大值 x_m 所对应的频率 ω_r 即为结构自振频率。从图中找到曲线上振幅为 $0.707x_m$ 的两点所对应的圆频率为 ω_1 和 ω_2,根据结构动力学原理,结构的阻尼比近似计算公式为:

$$\zeta = \frac{\omega_2 - \omega_1}{2\omega_r} \tag{D.4}$$

这种确定阻尼比的方法又称为带宽法。

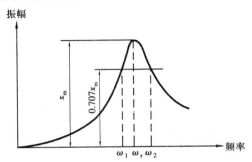

图 D.2　振幅-频率关系曲线

附录 E 多层抗震框架设计实例

某三层钢筋混凝土全现浇框架,结构平面布置图如图 E.1 所示,试采用平面框架计算模型,进行该框架结构的抗震设计。

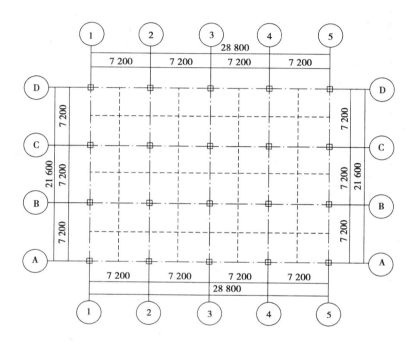

图 E.1 结构平面布置图(单位:mm)

▶ E.1 设计资料

(1)设计标高:室内设计标高±0.000 相当于绝对标高 1.000 m,室内外高差 600 mm。

(2)墙身做法:墙身为普通机制砖填充墙,M5 水泥砂浆砌筑。内粉刷为混合砂浆底,纸筋灰面,厚 20 mm,"803"内墙涂料两度。外粉刷为 1:3 水泥砂浆底,厚 20 mm,小块瓷砖贴面。

(3)楼面做法:釉面陶瓷地面砖,水泥砂浆擦缝;30 mm 厚 1:3 干硬性水泥砂浆,面上撒 2 mm厚素水泥;水泥砂浆结合层一道。100 mm 厚现浇钢筋混凝土板加 15 mm 厚混合砂浆天花抹面,吊顶为铝合金龙骨。

(4)屋面做法:防水层(刚性)40 mm 厚 C20 细石混凝土防水,防水层(柔性)SBS 改性沥青防水卷材。15 mm 厚水泥砂浆,40 mm 厚水泥石灰焦渣砂浆 0.3% 找平。15 mm 厚水泥砂浆,80 mm 厚矿渣水泥。100 mm 厚现浇钢筋混凝土板再加 15 mm 厚白灰砂浆天花抹面,吊顶为铝合金龙骨。

(5)门窗做法:门厅处为铝合金门窗,其他均为木门,钢窗。

（6）地质资料：属Ⅱ类建筑场地，余略。

（7）基本风压：$\omega_0 = 0.3$ kN/m²（地面粗糙度属 B 类）。

（8）活荷载：屋面活荷载 2.0 kN/m²。商场楼面活荷载 3.5 kN/m²。

（9）抗震设防烈度为 7 度，设计地震分组为第一组。

▶ ## E.2 计算简图

E.2.1 截面估算

主梁：$h = (1/15 \sim 1/10)L = 480 \sim 720$ mm，$b = 1/2h$，取为 300 mm×600 mm。

次梁：$h = (1/18 \sim 1/12)L = 400 \sim 600$ mm，$b = 1/2h$，取为 250 mm×500 mm；采用双向交叉对称布置。

柱截面取为 600 mm×600 mm。

E.2.2 梁、柱线刚度的计算

取②轴上的平面框架为计算单元，梁计算跨度取柱截面形心轴线之间的距离，底层柱计算高度取为基础顶面至二层楼面（假定基础顶面标高为-1.000 m），其余层柱计算高度取层高。框架计算简图及梁柱线刚度计算结果如图 E.2 所示。

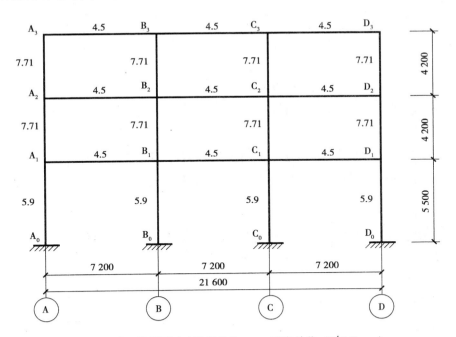

图 E.2 梁、柱线刚度（长度单位：mm，刚度单位：10^4 kN·m）

对于中间框架梁，取 $I = 2I_0$（I_0 为按矩形截面计算的梁截面惯性矩）。

左跨梁：

$$i_{A_1B_1} = i_{A_2B_2} = i_{A_3B_3} = \frac{EI}{l} = 3.0 \times 10^7 \times 2 \times \frac{1}{12} \times 0.3 \times (0.6)^3 / 7.2 = 4.5 \times 10^4 \text{ kN·m}$$

中跨梁：

$$i_{B_1C_1} = i_{B_2C_2} = i_{B_3C_3} = \frac{EI}{l} = 3.0 \times 10^7 \times 2 \times \frac{1}{12} \times 0.3 \times (0.6)^3 / 7.2 = 4.5 \times 10^4 \text{ kN} \cdot \text{m}$$

右跨梁：

$$i_{C_1D_1} = i_{C_2D_2} = i_{C_3D_3} = \frac{EI}{l} = 3.0 \times 10^7 \times 2 \times \frac{1}{12} \times 0.3 \times (0.6)^3 / 7.2 = 4.5 \times 10^4 \text{ kN} \cdot \text{m}$$

底层柱：

$$i_{A_0A_1} = i_{B_0B_1} = i_{C_0C_1} = i_{D_0D_1} = \frac{EI}{l} = 3.0 \times 10^7 \times \frac{1}{12} \times (0.6)^4 / 5.5 = 5.9 \times 10^4 \text{ kN} \cdot \text{m}$$

其余各层柱：

$$i_{A_1A_2} = i_{A_2A_3} = i_{B_1B_2} = i_{B_2B_3} = i_{C_1C_2} = i_{C_2C_3} = i_{D_1D_2} = i_{D_2D_3}$$

$$= \frac{EI}{l} = 3.0 \times 10^7 \times \frac{1}{12} \times (0.6)^4 / 4.2 = 7.71 \times 10^4 \text{ kN} \cdot \text{m}$$

► E.3 荷载计算

荷载计算均采用标准值。

E.3.1 恒载计算

恒载作用下的结构计算简图如图 E.3 所示，计算依据如下：

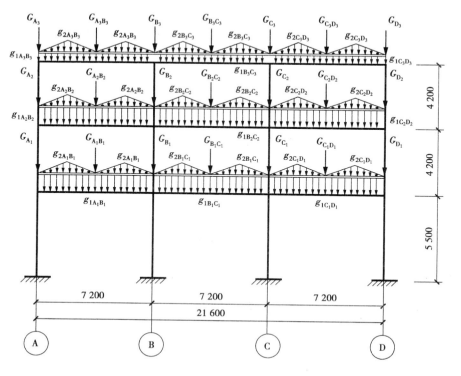

图 E.3 结构恒载计算简图

1)面荷载(kN/m²)

(1)屋面

防水层(刚性)40 mm厚C20细石混凝土防水:1.0

防水层(柔性)SBS改性沥青防水卷材:0.4

找平层:15 mm厚水泥砂浆:0.015×20=0.30

找坡层:40 mm厚水泥石灰焦渣砂浆0.3%找平:0.04×14=0.56

找平层:15 mm厚水泥砂浆:0.015×20=0.30

保温层:80 mm厚矿渣水泥:0.08×14.5=1.16

结构层:100 mm厚现浇钢筋混凝土板:0.10×25=2.5

15 mm厚混合砂浆天花抹面:0.26

吊顶:铝合金龙骨:0.12

合计:6.6

(2)楼面

釉面陶瓷地面砖,水泥砂浆擦缝;30 mm厚1:3干硬性水泥砂浆,面上撒2 mm厚素水泥;水泥砂浆结合层一道:1.1

结构层:100 mm厚现浇钢筋混凝土板:0.10×25=2.5

15 mm厚白灰砂浆天花抹面:0.26

吊顶:铝合金龙骨:0.12

合计:3.98

2)梁间荷载(含梁间分布荷载和梁间集中荷载)

(1)屋面

框架梁自重:0.3×0.6×25=4.5 kN/m

梁侧粉刷:2×(0.6−0.1)×0.02×17=0.34 kN/m

作用在屋顶框架梁上的均布线荷载为:

$$g_{1A_3B_3} = g_{1B_3C_3} = g_{1C_3D_3} = 4.84 \text{ kN/m}$$

作用在屋顶框架梁上的三角形荷载为:

$$g_{2A_3B_3} = g_{2B_3C_3} = g_{2C_3D_3} = 6.6 \times 1.8 \times 2 = 23.76 \text{ kN/m}$$

单侧次梁自重:0.25×0.5×7.2×25×0.5=11.25 kN

单侧次梁梁侧粉刷:0.02×(0.5−0.1)×2×7.2×17×0.5=0.98 kN

单侧次梁传来屋面自重:0.5×(0.5×7.2)×(0.5×7.2)×6.6=42.77 kN

梁间集中荷载为:$G_{A_3B_3} = G_{B_3C_3} = G_{C_3D_3} = 2 \times (11.25 + 0.98 + 42.74) \approx 110 \text{ kN}$

(2)楼面

填充墙自重:3.6×0.24×19=16.42 kN/m

$$g_{1A_2B_2} = g_{1B_2C_2} = g_{1C_2D_2} = g_{1A_1B_1} = g_{1B_1C_1} = g_{1C_1D_1} = 4.84 + 16.42 = 21.26 \text{ kN/m}$$

$$g_{2A_2B_2} = g_{2B_2C_2} = g_{2C_2D_2} = g_{2A_1B_1} = g_{2B_1C_1} = g_{2C_1D_1} = 3.98 \times 3.6 = 14.33 \text{ kN/m}$$

3)节点荷载

（1）屋面

边柱连系梁自重：$0.3×0.6×7.2×25=32.4(kN)$

梁侧粉刷：$0.02×(0.6-0.1)×2×7.2×17=2.45(kN)$

1 m 高女儿墙自重：$1×7.2×0.24×19=32.83(kN)$

1 m 高女儿墙双侧粉刷：$1×0.02×2×7.2×17=4.90(kN)$

边跨连系梁传来屋面自重：$0.5×0.5×7.2×0.5×7.2×2×6.6=85.54(kN)$

屋面边节点荷载：$G_{A_3}=G_{D_3}=170.35(kN)$

中跨连系梁传来屋面自重：$0.5×7.2×0.5×7.2×2×6.6=171.07(kN)$

屋面中节点荷载：$G_{B_3}=G_{C_3}=268.11(kN)$

（2）楼面（荷载计算方法同上，具体计算过程略）

楼面边节点荷载：$G_{A_1}=G_{D_1}=G_{A_2}=G_{D_2}=234.49$ kN

楼面边节点荷载：$G_{B_1}=G_{C_1}=G_{B_2}=G_{C_2}=298.30$ kN

E.3.2 活载计算

活荷载作用下的结构计算简图如图 E.4 所示。其中屋面活荷载为 2.0 kN/m²，楼面活荷载为 3.5 kN/m²。图中各荷载值计算如下：

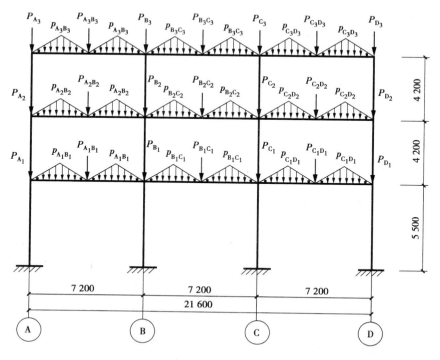

图 E.4 结构活荷计算简图

$$p_{A_3B_3}=p_{B_3C_3}=p_{C_3D_3}=7.2×0.5×2.0=7.2(kN/m)$$

$$P_{A_3} = P_{D_3} = 0.5 \times 3.6 \times 3.6 \times 2 \times 2.0 = 25.92 \, (\text{kN})$$

$$P_{B_3} = P_{C_3} = 0.5 \times 3.6 \times 3.6 \times 4 \times 2.0 = 51.84 \, (\text{kN})$$

$$p_{A_1B_1} = p_{B_1C_1} = p_{C_1D_1} = p_{A_2B_2} = p_{B_2C_2} = p_{C_2D_2} = 7.2 \times 0.5 \times 3.5 = 12.60 \, (\text{kN/m})$$

$$P_{A_1} = P_{D_1} = P_{A_2} = P_{D_2} = 0.5 \times 3.6 \times 3.6 \times 2 \times 3.5 = 45.36 \, (\text{kN})$$

$$P_{B_1} = P_{C_1} = P_{B_2} = P_{C_2} = 0.5 \times 3.6 \times 3.6 \times 4 \times 3.5 = 90.72 \, (\text{kN})$$

$$P_{A_3B_3} = P_{B_3C_3} = P_{C_3D_3} = 4 \times 0.5 \times 3.6 \times 0.5 \times 3.6 \times 2.0 = 25.92 \, (\text{kN})$$

$$P_{A_1B_1} = P_{B_1C_1} = P_{C_1D_1} = P_{A_2B_2} = P_{B_2C_2} = P_{C_2D_2} = 4 \times 0.5 \times 3.6 \times 0.5 \times 3.6 \times 3.5 = 45.36 \, (\text{kN})$$

E.3.3　风荷载计算

风荷载标准值计算公式为：

$$\omega_k = \beta_z \mu_s \mu_z \omega_0 \tag{E.1}$$

因结构高度小于 30 m，可取 $\beta_z = 1.0$；对于矩形截面 $\mu_s = 1.3$；μ_z 可查荷载规范，当查得的 $\mu_z < 1.0$ 时，取 $\mu_z = 1.0$。将风荷载换算成作用于框架每层节点上的集中荷载（取上、下楼层各一半），计算过程如表 E.1 所示，计算结果如图 E.5 所示。

表 E.1　风荷载计算

楼层	β_z	μ_s	z/m	μ_z	$\omega_0/(\text{kN} \cdot \text{m}^{-2})$	$A(\text{m}^2)$	$P_{\omega i}(\text{kN})$
1	1.0	1.3	5.5	1.00	0.3	$(2.75+2.1) \times 7.2 = 34.92$	13.62
2	1.0	1.3	9.2	1.00	0.3	$(2.1+2.1) \times 7.2 = 30.24$	11.79
3	1.0	1.3	13.4	1.09	0.3	$(2.1+1) \times 7.2 = 22.32$	9.49

注：A 为一榀框架各层节点的受风面积。

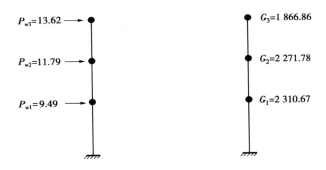

图 E.5　风荷载计算结果（单位：kN）　　图 E.6　重力荷载代表值（单位：kN）

E.3.4　水平地震作用计算

（1）重力荷载代表值

顶层重力荷载代表值包括梁自重，半层柱自重，女儿墙自重，半层（顶层）填充墙自重，层面恒载。其他楼层重力荷载代表值包括：楼面恒载，50%楼面活载，梁自重，上、下各半层柱自重，上、下各半层填充墙自重。

第三层：

$$G_3 = 4.84 \times 7.2 \times 3 + 0.5 \times 3.6 \times 23.76 \times 6 + 2 \times (170.35 + 268.11) + 3 \times 110.0 + 4 \times 40.37 \times 0.5 +$$
$$0.5 \times (232.25 + 52.88) + 2 \times (32.83 + 4.90) = 1\ 866.86(\text{kN})$$

第二层：

$$G_2 = 4.84 \times 7.2 \times 3 + 0.5 \times 3.6 \times 14.33 \times 6 + 2 \times (234.49 + 298.30) + 3 \times 76.04 + 4 \times 40.37 +$$
$$(232.25 + 52.88) + 0.5 \times [0.5 \times 12.6 \times 3.6 \times 6 + 2 \times (45.36 + 90.72) + 3 \times 45.36]$$
$$= 2\ 271.78(\text{kN})$$

第一层：

$$G_1 = G_2 + 4 \times (2.45 - 1.8) \times 40.37 \div 3.6 + 53.92 \times (2.45 - 1.8) \div 3.6 = 2\ 310.67(\text{kN})$$

总重力荷载代表值 $\sum\limits_{i=1}^{3} G_i$ 为：

$$\sum\limits_{i=1}^{3} G_i = 1\ 866.86 + 2\ 271.78 + 2\ 310.67 = 6\ 449.31(\text{kN})$$

质点重力荷载代表值见图 E.6。

（2）抗侧刚度 D 值计算

抗侧刚度 D 值计算过程及计算结果如表 E.2 所示。

表 E.2　抗侧刚度 D 值计算表

楼层	构件名称	$\bar{k} = \dfrac{\sum k_b}{2k_c}\left(\dfrac{\sum k_b}{k_c}\right)$	$\alpha_c = \dfrac{\bar{k}}{2 + \bar{k}}\left(\dfrac{0.5 + \bar{k}}{2 + \bar{k}}\right)$	$D = \alpha_c k_c \dfrac{12}{h^2}$ （kN/m）
3层（2层）	$A_1 A_2 (A_1 A_2)$	$(4.5 \times 10^4)/(5.9 \times 10^4) = 0.763$	0.457	10 698.68
	$B_1 B_2 (B_2 B_3)$	$2 \times (4.5 \times 10^4)/(5.9 \times 10^4) = 1.525$	0.575	13 457.85
	$C_1 C_2 (C_2 C_3)$	$2 \times (4.5 \times 10^4)/(5.9 \times 10^4) = 1.525$	0.575	13 457.85
	$D_1 D_2 (D_2 D_3)$	$(4.5 \times 10^4)/(5.9 \times 10^4) = 0.763$	0.475	10 698.68
	$\sum D = 2 \times 10\ 698.68 + 2 \times 13\ 457.85 = 48\ 313.06$ kN/m			
1层	$A_0 A_1$	$(2 \times 4.5 \times 10^4)/(2 \times 7.71 \times 10^4) = 0.584$	0.226	11 853.47
	$B_0 B_1$	$2 \times (2 \times 4.5 \times 10^4)/(2 \times 7.71 \times 10^4) = 1.16$	0.369	19 330.09
	$C_0 C_1$	$2 \times (2 \times 4.5 \times 10^4)/(2 \times 7.71 \times 10^4) = 1.16$	0.369	19 330.09
	$D_0 D_1$	$(2 \times 4.5 \times 10^4)/(2 \times 7.71 \times 10^4) = 0.584$	0.226	11 853.47
	$\sum D = 2 \times 11\ 853.47 + 2 \times 19\ 330.09 = 62\ 367.12$ kN/m			

（3）结构自振周期计算（顶点位移法）

按顶点位移法，将结构各层重力荷载代表值作为水平作用，施加到各层质点上，计算结构顶点位移。计算过程见表 E.3。

表 E.3　顶点位移计算表

层号	$G_i(kN)$	$\sum\limits_{i=i}^{n} G_i$ /kN	$D_i/(kN \cdot m^{-1})$	$\Delta_i - \Delta_{i-1} = \sum G_i/D$	Δ_i/m
3	1 866.86	1 866.86	62 367.12	0.029 9	0.229 6
2	2 271.78	4 138.64	62 367.12	0.066 3	0.199 7
1	2 310.67	6 449.31	48 313.06	0.133 4	0.133 4

考虑填充墙对结构刚度的贡献,取周期折减系数 $\alpha_0 = 0.7$,计算公式为:

$$T_1 = 1.8 \times \alpha_0 \sqrt{\Delta_T} = 1.8 \times 0.7 \times \sqrt{0.229\ 6} = 0.60\ s$$

水平地震作用系数:7 度抗震设防,多遇地震,地震分组为第一组,二类场地有:

$$\alpha_{max} = 0.08; T_g = 0.35\ s$$

取结构阻尼比为: $\xi = 0.05$

则: $\alpha_1 = \left(\dfrac{T_g}{T_1}\right)^{0.9} \eta_2 \alpha_{max} = \left(\dfrac{0.35}{0.6}\right)^{0.9} \times 0.08 = 0.049$

由于 $T_1 = 0.60 > 1.4\ T_g = 0.49$,故应考虑顶部附加水平地震作用。

顶部附加水平地震作用系数为:

$$\delta_n = 0.08T_1 + 0.07 = 0.08 \times 0.6 + 0.07 = 0.118$$

水平地震作用下的结构基底剪力标准值为:

$$F_{Ek} = \alpha_1 G_{Eq} = \alpha_1 0.85 \sum_{i=1}^{3} G_i = 0.049 \times 0.85 \times 6\ 449.31 = 268.61(kN)$$

$$\Delta F_n = \delta_n F_{Ek} = 0.118 \times 268.61 = 31.70(kN)$$

按底部剪力法,各层水平地震作用标准值可用以下公式计算:

$$F_i = \frac{G_i H_i}{\sum\limits_{i=1}^{3} G_i H_i} F_{Ek}(1 - \delta_n)$$

第一层:

$$F_1 = (2\ 310.67 \times 5.5) \times 268.61 \times (1 - 0.118)/(2\ 310.67 \times 5.5 + 2\ 271.78 \times 9.7 + 1\ 866.86 \times 13.9) = 49.61(kN)$$

第二层:

$$F_2 = (2\ 271.78 \times 9.7) \times 268.61 \times (1 - 0.118)/(2\ 310.67 \times 5.5 + 2\ 271.78 \times 9.7 + 1\ 866.86 \times 13.9) = 86.02(kN)$$

第三层:

$$F_3 = (1\ 866.86 \times 13.9) \times 268.61 \times (1 - 0.118)/(2\ 310.67 \times 5.5 + 2\ 271.78 \times 9.7 + 1\ 866.86 \times 13.9) = 101.29(kN)$$

各层水平地震作用力计算结果如图 E.7 所示。

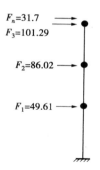

图 E.7 水平地震作用简图(单位:kN)

（4）多遇地震作用下的框架弹性侧移验算

根据《抗震规范》5.5.1 条要求,钢筋混凝土框架弹性层间位移为 1/550。验算过程及结果见表 E.4。

表 E.4 水平地震力作用下框架层间侧移计算表

楼层	F_{jk}/kN	V_{jk}/kN	$\sum D_{ij}$ /（kN·m^{-1}）	Δu_j/m	相对值 $\Delta u_j/h$	限值
3	132.99	132.99	62 367.12	0.002 1	1/2 000	
2	86.02	219.01	62 367.12	0.003 5	1/1 200	1/550
1	49.61	268.61	48 313.06	0.005 6	1/982	

经验算,结构层间最大侧移 1/982<1/550,满足要求。

其他工况的内力分析、内力组合、截面设计等过程略。

参考文献

[1] 中华人民共和国住房和城乡建设部.建筑工程抗震设防分类标准:GB 50223—2008[S].北京:中国建筑工业出版社,2008.

[2] 中华人民共和国建设部.建筑抗震设计规范:GB 50011—2010[S].北京:中国建筑工业出版社,2010.

[3] 中华人民共和国建设部.混凝土结构设计规范:GB 50010—2002[S].北京:中国建筑工业出版社,2002.

[4] 中华人民共和国建设部.建筑地基基础设计规范:GB 50007—2002[S].北京:中国建筑工业出版社,2002.

[5] 中华人民共和国建设部.砌体结构设计规范:GB 50003—2001[S].北京:中国计划出版社,2001.

[6] 中华人民共和国国家标准.钢结构设计标准:GB50017—2017[S].北京:中国建筑工业出版社,2018.

[7] 中华人民共和国行业标准.高层民用建筑钢结构技术规程:JGJ99—2015[S].北京:中国建筑工业出版社,2015.

[8] 李国强,李杰,苏小卒.建筑结构抗震设计[M].3版.北京:中国建筑工业出版社,2009.

[9] 王社良.抗震结构设计[M].4版.武汉:武汉理工大学出版社,2011.

[10] 东南大学.建筑结构抗震设计[M].北京:中国建筑工业出版社,1999.

[11] 高小旺,龚思礼,苏经宇,等.建筑抗震设计规范理解与应用[M].北京:中国建筑工业出版社,2002.

[12] 李英民,刘立平.汶川地震建筑震害与思考[M].重庆:重庆大学出版社,2008.

[13] 李杰,李国强.地震工程学导论[M].北京:地震出版社,1992.

[14] 吴济民.1985年墨西哥地震震害分析[J].建筑科学,1987(4):73-79.

[15] Denis Mitchee,刘达.1985年墨西哥地震的经验与教训:下[J].世界地震工程,1988(2):44-50,18.

[16] Mitcheu D, Mahin S A. Lessons from damage to steel buildings during the Northridge

earthquake[J]. Engineering Structures，1997，19(2)：261-270.

[17] 刘洪波,谢礼立,邵永松.钢框架结构的震害及其原因[J].世界地震工程,2006,22(4)：47-51.

[18] 黄炳生.日本神户地震中建筑钢结构的震害及启示[J].建筑结构,2000,30(9):24-25.

[19] 苏幼坡,金树达,刘天适.日本阪神地震中房屋结构的震害及教训[J].河北理工学院学报,1996,18(3):81-87.

[20] 崔鸿超.日本兵库县南部地震震害综述建筑[J].建筑结构学报,1996,17(1):2-13.

[21] 周炳章.日本阪神地震的震害及教训[J].工程抗震,1996(1):39-44.

[22] 黄南翼,张锡云.日本阪神地震中的钢结构震害[J].钢结构,1995,10(28):118-127.

[23] 王亚勇,皮声援.台湾9·21大地震特点及震害经验[J].工程抗震,2000,(2):42-47.

[24] 戴国莹.多层和高层钢结构房屋抗震设计新规定[J].建筑科学,2002,18(4)：57-62.

[25] 李国强.多高层建筑钢结构设计[M].北京:中国建筑工业出版社,2004.

[26] 程文瀼.混凝土结构[M].北京:中国建筑工业出版社,2002.

[27] 李宏男,李忠献.结构振动与控制[M].北京:中国建筑工业出版社,2005.

[28] 白国良,马建勋.建筑结构抗震设计[M].北京:科学出版社,2013.

[29] 刘伯权,吴涛,等.建筑结构抗震设计[M].北京:机械工业出版社,2012.

[30] 周云,张文芳,等.土木工程抗震设计[M].北京:科学出版社,2015.